알기쉬운

전기 및 전자회로개론

어윤 지음

HS 도서출판 한산

머리말

구리로 만든 도선 내부로 소위 전류라는 것이 흐른다는 것은 비록 전기에 대해서는 문외한이라 할지라도 대다수의 사람들이 이미 잘 알고 있는 사실이다. 그런데 전류는 왜 흐를까? 전기는 왜 존재할까? 전기의 정체는 무엇이고 왜 눈에 보이지 않을까? 도선이 없는 허공을 통해서도 전기적 에너지가 전달되는 무선통신은 왜 가능할까? 과학의 출발은 이러한 궁금증에 대한 해답을 찾는 것이며, 하나의 해답은 또 다른 문제를 제기하는 끝없는 탐구의 과정에 있음을 깨닫는 것이다.

물질과 우주의 궁극에 관해서는 여전히 미지의 영역이지만, 그동안의 학문적 성과에 힘입어 인류는 과거와 확연히 구분되는 물질문명의 혜택을 만끽하고 있다. 그리고 그 중심에는 전기및전자공학이 자리잡고 있다. 전기기계, 전자제품, 유무선통신기기, 반도체와 메모리, 컴퓨터와 네트워크 등의 문명의 이기들은 말할 것도 없고, 이제는 바야흐로 IoT 기반의 4차산업혁명이 시작되고 있다. 그리고 놀랍게도 전기에 관한 이 모든 과학적 규명이 획기적인 진보를 한 것은 불과 100여년에 지나지 않는다. 나아가 전기및전자회로의 해석과 설계에 관한 정교한 방법론과 각종 산술적 기법들을 학습하고 연구하는 일은 첨단의 상징이 아니었던가.

요즘 어지간한 단위 전자회로들은 간편한 반도체칩으로 만들어져 언제 어디서든 손쉽게 구할 수 있다. 키트를 조립하고 간단한 소프트웨어만 올리면 기기를 운용하고 유용한 앱을 개발해 내는데 아무런 문제가 없다. 기판을 만들고 전자부품을 하나하나 땜질해 붙이고, 일일이 기계어로 코딩한 펌웨어를 ROM에 구워 넣고 디버깅을 거듭하는 수고도 이제는 아득한 추억일 뿐이다. 이러다 보니 20세기를 화려하게 장식했던 전기회로공학, 전자회로공학의 기초이론들이 더 이상 가슴 설레는 호기심으로 다가오지 못하고, 시간과 노력을 들여 세세하게 공부할 필요성조차 별로 느끼지 못하는 것이 작금(昨今)의 상황이다.

우리는 왜 회로이론을 공부해야 하는가? 그리고 어떻게 공부해야 하는가? 그것은 최소한이라도 체계적인 회로 지식이 없다면 이 모든 것들은 그야말로 사상누각(沙上樓閣)일 것이며, 기존의 틀을 깨는 혁신적인 아이디어 또한 나오기 어려울 것이기 때문이다. 그리고 우리가 진정으로 회로이론의 학습에서 중점을 두어야 할 것은 회로의 특성과 작동원리를 수학의 정리가 아닌 감각으로 익히는 것이며, 이를 바탕으로 회로와 시스템의 설계에 대한 통찰력을 갖추는 것이다. 전기회로, 전자회로의 이론에 관한 국내외의 훌륭한 저작들이 이루 헤아릴 수 없이 많음에도 불구하고, 자신의 천학비재(淺學菲才)를 날마다 한탄하면서도, 굳이 이 책을 저술하고자 하는 의도는 전기및전자회로의 이론들을 수리가 아닌 직관적 관점에서 이해할 수 있는 교재를 만들고자 하는 것이다.

방대한 회로이론을 줄이고 줄여내는 한편, 전체를 꿰뚫는 핵심적인 흐름을 잃지 않도록 최선을 다해 집필하였지만, 지나친 다이어트로 인해 자칫 주마간산(走馬看山)의 수박 겉핥기가 되지는 않을까 하는 걱정도 떨쳐버릴 수 없다. 다행히 전기 및 전자에 관한 각론을 상세히 검색할 인터넷 자원이 넘치는 세상이니 이 책을 접하는 독자 제위는 생생한 실무 자료들을 참조하여 나름의 입체적 이해에 매진해 줄 것을 당부드린다. 이 졸저(拙著)가 전기와 전자 분야에 도전하는 이들에게 자그마한 디딤돌이라도 될 수 있기를 감히 바라마지 않으며, 집필을 위해 참조한 수많은 문헌자료들의 저자들에게도 진심으로 감사드리는 바이다.

2020년 8월
창원대학교에서
저자 어 윤

차례

Part 1. 전기회로

Part 2. 전자회로

PART 1

전기회로

Electric and Electronic Circuits

01장 전기회로란 무엇인가?

■ 개요

지구상에 존재하는 생명체에 있어서 삶의 영위란 에너지의 공급과 소모라는 순환시스템으로 귀착된다. 우리의 몸은 탄소를 매개체로 하는 일련의 화학적 과정을 거쳐 물과 공기와 음식물로부터 에너지를 추출하고 저장하며, 인체 각 기관의 필요에 따라 그 에너지를 사용하여 생명을 유지한다. 한편 스마트폰은 전기를 매개체로 하여 에너지를 공급받는 한편, 전자파를 생성하고 센싱하며, 빛과 소리를 내고 온갖 데이터를 저장하고 처리하고 재생해낸다. 에너지 순환의 관점에서 본다면 스마트폰도 생명체와 하등 다를 바가 없는 것이다. 전기란 무엇인가? 전기회로란 무엇이며 왜 회로이론을 공부해야 하는가? 눈에 보이지는 않지만 마치 장난꾸러기 요정처럼 살아서 약동하며 오만가지 일을 해내는 전기회로의 오묘한 메커니즘을 하나씩 살펴보도록 하자.

1-1 에너지의 순환과 전기회로

■ 전기회로의 모델

자연은 순환한다. 자연에서 일이란 어떤 에너지를 또 다른 형태의 에너지로 만들어내는 순환의 과정이다. 그리고 자연계에서 에너지의 총량은 변하지 않는다. 즉 에너지가 새로 만들어지거나 사라지는 일은 없으며, 다만 그 형태만을 바꿀 뿐이다. 이렇게 닫혀있는 에너지 순환의 과정을 우리는 회로(回路, circuit)라고 부른다. 전기회로의 메커니즘을 이해하기 위해 곧잘 비유되는 것이 자연계에서 물의 순환인데, [그림 1-1] a)는 회로의 원리를 시각적으로 보여주는 댐 모델이다. 물의 흐름을 가로막는 댐은 물의 위치에너지의 차이인 수위차(水位差) 즉 수압(水壓)을 유지하고, 이 수압은 댐의 수문을 박차고 나가는 힘찬 물줄기 즉 수류(水流)를 만들어낸다. 그리고 자연계에서 물을 퍼 올려서 댐을 채우는 펌프 역할은 물을 증발시켜 비로 내리게 하는 태양열이 담당한다.

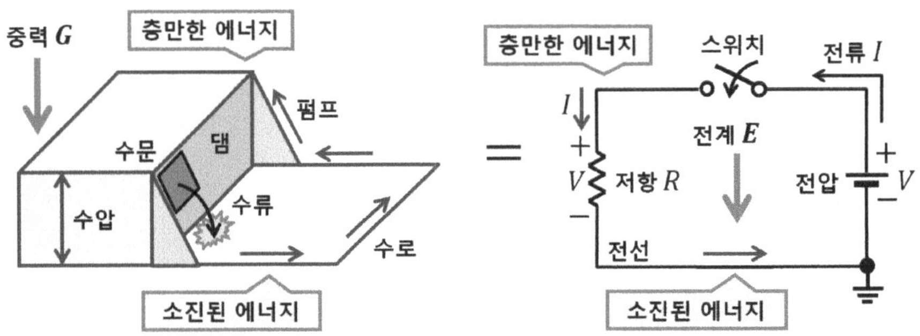

a) 물에 의한 에너지의 순환　　b) 전기회로에 의한 에너지의 순환

[그림 1-1] 물과 전기에 의한 에너지의 순환

[그림 1-1] b)는 가장 간단한 전기회로의 모델로서, [그림 1-1] a)의 댐 모델과 대비되는 전기회로의 용어는 아래와 같이 짝지을 수 있다. [그림 1-1] b)에서 전기회로의 각 구성 요소를 나타내는 기호 표기와 양(陽, positive)과 음(陰, negative)의 극성 표기, 그리고 전류의 방향 표시를 주의 깊게 보아두자. 댐 모델은 전기회로의 직관적 이해에 큰 도움이 되기는 하지만, 보이지 않는 전기의 세계에는 절묘한 자연의 신비가 곳곳에 숨어 있음을 꼭 명심하자.

- 물 → 자유전자(自由電子, free electron)
- 태양열 → 전원(電源, source) S
- 중력(重力, gravity) G → 전계(電界, electric field) E

- 수류 → 전류(電流, electric current) I, 단위 암페어(Ampere) [A]
- 수압 → 전압(電壓, voltage) V, 단위 볼트(Volt) [V]
- 수로(水路) → 전선(電線, wire)
- 댐과 수문(水門) → 저항(抵抗, resistance) R, 단위 옴(Ohm) [Ω]

아래에서 전기회로를 구성하는 각 주체들에 대한 정확한 정의와 물리적 의미를 자세히 살펴보자.

■ 전원

전원은 자유전자를 퍼 올리는 펌프로서, 전지와 발전기가 그 대표적인 예이다. [그림 1-1] b)에서의 전원 기호는 전지(電池, battery)를 나타내며, 오직 한 방향으로만 흐르는 전류인 직류(直流, DC, direct current)를 만들어내고 있다. 이에 반해 발전기(發電機, generator)는 전류의 방향이 주기적으로 뒤집히는 교류(交流, AC, alternating current)를 만들어내는데, 여기에 대해서는 4장에서 자세히 다루도록 한다. 전지는 원자핵에 붙들려 있는 궤도전자(軌道電子, orbit electron)를 화학적 에너지로 떼어내어 자유전자로 만들어 한쪽으로 몰아내는 역할을 한다. 즉 물 대신 자유전자를 퍼 올려 전압을 만드는 댐 모델과 딱 어울리는 모양새인데, "자유전자의 연못"이라는 뜻의 "電池"라는 번역도 절묘하다.

지구에 도달한 태양의 에너지가 물을 매개체로 하여 자연계를 순환하면서 곳곳에 소중한 에너지를 전달하듯, 전기회로는 자유전자(自由電子, free electron)를 매개체로 하여 에너지 순환의 회로를 형성한다. 명심할 점은 공급되거나 소모되는 에너지와 상관없이 전기회로를 순환하는 자유전자의 총량은 변하지 않는다는 사실이다. 이것은 마치 지구상을 순환하는 물의 총량이 불변이라는 사실과도 같다. 태양은 열에너지로 물을 순환시키기는 하지만, 물 자체를 만들거나 저장하지는 않는다. 전지 역시 전기에너지로 자유전자의 순환을 만들기는 하지만, 자유전자 자체를 만들거나 저장하는 것은 아니다. 자유전자는 에너지 전달의 매개체일 뿐 에너지 그 자체는 아님을 잊지 말자.

■ 중력과 전기력

물과 전류는 모두 흐름이라는 점에서는 일치하지만, 그 흐름을 일으키는 근본적인 힘의 주체는 전혀 다르다. 물은 중력으로부터 힘을 받아 위치에 따른 중력의 차이만큼 수압을 형성한다. 중력은 질량을 가지는 모든 물체에 적용되는 만유인력의 법칙으로 정의되며, 중력계(중력장)의 이론으로 설명되고 있다. 한편 자유전자는 전기력으로부터 힘을 받아 전기적 위치에너지의 차이만큼 전압을 형성한다. 그리고 이렇게 전기력이 공간에 힘을 미치는 메커니즘은 전계라는 개념으로 설명된다. 전계와 관련한 자세한 이야기들은 전자기학이라는 학문으로 정교하게 정리되어 있으니 전기회로의 완전한 이해와 응용을 위해 반드시 참조하기 바란다. 여기서는 "전원이 만들어 내는 전계, 그리고 전계의 방향으로 흐르는 전류" 정도로 이해하고 넘어가도록 하자.

한편 수압이든 전압이든 그 크기를 측정하려면 기준점이 있어야 한다. 통상 중력계에서 해발(海拔) 영(零, zero) 미터를 고도(高度)의 기준점으로 잡듯, 전기회로에서도 전 세계 공통의 0[V] 전압 기준점을 지면(地面)으로 정의한다. 따라서 모든 전기회로는 그 전압 기준점을 지면에 접속시키는데, 이를 접지(接地, earth or ground)라고 부른다. [그림 1-1] b)에서는 전지의 음극 아래쪽에 접지 기호를 붙여 접지점을 표시하고 있다.

1-2 전압, 전류, 저항의 상호관계

■ 전압과 저항

[그림 1-1] b)의 전기회로는 단 하나의 전원과 저항으로 구성되어 있다. 따라서 마치 댐이 수압을 막아서듯 전지가 공급하는 전압은 모두 저항에 걸리며, 저항은 에너지를 소모한다. 이처럼 전기에너지를 소모하는 회로소자(回路素子, circuit device)들을 **수동소자**(受動素子, passive device)로 부르며, 여기에 걸리는 전압의 극성 표시로 수동소자임을 표시한다. 즉 [그림 1-1] b)의 저항에는 전류가 흘러들어오는 쪽을 플러스 전압으로 표시하는 **수동부호규칙**이 적용되고 있다. 이에 반해 전원은 회로에 에너지를 공급하는 역할을 하므로 전류가 흘러나가는 쪽을 플러스로 표시한다.

한편 [그림 1-1] b)에서 전압 V는 저항을 거치면서 그 에너지를 다 소모하고 영으로 떨어지는데, 이를 그 저항에서의 **전압강하**(電壓降下, voltage drop)라고 부른다. 기본적으로 어떤 전기회로든 "전원으로 공급되는 전압과 저항에서의 전압강하의 합은 영"이라는 에너지보존법칙이 성립한다. 아무튼 회로를 한 바퀴 도는 전류의 양은 변함이 없지만, 저항을 거치기 이전과 이후에 전류가 가지는 힘은 완전히 다르다는 점을 잊지 말자.

■ 전류

전류의 정체는 전압에 떠밀린 자유전자의 흐름이다. [그림 1-1] b)의 전지에서 전압의 플러스의 부호와 전류의 방향은 이러한 관계를 명확히 표시하고 있다. 그런데 여기에는 현대 물리학의 여명기에 빚어진 전류에 대한 오해와 실수가 하나 있다. 사실을 말하자면 자유전자는 음전하이며 전지의 음극에서 흘러나온다. 따라서 전지의 양극에서 출발하는 전류의 방향과 자유전자 흐름의 방향은 정반대로 된다. 일이 이렇게 헷갈리게 된 이유는 애초에 원자핵을 양전하(陽電荷, positive charge)로, 전자를 음전하(陰電荷, negative charge)로 정의하고 양전하의 흐름을 전류로 보면서 빚어진 것이다. 이후 원자의 정체에 관한 연구가 진전되면서, 실제로 회로를 흐르는 것은 양전하인 원자핵이 아니라 음전하인 전자라는 사실이 뒤늦게 밝혀지면서 전류에 대한 최초의 정의가 부정되고 만다. 그렇지만 가상의 양전하가 전지의 양극에서 흘러나와 전지의 음극으로 이동하는 것처럼 취급하여도 논리적으로 별다른 문제가 없으므로, [그림 1-1] b)의 표기는 여태까지 관습적으로 사용되고 있다.

■ 옴법칙

전기회로에서 어떤 저항과, 그 저항에 걸리는 전압과, 그 저항을 거쳐 흐르는 전류는 어떤 상관관계를 가질까? [그림 1-1] a)의 댐과 수문 비유를 들어 직감적으로 생각해보자. 수문이 완전히 닫힌 상태라면 수문을 통한 물의 배출은 전혀 없는 반면, 댐에 고인 물로 인한 엄청난 수압을 고스란히 받을 것이다(무한대의 저항). 이제 수문이 열리기 시작하면 물의 흐름이 증가하면서 수문이 받는 압력은 반대로 감소하기 시작하고, 궁극적으로 수문이 완전히 열려 물의 흐름을 전혀 방해하지 않게 되면 수문이 받는 압력은 영이 될 것이다(영 저항). [그림 1-1] b)의 전기회로에 대하여 이러한 관계를 수식으로 정리한 것이 바로 (식 1-1)의 **옴법칙**(Ohm's law)이다.

$$I = \frac{V}{R} \quad \text{(식 1-1a)}$$

$$V = IR \quad \text{(식 1-1b)}$$

$$R = \frac{V}{I} \quad \text{(식 1-1c)}$$

(식 1-1a)로 대표되는 옴법칙은 "전류는 전압에 비례하고 저항에 반비례한다."라는 뜻으로서 직감적으로도 쉽게 납득가는 실험적 법칙이다. 식의 형태를 (식 1-1b), (식 1-1c)와 같이 바꾸어 보면, 세 개의 변수 I, V, R 중 두 개를 알면 나머지 하나는 간단히 구해지는 아주 평범해 보이는 수식이기도 하다. 아래에서 너무나 뻔한 예를 하나 살펴보자.

예제 1-1

10V 전원과 1kΩ 저항이 연결된 회로가 있다. 이 회로를 흐르는 전류는 얼마인가?

해설

(식 1-1a)에 의하면 아래와 같이 구해진다.

$$I = \frac{V}{R} = \frac{10}{1000} = 10[\mathrm{mA}] \quad \text{(예제 1-1 식)}$$

이처럼 옴법칙은 너무나도 심플하게 보이지만, 사실은 전기회로이론의 근간을 흐르는 심오한 물리적 의미를 지니고 있다. 이 단순한 나누기/곱하기 수식을 증명하기 위하여, 전기에 관한 주요 물리법칙들과 수학이 총동원되었다는 사실이 이를 잘 말해주고 있다. 옴법칙은 수많은 소자들이 포함되는 복잡한 전기회로를 해석하고 설계하는 모든 단계에서 적용되는 필살기이며, 숙달된 통찰력을 필요로 하는 생동감 넘치는 수식이다.

옴법칙이 전압, 전류, 저항이라는 세 가지 변수로 구성된 모양은 마치 삼국지나 스타크래프트 게임을 연상케 하는 상호 유기성을 가진다. 정치적으로든, 도형으로든, 역학적으로든 삼각은 매우 안정된 상호균형을 추구한다. 전기회로의 운용에도 이런 삼각점이 존재한다는 사실을 잘 기억하여, 옴법칙을 기계적인 공식으로만 인식하지 말도록 하자. 실제로 전기회로의 해석에 있어서 전압, 전류, 그리고 저항이라는 세 가지 요소를 모두 변수로 놓고 맞붙기에는 답이 없으므로 조건부로 옴법칙을 단순화하여 적용해보자. 즉 옴법칙의 세 가지 변형인 (식 1-1a), (식 1-1b), (식 1-1c)에 대하여 그 구체적 의미를 풀어서 표현하자면 아래와 같다.

- (식 1-1a) : 전류가 일정하게 유지될 경우, 저항과 전압은 비례한다.
- (식 1-1b) : 전압이 일정하게 유지될 경우, 전류와 저항은 반비례한다.
- (식 1-1c) : 저항이 일정하게 유지될 경우, 전압과 전류는 비례한다.

그런데 이게 말처럼 곧이곧대로 적용될까? 물론 이것은 어디까지나 이상적인 경우이며, 실제 적용에서 있어서는 아래와 같이 물리적으로 매우 곤란한 모순된 상황이 존재함을 필히 감안하여야 한다.

- (식 1-1a) : 일정 전류? 매우 큰 저항에 일정한 전류를 흘리려면 매우 높은 전압을 걸어 줄 전원이 필요하겠지만 현실적으로 무리. 회로 저항의 상한선 존재!

- (식 1-1b) : 일정 전압? 매우 작은 저항에 일정한 전압을 걸어 주려면 매우 많은 전류를 흘려 줄 전원이 필요하겠지만 현실적으로 무리. 회로 저항의 하한선 존재!
- (식 1-1c) : 일정 저항? 매우 높은 전압과 매우 많은 전류를 견뎌낼 저항 재료가 필요하겠지만 현실적으로 무리. 전압과 전류의 상한선 존재!

전기회로의 오묘함을 이해하려면 다목적댐의 관리 기술이 좋은 비유가 될 것이다. 실제로 다목적댐의 관리는 매우 많은 변수들을 고려해야 하는 상당히 난해한 작업이다. 물의 유입과 유출에 관한 각종 변수들의 유기적인 상호관계를 파악하지 못한다면 안정적인 물 공급과 발전을 보장받지 못함을 물론이거니와 아차 하면 홍수로 인한 댐의 손상이나 붕괴를 가져올 수도 있기 때문이다. 전기회로의 경우도 마찬가지. 전압, 전류, 저항의 상호연관성에 관한 숙고가 부족하면 전혀 엉뚱한 결과를 얻거나 전기회로 소자들을 위험에 빠뜨릴 수도 있다. 앞으로 회로이론을 익혀 나가는 모든 과정에서 옴법칙의 물리적 의미를 정확하게 적용하는 안목을 끊임없이 길러나가도록 하자.

■ 스위치(switch)

스위치는 전기회로에 전원을 연결하거나 차단하는 소자이다. 스위치의 연결은 "switch-ON, 닫히다(close), 폐회로(閉回路, closed circuit)" 등으로, 스위치 차단은 "switch-OFF, 열리다(open), 개회로(開回路, open circuit)" 등으로 표현된다. 스위치 동작은 댐에 비유하자면 수문을 물 한 방울 안 새게 완전히 차단하거나, 완전히 개방하여 물흐름에 거칠 것이 없는 상태로 만드는 것이다. 회로해석에서는 종종 이러한 스위치의 개폐(開閉) 상황을 각각 무한대 저항과 영 저항으로 취급하여 해석하기도 한다.

물론 물리적으로는 불가능하겠지만, 댐의 수문이 갑자기 순간적으로 닫힌다거나 열린다면 댐 구조물이나 수로에 엄청난 충격이 가해질 것이다. 전기회로의 스위치도 마찬가지. 갑작스런 스위치의 개폐(開閉)는 전기회로 어딘가에 충격적인 전압 또는 전류의 변화를 초래할 것이며, 이를 수습하기 위한 예상치 못한 과도기적 현상도 수반할 것이다. 전기회로의 운용에서 스위치의 개폐에 많은 주의와 회로적 배려가 필요한 이유이다. 한편 스위치의 개폐를 이진수 1과 0으로 대응시키면 디지털 논리연산을 전자회로로 해치우거나 메모리로 쓸 수도 있다. 이러한 초고속 전자식 스위치에 대해서는 제2부 전자회로에서 자세히 살펴보자.

■ 전력

이제 전기회로가 실제로 수행하는 일에 대하여 알아보자. 댐의 수문을 통해 힘차게 분출하는 물줄기가 물레방아를 돌려 일을 하듯, 저항 속을 흐르는 전류도 일(즉 에너지의 소모)을 한다. 저항에서의 일은 일반적으로 열이나 빛의 형태로 방출되는데, 일의 크기는 구체적으로 얼마이며 어떤 척도를 사용할까? 물론 여기에는 치밀한 전자기학적 고찰로 유도된 공식이 있지만, 직관적으로 생각해봐도 무리 없이 납득할 수 있는 척도가 있다. 전기회로에서의 일은 당연히 전압이 높을수록 또 전류가 클수록 더 많이 이루어질 터이니, 일의 크기는 (식 1-2)와 같이 전압과 전류의 곱으로 구하면 될 것이다. 이처럼 어떤 시점에서 이루어지는 일의 크기를 **전력**(電力, Power) P 라고 하며, 단위는 와트(Watt, [W])를 사용한다. 그리고 일정 기간에 걸친 일의 총량, 즉 에너지는 전력과 시간의 곱(적분)으로 계산된다.

$$P = VI \quad \text{(식 1-2)}$$

한편 여기에 옴법칙을 적용하면 아래와 같이 전력을 구하는 두 가지 변형된 수식을 얻을 수 있다. 다만 (식 1-3a)에는 (식 1-1a)의 일정 전류 조건이, (식 1-3b)에는 (식 1-1b)의 일정 전압 조건이 적용되어 있음을 유의해야 한다. 즉 전기회로의 상황에 따라 적절하게 수식을 고찰하지 않으면 회로해석이 오리무중에 빠질 수도 있음을 알아두자. 아래에서 일정 전압의 조건이 적용되는 예를 고찰해보자.

$$V = IR \quad \rightarrow \quad P = I^2R \quad \text{(식 1-3a)}$$

$$I = \frac{V}{R} \quad \rightarrow \quad P = \frac{V^2}{R} \quad \text{(식 1-3b)}$$

예제 1-2

100V 전압의 상용전기시스템에서 정격전력이 각각 500W인 난방기와 1000W인 히터가 있다. 어느 히터의 저항이 더 클까?

해설

상용전기시스템은 모든 수용가에게 일정한 전압을 보장하는 일정전압시스템이다. 따라서 아래와 같이 2개의 수식을 적용하면 된다.

1) (식 1-2): "전압이 일정하게 유지될 경우, 전력과 전류는 비례한다."
   → 1000W 히터는 500W 히터보다 2배의 전류 소모
2) (식 1-1b): "전압이 일정하게 유지될 경우, 전류와 저항은 반비례한다."
   → 1000W 히터의 저항은 500W 히터 저항의 절반

■ 부하, 단락, 개방

전기회로에서 일을 시키는 대상으로서의 저항을 부하(負荷, load)라고 부른다. 넓은 의미에서의 부하에는 단순한 열과 빛을 내는 저항체뿐만 아니라, 다양한 오디오 및 비디오 출력 단말이나 전기기계의 작동도 포함된다. 그리고 일반적인 전원의 개념 역시 전지나 발전기에 의한 단순한 전력공급뿐만 아니라, 부하에 적절한 전압과 전류를 공급하도록 만들어진 특수목적 전기회로의 집합체, 즉 회로망(回路網, network)도 포함된다. (예를 들어 오디오 앰프와 스피커의 관계를 생각해 보라.) 일반적인 전원과 부하는 [그림 1-2] a)와 같이 단자로 연결하여 표기하며, 수동부호규칙에 의해 전압과 전류의 크기와 방향이 정의된다.

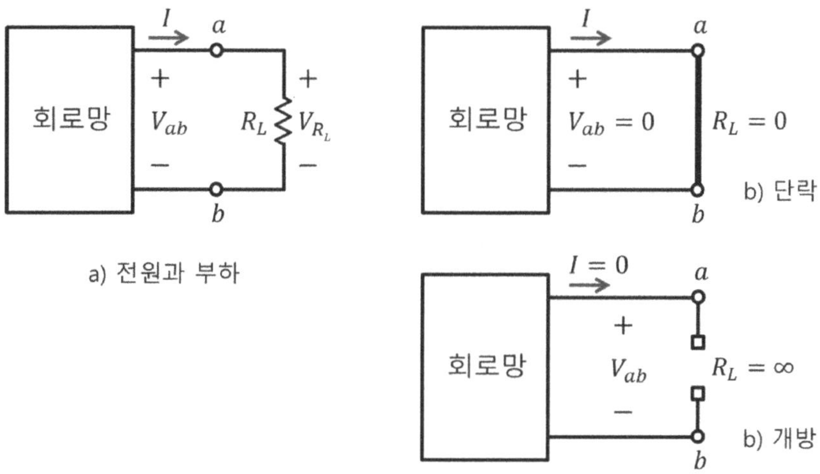

[그림 1-2] 회로망, 부하, 단락, 개방

만약 부하저항이 영에 가깝다면 회로에는 상당량의 전류가 흐르게 되고, 과도한 전력 소모로 전원이 고갈되거나 회로가 타버리는 무서운 일이 벌어질 것이다. 반대로 부하의 저항이 무한대에 가깝다면 전압만 걸릴 뿐 전류는 거의 흐르지 못하므로 전력 소모는 없지만, 공간이 전압을 견디어내는 한계가 있을 것이다. 이러한 극단적인 부하의 상태를 각각 단락(短絡, short)과 개방(開放, open)이라고 부르며, [그림 1-2] b) 및 c)와 같이 표시한다. 단락이란 단자 사이에 아무런 장애물이 없이 그냥 최단거리(短, short)로 이어진(絡) 상태라는 뜻이며, 단자 사이의 전압은 영이다. 한편 개방이란 단자 사이가 완전히 열려버린(開放, open) 상태라는 뜻으로서 단자 사이의 전류가 영이다.

01 연습문제

1. 중력과 전기력의 유사점은 거리의 (　　)에 반비례한다는 것이다.

2. 중력이 전기력과 다른 점은 (　　)이 작용하지 않는다는 것이다.

3. 자유전자를 잃은 원자를 (　　)이라고 한다.

4. 전하끼리 작용하는 힘은 (　　)과 척력이 있다.

5. 전하의 단위는 (　　)이다.

6. 옴법칙에서 저항과 전류는 (　　)한다.

7. 금속도체 내부를 흐르는 전류의 정체는 (　　)이다.

8. 직류전류의 영어 표기는 (　　)이다.

9. 인체 내부를 흐르는 전류의 정체는 (　　)이다.

| 해답 |

1. 제곱 2. 척력 3. 양이온 4. 인력 5. 쿨롱 6. 반비례 7. 자유전자 8. direct current 9. 양이온

알기쉬운 전기및전자회로개론

02장 회로소자와 회로법칙

■ 개요

1882년 9월 에디슨은 400개의 전구를 연결하여 맨해튼의 한 건물 전체에 불을 밝히는데 성공한다. 변변한 정규교육과정을 거치지 못했던 에디슨은 평소 옴법칙을 이해할 수 없다고 불평했다고 한다. 그렇지만 에디슨은 실용적인 전구의 발명과 세계 최초의 전기조명 시스템 구축에 있어서 그 누구보다도 옴법칙을 잘 써먹었다. 전기회로란 전기를 이용하여 우리가 원하는 특별한 일을 수행하기 위해 설계된다. 전기회로는 수많은 개성 넘치는 소자들로 구성되며, 효율적인 에너지의 입력과 출력, 적절한 전압과 전류의 배분, 그리고 전기회로의 설계란 부하의 보호와 경제성 등 복잡한 변수들을 고려해야 하는 종합예술이다. 이제 기본적인 전기회로용 소자들을 살펴보고, 이들이 사용되는 전기회로를 대상으로 하여 기본적인 회로법칙을 도출해보자.

2-1 저항이란?

■ 전선과 저항

[그림 2-1]은 전원과 전선만으로 구성된 전기회로로서, 편의상 전선의 일부를 확대하여 그린 것이다. 마치 물이 흐르는 파이프를 연상하게 하는 그림이지만, 전선은 양전하인 원자핵과 음전하인 전자가 빈틈없이 전기적 인력으로 결합 된 물질로 가득 차 있다. 다만 전체적으로 양전하와 음전하의 개수가 일치하다 보니, 전기적으로는 중성을 띠므로 마치 전기와는 전혀 무관한 것처럼 보일 뿐이다. 이것은 또한 우리가 전기의 존재를 좀처럼 느끼기 어려운 이유이기도 하다. 사실상 우리가 보고 있는 이 물질세계는 어마어마한 전기의 힘으로 그 모습을 유지하고 있다.

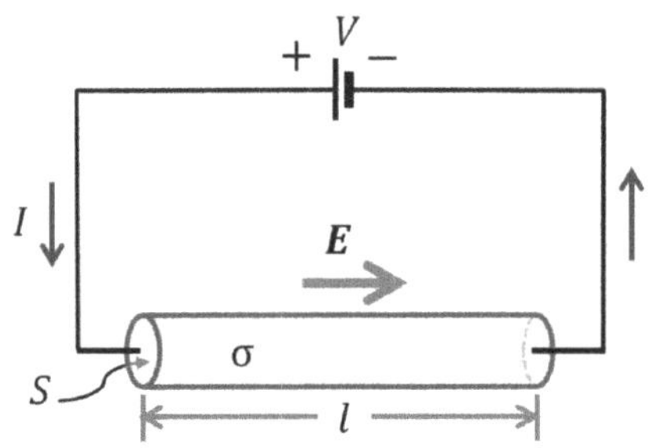

[그림 2-1] 전기회로와 전선, 그리고 저항

이런 상황에서 자유전자는 전선을 빈틈없이 채우고 있는 원자들 사이를 비집고 지나가야 하는데, 이게 장난이 아니다. 음전하인 자유전자는 양전하인 원자핵의 강력한 인력(引力)에 끌리는 한편, 자유전자끼리는 서로 밀어내는 척력(斥力)이 작용하기 때문이다. 전선에서 벌어지는 이러한 전류 진행의 어려움을 **저항**(抵抗, resistance) R 로 정의하며, 물질에 따른 자유전자 이동의 자유도를 **도전율**(導電率, conductivity, σ)이라 부른다. 당연한 이야기지만 전선의 물리적인 형상 역시 저항의 크기를 결정하는데, 전선 저항의 크기는 (식 2-1)과 같이 전선의 길이에 비례하고, 그 단면적과 도전율에 반비례한다.

$$R = \frac{l}{\sigma S} \qquad \text{(식 2-1)}$$

■ 저항소자

이처럼 전선 자체가 저항이기도 하므로 [그림 1-1] b)와 [그림 2-1]은 사실상 동일한 그림으로 볼 수도 있다. 전기회로의 저항이란 이처럼 전체 회로에 걸쳐서 빈틈없이 분포하는 것으로 취급해야 마땅하다. 그렇지만 대개의 경우 전기회로에 쓰이는 전선은 도전율이 높은 도체로서 자체 저항이 매우 낮으므로 특별한 경우를 제외하고는 무저항으로 취급한다. 따라서 회로를 흐르는 전류를 제어하기 위해서는 임의의 저항값을 가지는 별도의 소자(素子, component)로서의 저항(resistor)를 만들어 회로에 삽입한다. 다만 회로 규모가 커지거나 불가피하게 매우 가는 전선이 쓰일 경우, 또 고주파신호가 통과할 경우(이 이야기는 교류에서 상세히 다룸), 전선 자체에도 무시 못 할 저항값이 존재할 수도 있음을 기억하자. 소자로서의 저항은 일반적으로 탄소나 합금 등의 저항체에 절연 피막을 씌워서 제조한다. 대표적인 몇 가지 형태를 아래에 정리한다.

- 탄소피막저항 : 세라믹봉에 탄소를 붙이고, 여기에 나선형으로 홈을 파서 원하는 저항값을 설정한다. 양 끝에 리드선을 붙이고 절연 도장을 한다. 가장 저렴하며 일명 Carbon 저항이라도 한다.
- 솔리드저항 : 탄소와 수지재료 등을 달구어 가는 막대 모양으로 성형(molding)한 저항이다. 신뢰성이 높고, 절연성이나 아크(Arc)방전에도 강하다.
- 금속피막저항 : 세라믹봉에 금속피막을 증착 또는 소결하고, 여기에 나선형으로 홈을 파서 원하는 저항값을 설정한다. 온도에 덜 민감하고 정밀도가 높으면서도 비교적 저렴한 가격으로 제조가 가능하다.
- 권선형저항 : 세라믹봉에 저항선(망간 또는 니크롬 등)을 감아 붙인 것으로서 저저항, 대전력용으로 주로 쓰인다.
- 금속산화물피막저항 : 세라믹봉에 금속산화물(주석 또는 안티몬계) 피막을 붙이고, 여기에 나선형으로 홈을 파서 원하는 저항값을 설정한다. 모양에 따라 대전력용으로 쓰이고 가격도 비교적 저렴하다.
- 시멘트저항 : 권선형 또는 산화금속피막 저항 유닛을 세라믹 케이스에 넣은 저항으로서 불연성과 절연성이 우수하다. 저 저항, 대전력용으로 쓰인다.
- 에나멜저항 : 세라믹으로 된 파이프에 저항선을 감고 그 위에 에나멜막을 형성하여 제조한다. 고온에 잘 견디므로 대전력용으로 적합하다.

저항의 정격전력은 1/16W, 1/8W, 1/4W, 1/2W 등으로 구분하며, 정격 초과 시 저항이 소손(燒損)될 우려가 있으므로 그 선택에 조심해야 한다. 저항소자는 부품의 크기가 작아 겉면에 저항값, 정격전력, 오차, 온도 등의 규격을 모두 숫자로 나타내기가 곤란하므로, **컬러코드**(color code)라는 색띠를 부품의 피복에 인쇄하여 표시한다. [표2-1]은 컬러코드로 저항값을 나타내는 방법을 보여주고 있다. 색 띠는 통상 4개가 붙는데, 첫째 둘째 색띠가 저항값을, 세

번째 색띠가 10의 지수승을 나타내며 마지막 색띠는 오차범위를 표시한다. "흑갈적등황록청자회백"의 순서를 잘 외어두자.

[표 2-1] 저항소자의 색 띠 표기법

색깔	숫자	지수승	오차
흑(黑, black)	0	10^0	-
갈(褐, brown)	1	10^1	±1%
적(赤, red)	2	10^2	±2%
등(橙, orange)	3	10^3	±3%
황(黃, yellow)	4	10^4	±4%
록(綠, green)	5	10^5	-
청(靑, blue)	6	10^6	-
자(紫, violet)	7	10^7	-
회(灰, grey)	8	-	-
백(白, white)	9	-	-
금(金, gold)	-	10^{-1}	±5%
은(銀, silver)	-	10^{-2}	±10%
무(無, none)	-	-	±20%

예제 2-1

저항의 색 띠가 "청색, 녹색, 적색, 금색"의 순서로 4개 표시되어 있다. 이 저항의 값은 얼마인가?

해설

청색(6) 녹색(5) 적색(10^2) 금색(5%) → 6.5kΩ, 오차 5%

2-2 저항의 결합 1: 직렬

■ 직렬연결과 등가저항

[그림 1-1] a)의 댐 모델을 보면, 펌프로 올린 수압은 모두 댐에 걸리고, 수문을 통한 힘찬 흐름으로 에너지를 소진한 물은 수압 제로 상태로 되돌아갈 것이다. 만일 이 댐을 절반의 높

이를 가지는 2개의 댐으로 나누어 아래위로 배치한다면 어떻게 될까? 댐이 나누어지더라도 수로는 여전히 하나이므로 수압은 각각의 댐이 절반씩 나누어 가질 것이다. 동일한 논리를 전압에 적용해보자. [그림 2-2] a)는 전원과 부하저항 2개가 일렬로 늘어 서 있는 **직렬**(直列, serial) 연결의 회로를 보여주고 있다.

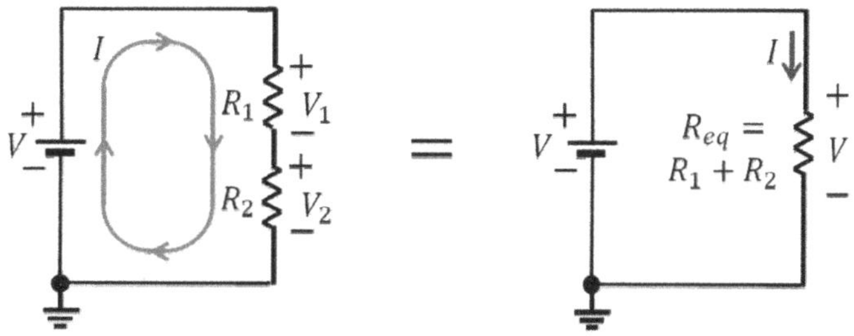

a) 저항 2개의 직렬 결합　　　　b) 등가회로

[그림 2-2] 저항 2개의 직렬연결과 등가회로

이 회로에서 주목할 점은 "저항의 개수가 늘어나긴 했지만, 전류가 흐르는 길은 여전히 하나뿐"이라는 점이다. 즉 2개의 저항을 흐르는 **전류는 동일**하다. 따라서 각각의 저항에 걸리는 전압은 (식 1-1b)의 옴법칙이 적용되며, (식2-2)와 같이 그 저항값에 비례하는 전압강하가 발생한다. 그리고 두 전압강하의 합은 당연히 공급된 전압이므로 (식 2-3)의 등식이 성립하는데, 전기회로에 관한 이러한 수식을 **회로방정식**이라고 부른다. (식 2-3)에서 2개의 저항값의 산술합을 하나의 저항으로 간주하면, [그림 2-2] a)는 하나의 전원과 하나의 **등가저항**(等價, equivalent resistance) R_{eq}로 단순화되어 [그림 2-2] b)와 같이 다시 그릴 수 있는데, 이를 **등가회로**(等價, equivalent circuit)라고 한다.

$$V_1 = IR_1 \quad V_2 = IR_2 \qquad \text{(식 2-2)}$$

$$V = V_1 + V_2 = IR_1 + IR_2 = I(R_1 + R_2) = IR_{eq} \qquad \text{(식 2-3)}$$
$$\left(R_{eq} \equiv R_1 + R_2\right)$$

예제 2-2

아래 그림에서 1kΩ 저항에 걸리는 전압을 구하시오.

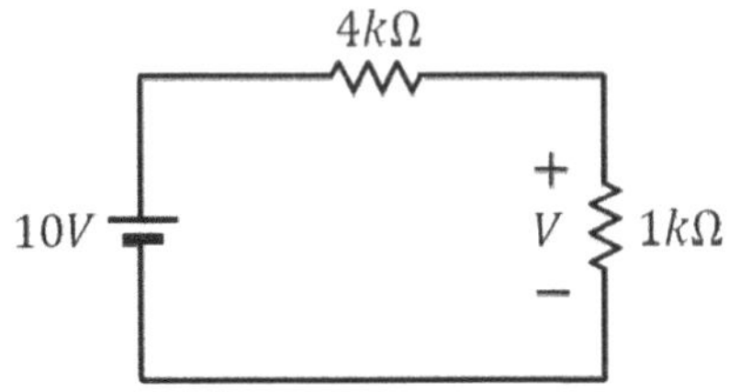

해설

전원에 2개의 저항이 직렬로 연결된 단일루프 회로이므로 두 저항에는 동일한 전류가 흐른다. 옴법칙에 의해 각 저항에는 그 저항값에 비례하여 전압강하가 발생하므로 10V의 전압은 4kΩ과 1kΩ 저항에 각각 4:1의 비율로 나뉘어 걸리게 된다.

정답

2V

■ KVL과 전압분배기

이제 [그림 2-2]의 상황을 N개의 직렬연결 저항으로 확장하여 공학적으로 정의하고, 유용한 회로법칙을 도출해보자. [그림 2-3]은 N개의 저항이 직렬연결 된 회로로서, 이 상황은 마치 강줄기를 따라가면서 죽 늘어선 다목적댐들을 연상케 한다. [그림 2-3]과 같이 전류가 한 바퀴 빙 돌아 원위치로 돌아오는 닫혀있는 회로, 즉 폐회로를 **루프**(loop)라고 부른다. 루프에서는 루프를 일주하는 단 하나의 변하지 않는 **루프전류**가 정의되며, 에너지보존의 원리에 따라 아래와 같이 **키르히호프전압법칙**(Kirchhoff's voltage law, 이하 KVL로 호칭)이 정의된다.

"전원에서 루프로 공급되는 전압의 총합은 전류가 루프를 일주하면서 만나는 각 저항에서의 전압강하의 총합과 같다."

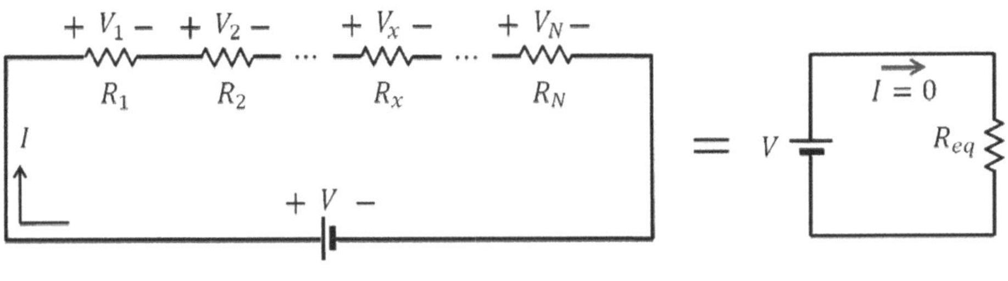

[그림 2-3] N개 저항의 직렬연결과 전압분배

[그림 2-3]에 KVL을 적용하면 (식 2-4)와 같은 회로방정식을 얻을 수 있으며, 각 저항들의 산술합이 등가저항 R_{eq}로 정의된다. 회로의 각 저항에서는 저항값에 비례하는 전압강하를 얻을 수 있는데, 전기회로의 특정 지점에서 특정 전압을 얻고자 할 때 요긴하게 사용된다. 이를 **전압분배기**(voltage divider)라고 하며, 전압분배기에서 전압은 각 저항의 크기에 비례하여 분배된다.

$$V = V_1 + V_2 + \cdots + V_N = IR_1 + IR_2 + \cdots + V_N = IR_{eq}$$
$$\left(R_{eq} = R_1 + R_2 + \cdots + R_N = \sum_{i=1}^{N} R_i \right) \qquad \text{(식 2-4)}$$

N개의 저항으로 구성된 전압분배기에서 특정 저항 R_x에서의 전압을 구하는 공식은 아래와 같이 유도된다. 저항의 직렬연결을 다루는 핵심은 1) 루프전류가 일정하며, 2) 저항에서의 전압강하는 저항값에 비례한다는 점이다. 즉 전압분배 계산에서 있어서 우선순위는 (식 2-5)와 같이 직렬 등가저항으로부터 루프전류를 먼저 구하는 것이며, 이로부터 (식 2-6)과 같이 저항 R_x에서의 전압이 구해진다.

$$V = IR_{eq} \quad \rightarrow \quad I = \frac{V}{R_{eq}} = \frac{V}{R_1 + R_2 + \cdots + R_N} \qquad \text{(식 2-5)}$$

$$V_x = IR_x = \left(\frac{R_x}{R_1 + R_2 + \cdots + R_N} \right) V \qquad \text{(식 2-6)}$$

예제 2-3

만약 [그림 2-3]의 회로에서 1) 저항 R_x가 훼손되어 끊어지거나, 2) 저항 R_x 양단의 전선이 서로 붙어버리면 전기회로는 어떻게 될까?

해설

1) 저항 하나가 끊어진다는 것은 회로적으로 개방(open), 즉 무한대 저항의 상태를 의미하며, (식 2-4)에 따라 회로의 등가저항 역시 무한대로 계산된다. 따라서 회로 전체는 아

래 그림과 같이 등가적으로 개방회로이며, 전류가 전혀 흐르지 못하는 차단상태로 된다.

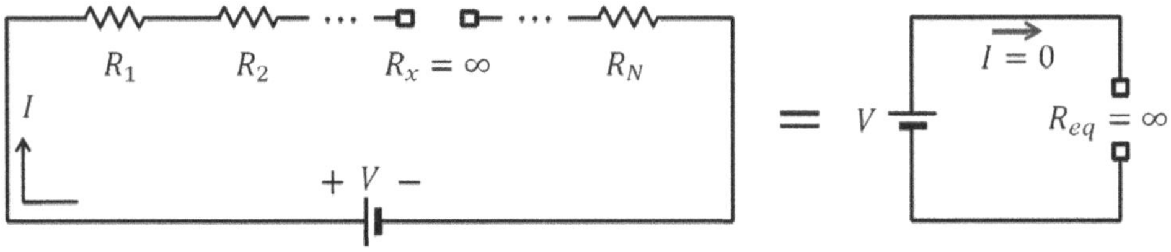

2) 저항 양단의 전선이 붙어버린다는 것은 회로적으로 단락(short), 즉 영 저항의 상태를 의미하며, (식 2-4)에 따라 등가저항은 나머지 저항들의 합으로 계산되므로 등가저항이 조금 줄어들 뿐 전체적으로 큰 변동은 없을 것이다. 즉 해당 저항만 무시하면 오케이.

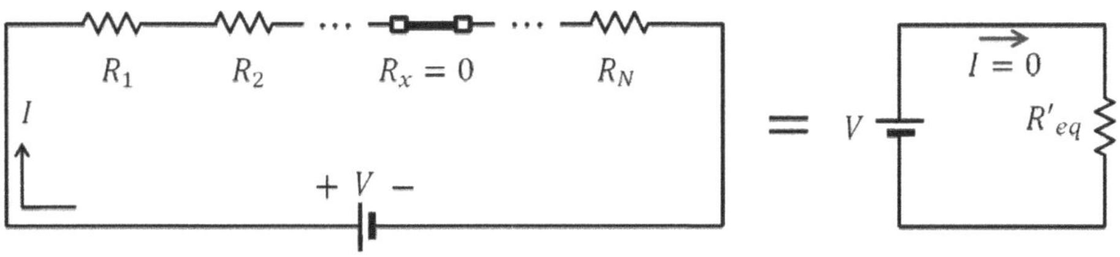

결론적으로 "부하들이 직렬로 결합되는 회로에서 부하 하나가 고장으로 개방될 경우, 회로 전체가 개방되어 전류가 전혀 흐르지 않는 사태가 발생한다."는 점을 알아두자.

예제 2-4

아래 그림에서 단자 a와 b 사이에 걸리는 전압 V_{ab}을 구하시오.

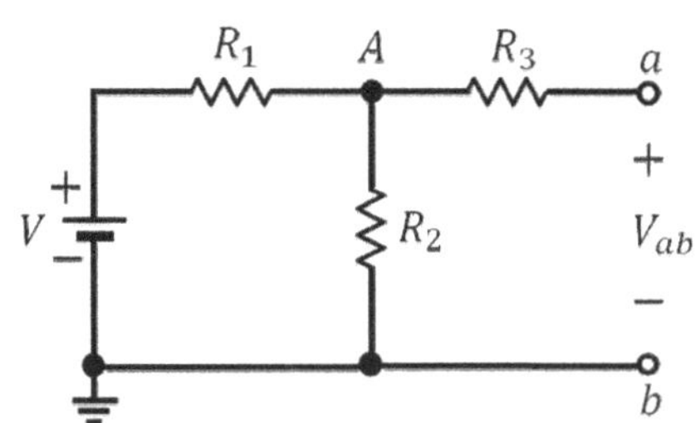

해설

- 점 A에 접속되어 있는 저항 R_3에는 흘러 들어간 전류가 빠져나올 출구가 없다. 즉 R_3는 허공에 뜬 상태(floating)로서 전류가 흐르지 않으므로 전압강하도 없는 회로적으로 무의미한 처지이다. 따라서 단자 a의 전압은 점 A의 전압과 동일하며, 저항 R_2에 걸리

는 전압이 바로 V_{ab}이므로 전압분배를 적용할 수 있다.

- 저항 2개로 이루어진 전압분배기의 공식은 (식 2-6)으로부터 아래와 같이 주어진다.

$$V_{ab} = \left(\frac{R_2}{R_1 + R_2}\right)V \qquad \text{(예제 2-4 식)}$$

2-3 저항의 결합 2: 병렬

■ 병렬연결과 등가저항

[그림 1-1] a)의 댐 모델에서 수문을 하나 더 개방한다면 어떨까? 물이 흘러나갈 수로가 하나 더 늘어나면서 물의 유출량은 한층 증가할 것이다. 물론 두 수문에 걸리는 수압은 다를 바가 없을 터이고. [그림 2-4] a)는 이 상황을 전기회로에 대하여 적용한 것으로서, 전원에 부하저항 2개가 별도의 전선을 통해 연결되는 **병렬(竝列, parallel)** 연결의 회로를 보여주고 있다.

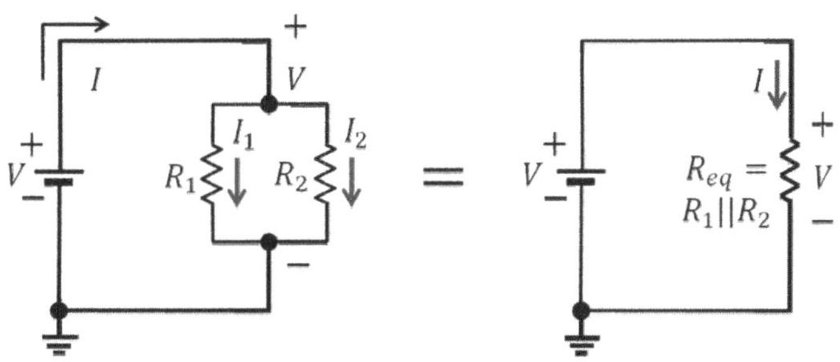

[그림 2-4] 저항 2개의 병렬연결과 등가회로

이 회로에서 주목할 점은 "저항의 개수가 늘어나긴 했지만, 각각의 저항에 걸리는 **전압은 불변**"이라는 점이다. 따라서 2개의 저항을 흐르는 전류는 (식 1-1a)의 옴법칙을 적용하여 (식 2-7)과 같이 구할 수 있으며, 각각의 전류는 저항값에 반비례함을 알 수 있다. 그리고 두 전류의 합은 당연히 공급된 전체전류이므로 (식 2-8)의 회로방정식이 성립한다. 이로부터 2개의 병렬연결 저항에 대한 등가저항 R_{eq}의 관계식을 얻을 수 있는데, 식에서 저항의 병렬연결 연산이 저항의 역수로 나타나므로 등가저항 역시 역수로 표시된다. 따라서 최종적으로 병렬연결

된 저항 2개의 등가저항 R_{eq}는 (식 2-9)와 같이 구해지며, [그림 2-4] b)의 등가회로로 표시할 수 있다. 수식에서 저항의 병렬연결을 나타내는 기호 $R_1 \| R_1$를 기억해두자.

$$I_1 = \frac{V}{R_1} \quad I_2 = \frac{V}{R_2} \tag{식 2-7}$$

$$I = I_1 + I_2 = \left(\frac{1}{R_1} + \frac{1}{R_2}\right)V = \frac{V}{R_{eq}} \quad \left(\frac{1}{R_{eq}} \equiv \frac{1}{R_1} + \frac{1}{R_2}\right) \tag{식 2-8}$$

$$\frac{1}{R_{eq}} = \frac{1}{R_1} + \frac{1}{R_2} \rightarrow R_{eq} \equiv R_1 || R_1 = \frac{1}{1/R_1 + 1/R_2} = \frac{R_1 R_2}{R_1 + R_2} \tag{식 2-9}$$

예제 2-5

아래 그림에서 4kΩ과 1kΩ 저항에 흐르는 전류의 비율을 구하시오.

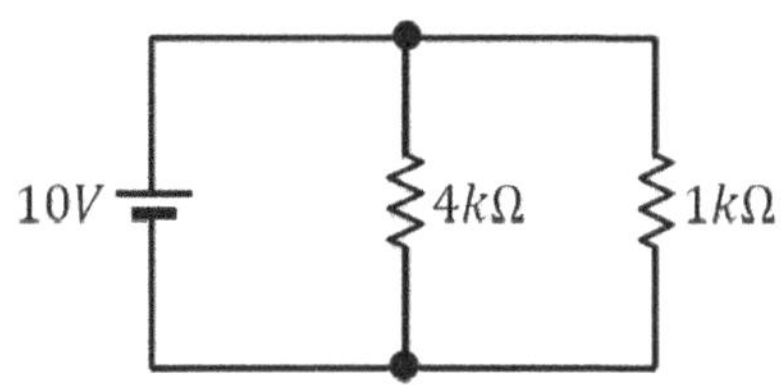

해설

전원에 연결된 2개의 저항이 노드를 공유하고 있으므로 두 저항에는 동일한 전압이 걸린다. 옴법칙에 의해 각 저항에 흐르는 전류는 그 저항값에 반비례하므로 저항의 역수로 따져야 한다. 따라서 4kΩ과 1kΩ 저항은 각각 1/4k 대 1/1k, 즉 1:4의 비율로 전류를 나누어 흘리게 된다.

■ KCL과 전류분배기

이제 이 상황을 N개의 병렬연결 저항으로 확장하여 공학적으로 정의하고, 유용한 법칙을 도출해보자. [그림 2-5]는 N개의 저항이 병렬연결 된 회로로서, 이 상황은 마치 하나의 수원지에 연결된 상수도시스템을 연상케 한다. [그림 2-5]와 같이 회로에서 전류가 분기되거나 합쳐지는 곳을 노드(node, 마디)라고 부르며, 3개 이상의 소자가 만나는 곳만 노드로 취급한다.

노드는 회로도에서 검은 점으로 분명히 표시하기도 하는데, 이는 실제로 전류가 분기되는 노드와 단순히 전선이 겹쳐 보이는 곳을 구분하기 위해서이다. 또한 회로도에 표시된 노드 사이가 단락이라면 두 노드는 사실상 하나의 노드임을 주의하자. 따라서 [그림 2-5]에서 실제 노드는 단 2개뿐이다. 그리고 노드에서 분기되어 나가는 전선을 **브랜치**(branch, 가지)라고 부른다. 노드에서는 그 지점 고유의 **노드전압**이 정의되며, 에너지보존의 원리에 따라 아래와 같이 **키르히호프전류법칙**(Kirchhoff's current law, 이하 KCL로 호칭)이 적용된다.

"노드로 흘러들어오는 전류의 총합은 노드에서 흘러나가는 모든 전류의 총합과 같다."

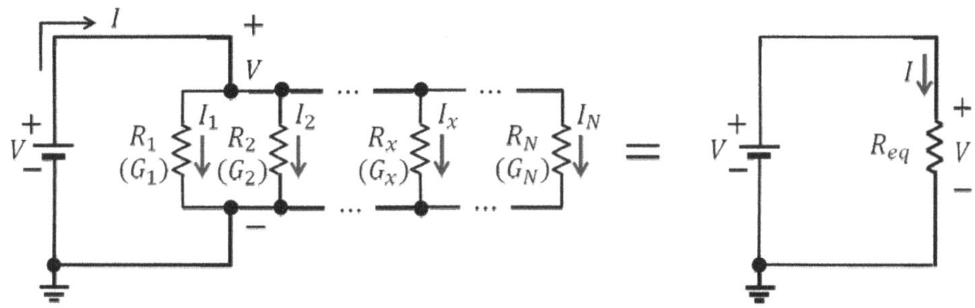

[그림 2-5] N개 저항의 병렬연결과 전류분배

[그림 2-5]에 KCL을 적용하면 (식 2-10)과 같은 회로방정식과 등가저항 R_{eq}를 구하는 일반식을 얻을 수 있다. 그런데 저항의 산술합으로 깔끔하게 정리되는 직렬연결과는 달리, 병렬연결은 분수가 동원되는 반비례 수식을 다루어야 하므로 좀 거추장스럽기도 하다. 이쯤에서 저항의 병렬연결과 그 등가저항의 의미를 다시 한번 생각해보자.

$$I = I_1 + I_2 + \cdots + I_N = \left(\frac{1}{R_1} + \frac{1}{R_2} + \cdots + \frac{1}{R_N}\right)V = \frac{V}{R_{eq}}$$

$$\frac{1}{R_{eq}} = \frac{1}{R_1} + \frac{1}{R_2} + \cdots + \frac{1}{R_N} \quad \rightarrow \quad R_{eq} = \frac{1}{1/R_1 + 1/R_2 + \cdots + 1/R_N} \qquad \text{(식 2-10)}$$

회로전류의 입장에서 보면, 병렬저항이 하나 추가될 때마다 전류가 흘러갈 길이 또 하나 추가되는 셈이므로 전체 등가저항은 점차 감소한다. (도심에 새로운 우회도로가 하나씩 더 개통된다고 생각해 보라.) 그런데 병렬저항을 무한정 늘려나간다면 그 종말은 영 저항, 즉 등가적으로 단락회로가 될 것이다. 그러고 보니 "전류의 흐름을 얼마나 거부하느냐"를 나타내는 척도인 저항(resistance)의 개념이 여기에는 어울리지 않는다. 오히려 "전류를 얼마나 잘 흘리느냐"라는 척도가 있다면 연산하기에 편리할 듯하지 않겠는가? 저항의 반대 개념을 나타내는 방법은 간단하다. 뒤집으면 된다. (식 2-11)은 이런 의미로 정의되는 **콘덕턴스**(Conductance, 표기: G, 단위: 지멘스[S])와 콘덕턴스의 산술합으로 구해지는 등가콘덕턴스를 보여주고 있다. 최종적으로 등가저항은 등가콘덕턴스를 다시 한번 뒤집기만 하면 오케이.

$$G_1 = \frac{1}{R_1} \quad G_2 = \frac{1}{R_2} \quad \cdots \quad G_N = \frac{1}{R_N}$$
$$\frac{1}{R_{eq}} = \frac{1}{R_1} + \frac{1}{R_2} + \cdots + \frac{1}{R_N} \quad \rightarrow \quad G_{eq} = G_1 + G_2 + \cdots + G_N \qquad \text{(식 2-11)}$$

위에서 살펴본 대로 [그림 2-5]의 회로에서는 각 저항에서 저항값에 반비례하는(콘덕턴스에 비례하는) 전류를 얻을 수 있는데, 이를 **전류분배기**(current divider)라고 하며, 전기회로의 특정 브랜치에서 특정 전류를 얻고자 할 때 요긴하게 사용된다. N개의 저항으로 구성된 전류분배기에서 특정 저항 R_x에 흐르는 전류를 구하는 공식은 아래와 같이 유도된다. 저항의 병렬연결을 다루는 핵심은 1) 노드를 공유하는 저항에 걸리는 전압은 일정하며, 2) 각 브랜치를 흐르는 전류는 저항값에 반비례한다는 점이다. 즉 전류분배 계산에서 있어서 우선순위는 (식 2-12)와 같이 병렬 등가콘덕턴스로부터 노드전압을 먼저 구하는 것이며, 이로부터 (식 2-13)과 같이 저항 R_x를 흐르는 전류가 구해진다.

$$I = \frac{V}{R_{eq}} = G_{eq}V \quad \rightarrow \quad V = \frac{I}{G_{eq}} = \frac{I}{G_1 + G_2 + \cdots + G_N} \qquad \text{(식 2-12)}$$

$$I_x = \frac{V}{R_x} = G_xV = \left(\frac{G_x}{G_1 + G_2 + \cdots + G_N}\right)I \qquad \text{(식 2-13)}$$

예제 2-6

만약 [그림 2-5]의 회로에서 1) 저항 R_x가 훼손되어 끊어지거나, 2) 저항 R_x 양단의 전선이 붙어버리면 전기회로는 어떻게 될까?

해설

1) 저항 하나가 끊어진다는 것은 회로적으로 개방(open), 즉 무한대 저항의 상태를 의미하며 콘덕턴스로는 영이다. 따라서 (식 2-11)의 등가콘덕턴스는 나머지 콘덕턴스들의 합으로 계산되므로 등가콘덕턴스가 크게 변동되지는 않을 것이다. 즉 해당 저항만 무시하면 오케이.

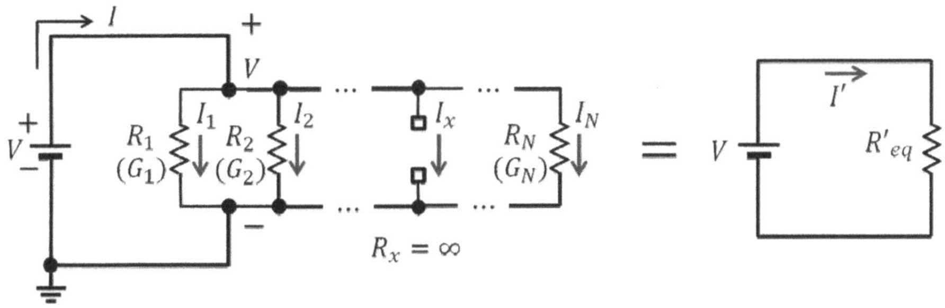

2) 저항 양단의 전선이 붙어버린다는 것은 회로적으로 단락(short), 즉 영 저항의 상태를 의미하며 콘덕턴스로는 무한대이다. 따라서 (식 2-11)의 등가콘덕턴스 역시 무한대로 계산된다. 결국 회로 전체는 아래 그림과 같이 등가적으로 단락회로이며, 무한대의 전류가 흐르는 상태로 된다.

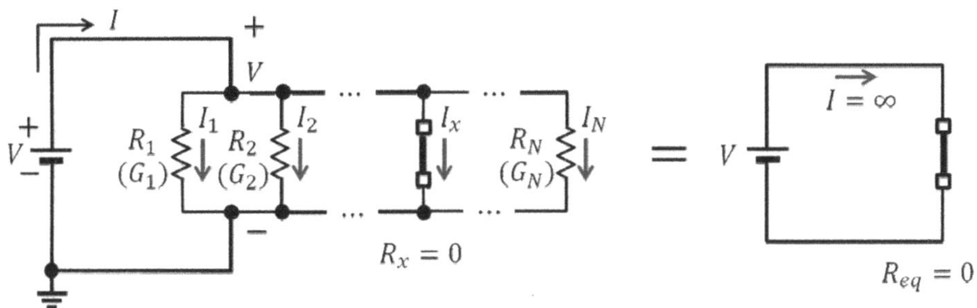

결론적으로 "부하들이 병렬연결 되는 회로에서 부하 하나가 고장으로 단락될 경우, 회로 전체가 단락되어 과도한 전류로 회로가 위험에 빠질 수 있다."는 점을 알아두자.

■ 상용전기시스템과 부하의 결합

양초와 기름램프로 밤을 밝히던 인류는 전기의 실용화와 함께 조명시스템의 혁신을 이루게 된다. 전기조명은 발전기로 전기를 공급하고 백열전구(白熱電球, Incandescent light bulb)라는 부하저항을 연결하여 강렬한 빛을 얻어내는 시스템이다. 그런데 다수의 전구들을 전원에 직렬로 연결할 것인가? 아니면 병렬로 연결할 것인가? 많은 연구자들이 전원과 전구를 연결하는 최적의 전기조명시스템 설계에 매달렸지만 극단적으로 모순되는 상황에서 고민을 거듭하게 되는데, 이 이야기는 아래와 같이 2개의 과제로 요약된다.

과제1) 도시와 건물 구석구석에 빈틈없이 전선이 깔려야 한다. 사업의 채산성을 맞추려면 비싼 구리 전선의 사용을 최대한 절약하여야 한다.

과제2) 전류를 빛으로 바꾸는 소자, 즉 전구의 필라멘트(filament)를 제작함에 있어서 발광의 세기는 소비전력에 비례한다. 따라서 필라멘트의 재료는 큰 전력을 견디어내어야 하는 한편 높은 발광효율을 가져야 한다.

우선 전선 절약의 측면에서 보면 [그림 2-3]과 같은 전구(수용가)끼리의 직렬연결이 유리하다. 이는 한 가닥의 전선으로 전구(수용가)들을 연결할 수 있기 때문이다. 이에 반해 [그림 2-5]와 같이 병렬연결 할 경우, 전구(수용가)끼리는 반드시 두 가닥의 전선으로 연결하여야 하므로 산술적으로 곱절의 전선이 필요하다. 그렇다면 직렬연결이 정답일까? 초기의 연구자들은 이처럼 당연해 보이는 직렬연결에 기반하여 시스템을 만들고자 했지만, 여기에도 아래와 같은 난처한 일들을 만나게 된다.

1) 전류가 흐르는 루프는 오직 하나. 전구의 개별 개폐가 불가능하며, 전구 하나가 고장으로 개방되면 조명시스템 전체가 중단된다. 아울러 추가로 전구를 설치하려면 루프를 일단 잘라야 하므로 시스템 전체의 전원을 내려야 한다. (예제 2-3 참조)
2) 전구 개수가 늘어날수록 조명시스템 전체의 등가저항도 늘어나므로 충분한 전류를 공급하기가 어려워진다. 따라서 필라멘트의 저항은 되도록 작아야 하는데, 저항이 작으면서도 발광하는 재료를 찾기가 무척 어렵다.
3) 아울러 저저항의 필라멘트에 충분한 전력을 공급하기 위해서는 큰 전류를 흘려야 하는데 굵은 전선을 사용해야 하는 비용부담도 커진다.

이런 이유로 많은 발명가들이 저저항/고효율의 전구 개발에 매달리는 동안 에디슨은 아래와 같은 역발상으로 이 문제에 대처한다.

1) 전구들을 [그림 2-5]와 같이 병렬연결하면 동일한 전압이 전구마다 독립적으로 주어지므로 개별 개폐, 고장 처리, 전구 추가의 문제가 단칼에 해결된다. 다만 전구 하나가 고장으로 단락되면 조명시스템 전체가 단락되어 과도한 전류가 흐르는 누전의 위험에 빠질 수 있으므로 해당 회선의 차단 대책이 필요하다. (예제 2-4 참조)
2) 병렬연결되는 전구의 개수가 많아질수록 전체 등가저항은 감소하므로 필라멘트의 저항이 크더라도 조명시스템 전체의 적정전류 유지에는 무리가 없다.
3) 아울러 개별 저항에 흐르는 전류는 전구 개수에 반비례하여 적어지므로 가는 전선을 사용함으로써 구리를 절약할 수 있다.

에디슨은 이러한 직렬연결과 병렬연결에 관한 절묘한 이해를 바탕으로 고저항의 탄소필라멘트 전구를 발명하고, 전형적인 전류분배기의 모델로서 어느 부하든 동일한 110V(혹은 220V) 전압이 걸리는 상용전기시스템을 완성한다. 아울러 여기에 쓰이는 모든 스위치, 소켓, 퓨즈 등 기구와 부품들에 이르기까지 에디슨의 손길이 미치지 않은 곳이 없으며, 그의 전구는 오늘에 이르기까지 범세계적으로 쓰이고 있다.

예제 2-7

2개의 전구가 아래 그림과 같이 각각 병렬과 직렬로 연결되어 있다. 각 전구의 밝기를 순서대로 나열하시오.

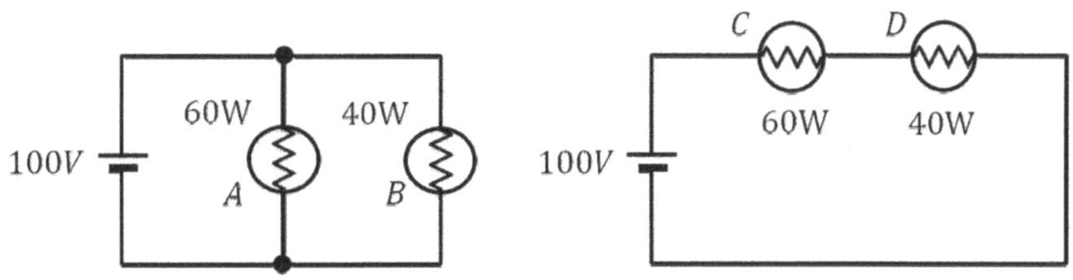

해설

60W 전구는 40W 전구보다 저항이 작다. (예제 1-2) 참조

1) 전구의 병렬연결: 전구 A와 B에 걸리는 전압은 동일하며, 전류는 저항이 작은 쪽으로 더 많이 흐른다. 따라서 전구 A가 전구 B보다 더 많은 전력을 소모하므로 전구 A가 전구 B보다 밝게 빛난다.
2) 전구의 직렬연결: 전구 A와 B를 흐르는 전류는 동일하며, 전압은 저항이 큰 쪽에 더 많이 걸린다. 따라서 전구 D가 전구 C보다 더 많은 전력을 소모하므로 전구 D가 전구 C보다 밝게 빛난다.

3) 회로 전체적으로 보면 직렬연결의 등가저항이 병렬연결의 등가저항보다 훨씬 크다. 따라서 회로에 공급되는 전류는 병렬연결 쪽이 더 많으므로 병렬연결 된 전구들이 더 밝게 빛난다.

정답

A >B > D > C

■ 직렬/병렬 회로의 해석

저항의 직렬연결과 병렬연결이 뒤섞인 회로에서 직렬/병렬 여부를 식별하는 원칙은 아래와 같다. 이 요령에 따라 직렬/병렬 등가저항으로 회로를 단순화시켜 나가면 최종적으로 단 하나의 등가저항만으로 대표되는 등가회로를 구할 수 있다.

1) 루프를 따라가면서 만나는 모든 저항은 직렬연결이다. 단 반드시 동일한 크기의 전류가 흐르는 독립된 저항에만 이것이 적용된다는 점을 잊지 말자.
2) 노드를 공유하는 모든 저항은 병렬연결이다.

등가회로 구하기가 간단해 보이지만 자칫하면 큰 실수를 할 수도 있다. 아래에서 올바른 해와 틀린 해의 예를 살펴보자.

예제 2-8

아래 그림에서 단자 a와 b 사이로 들여다본 등가저항 R_{eq}를 구하시오.

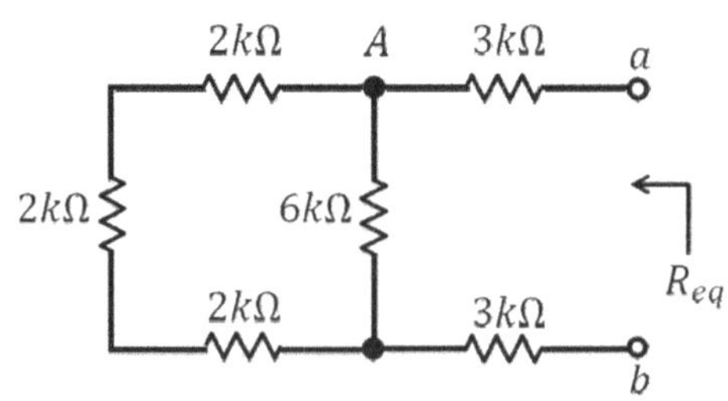

해설

독립된 루프를 먼저 찾으려면 단자에서 가장 먼 쪽부터 살펴보아야 한다.

1단계) 그림의 제일 왼쪽 루프에서 3개의 2kΩ 저항은 중간에 노드가 없이 단 하나의 전선으로 이어져 있다. 따라서 동일한 크기의 전류가 흐르므로 하나의 직렬등가저항으로 단순화할 수 있다.

2단계) 노드를 공유하는 2개의 6kΩ 저항을 병렬등가저항으로 단순화한다.

3단계) 최종적으로 3개의 3kΩ 저항을 직렬등가저항으로 단순화한다.

정답

9kΩ.

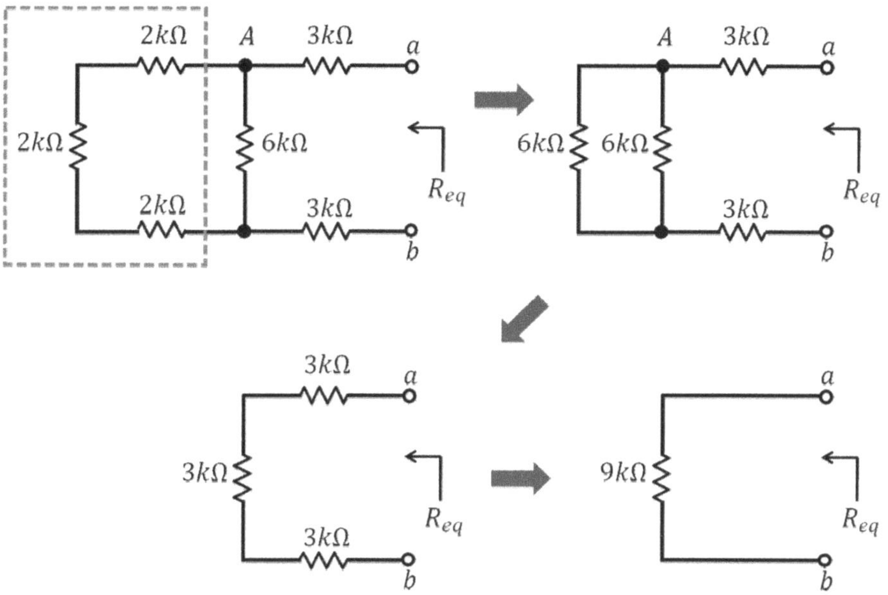

틀린 해

단자 a와 b 사이에 있는 3개의 저항을 직렬연결로 오인한 경우로서, 6kΩ 저항에는 노드 A에서 분기된 전류가 흐르기 때문에 3kΩ 저항과 직렬 관계가 아니다.

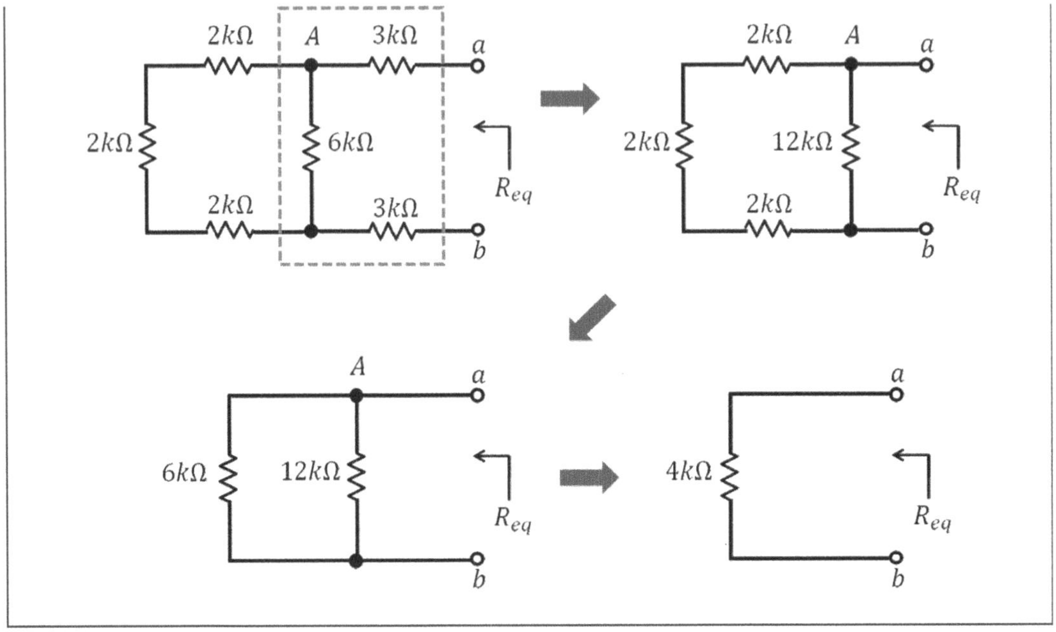

■ 전압분배기의 부하효과

전압분배기의 사용 목적은 전원전압을 분할 하여 부하저항에 적절한 전압을 걸어 주는 것이다. [그림 2-6] a)는 전원 V로부터 전압 V_{R_2}를 얻어내는 전압분배 회로이며, 아직 부하저항을 붙이지 않은 무부하 상태이다. 그런데 [그림 2-6] b)와 같이 여기에 부하저항 R_L을 연결하면 묘한 문제가 발생한다. 즉 R_L이 R_2와 병렬연결 되면서 실제로 R_L에 걸리는 전압 V_{R_L}이 (식 2-14), (식 2-15)와 같이 당초 설정했던 분배전압 V_{R_2}보다 낮아지는데, 이것을 **부하효과**(負荷效果, loading effect)라고 한다.

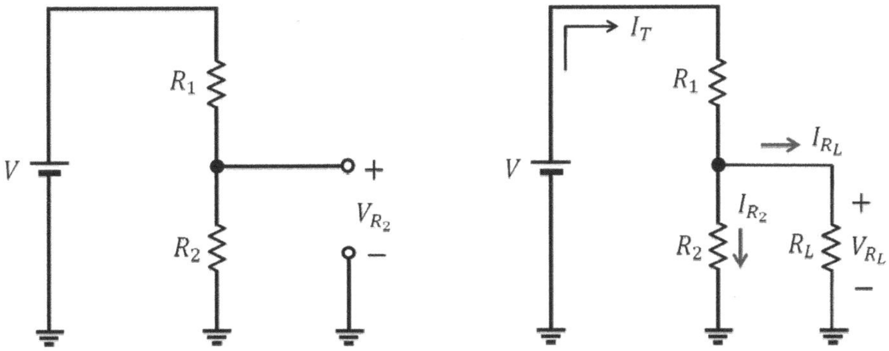

a) 무부하상태 b) 부하상태

[그림 2-6] 전압분배기의 무부하상태와 부하상태 비교

$$V_{R_2} = \left(\frac{R_2}{R_1 + R_2}\right)V \qquad \text{(식 2-14)}$$

$$V_{R_L} = \left(\frac{R_2||R_L}{R_1 + R_2||R_L}\right)V \qquad \text{(식 2-15)}$$

부하효과는 부하저항이 클수록, 또 전압분배기 저항이 클수록 경감되겠지만, 이렇게 되면 이번에는 부하에 공급되는 전류가 감소한다. 한편 회로에 공급되는 전체전류 I_T는 R_2와 R_L로 나뉘어 흐르는데, R_2로 가는 전류 I_{R_2}는 부하의 구동과는 무관하게 낭비되는 전류로서 블리더전류(bleeder current)라고 부른다. 이처럼 전압분배기 저항은 부하의 상태를 고려하여 설정하여야 하며, 전압/전류/전력이 종합적으로 고려되어야 하는 만만치 않은 작업이다. 부하에 최대한 효율적으로 전압과 전류를 공급하는 방법에 대하여는 3-2절에서 살펴보기로 한다.

2-4 가변저항기

■ 포텐쇼미터와 가감저항기

가변저항기(可變, variable resistor)란 단자가 2개인 저항소자의 중간에 제3의 단자를 결합하되, 전기적 접촉을 유지하면서도 이동 가능하도록 제작하여 외부조작으로 저항값을 가감할 수 있도록 만든 소자이다. 가변저항기는 전기기기의 볼륨단자 등으로 널리 사용되는데, 위에서 다루었던 부하효과를 고려한 전압분배 맞추기에도 효과적으로 사용할 수 있다. 가변저항기는 그 용도에 따라 포텐쇼미터(potentiometer)와 가감저항기(rheostat)라는 2가지 형태로 쓰이며, [그림 2-7]에 각각의 특성을 등가회로로 보인다. 한편 가변저항기는 외형적으로 2가지 방식으로 제작되는데, 1) 막대 모양으로 제작되어 가변단자가 일직선으로 미끄러져 움직이는 Sliding type과, 2) 원형으로 제작되어 가변단자 축이 돌아가는 Wiper type이 있다.

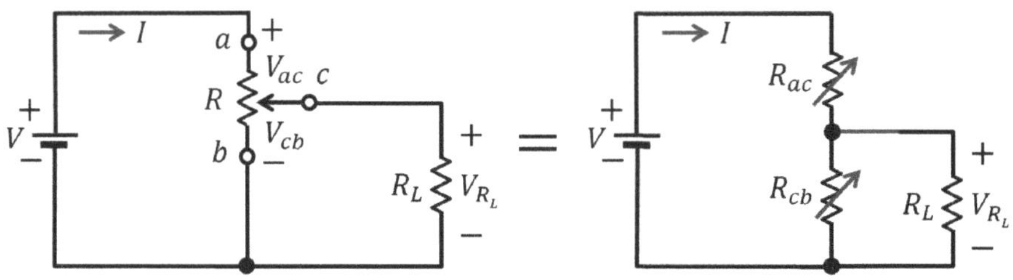

a) Potentiometer　　　a') Potentiometer 등가회로

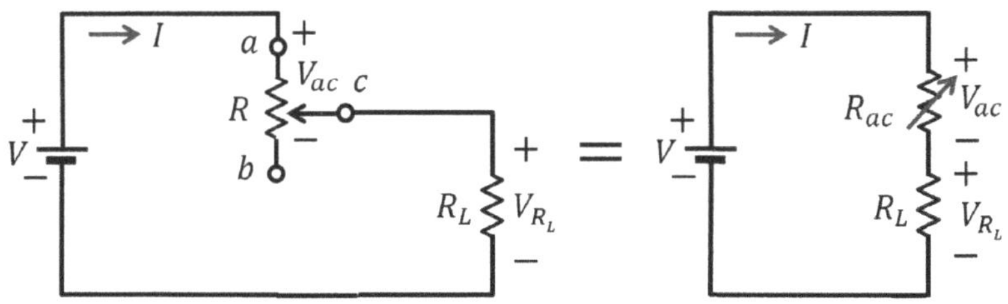

b) 가감저항기　　　b') 가감저항기 등가회로

[그림 2-7] 가변저항기의 종류와 등가회로

a) 포텐쇼미터(potentiometer): [그림 2-7] a)

고정단자 a와 b 사이를 이동단자 c가 움직이면서 전체저항 R은 R_{ac}와 R_{cb}로 갈라지고, 전원 V는 각각 V_{ac} 및 V_{cb}로 전압이 분배된다. 따라서 [그림 2-7] a)는 사실상 3개의 저항이 직렬과 병렬 결합을 이루게 되며, 등가적으로 그림 a')와 같이 다시 그릴 수 있다. 부하저항 R_L에 걸리는 전압 V_{R_L}은 R_{cb}에도 동일하게 걸리므로 V_{R_L}은 전압분배 공식에 따라 (식 2-16)과 같이 계산된다.

$$V_{R_L} = \left(\frac{R_{cb}||R_L}{R_{ac} + R_{cb}||R_L}\right)V \quad \text{(식 2-16)}$$

b) 가감저항기(rheostat): [그림 2-7] b)

고정단자 a와 이동단자 c만 사용하는 형태로서, 허공에 뜬 b단자는 회로에 연결되어 있지 않다. 따라서 c단자와 b단자 사이를 흐르는 전류도 없고 전압강하도 없으므로 c단자와 b단자의 전압은 동일하다. 즉 R_{cb}는 회로적으로 무시된다. 결과적으로 [그림 2-7] b)는 사실상 2개의 저항이 직렬결합을 이루게 되며, 등가적으로 그림 b')와 같이 다시 그릴 수 있다. 전원전압 V는 R_{ac}와 R_L에 의해 분배되는데, 부하에 걸리는 전압 V_{R_L}은 (식 2-17)와 같이 계산된다.

$$V_{R_L} = \left(\frac{R_L}{R_{ac} + R_L}\right)V \qquad \text{(식 2-17)}$$

3단자 소자인 가변저항기를 가감저항기 형태로 사용할 경우, 허공에 뜨는 b단자를 그대로 두면 회로적으로 누설이나 부적절한 접촉으로 오작동의 위험이 있다. 따라서 통상 b단자는 [그림 2-8]과 같이 c단자와 단락시켜 전체적으로 2단자 소자로 만들어 주어 안정화를 도모한다. b단자와 c단자가 단락되면 R_{cb}로는 전류가 전혀 흐르지 않으므로 회로적으로 의미가 없다.

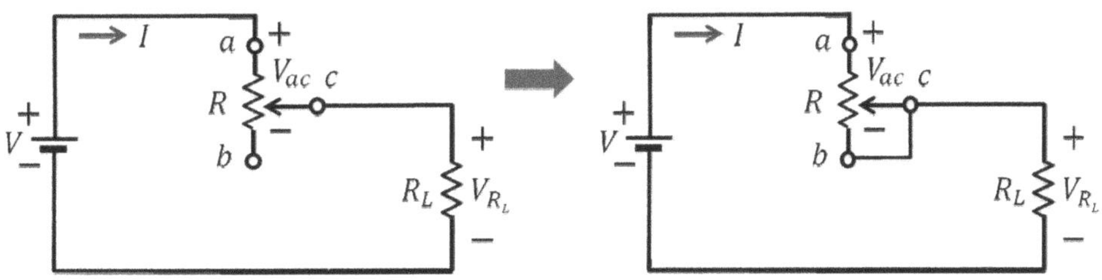

[그림 2-8] 가감저항기의 단자 단락 처리

[그림 2-7] a)와 b)는 전압분배기 측면에서 얼핏 다를 바 없어 보이지만, 부하에 미치는 전압과 전류는 미묘한 차이가 있음을 주목하자. [그림 2-9]와 [그림 2-10]은 이동단자 c가 가변저항기의 양단 끄트머리까지 이동했을 때의 등가회로이다. 이를 통해 포텐쇼미터와 가감저항기의 거동을 심도 있게 살펴보자.

1) 이동단자 c가 고정단자 a에 위치할 경우: [그림 2-9]

- 포텐쇼미터 : 부하에 전원전압 V가 그대로 걸리지만, 전류는 분배된다.
- 가감저항기 : 부하에 전원전압 V가 그대로 걸리고, 전류 I도 변함없이 흐른다.

2) 이동단자 c가 고정단자 b에 위치할 경우: [그림 2-10]

- 포텐쇼미터 : 부하가 단락되면서 부하에는 전압도 전류도 영이다.
- 가감저항기 : 부하에 전류 I는 변함없이 흐르지만, 전압은 분배된다.

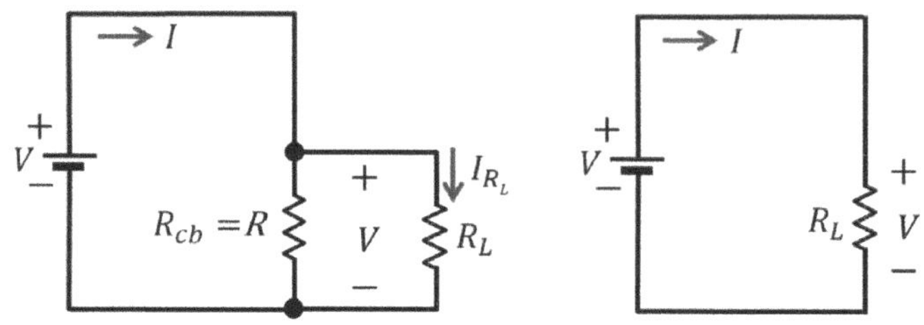

a) Potentiometer at a b) Rheostat at a

[그림 2-9] 포텐쇼미터와 가감저항기의 차이 1

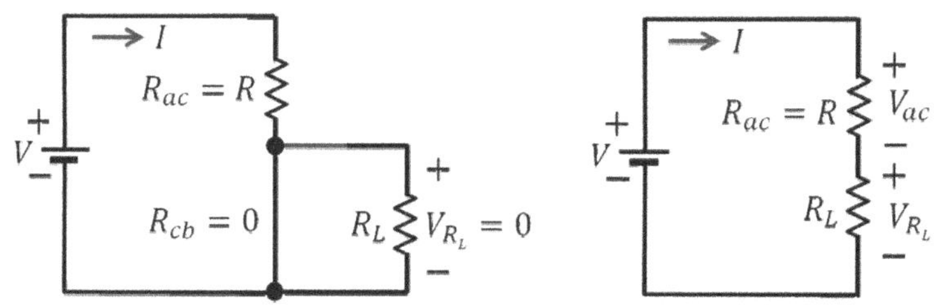

a) Potentiometer at b b) Rheostat at b

[그림 2-10] 포텐쇼미터와 가감저항기의 차이 2

예제 2-9

30V의 전압이 20kΩ의 가변저항으로 전압분배 되어 10kΩ의 부하저항에 인가된다. 가변저항이 포텐쇼미터로 쓰인 경우와 가감저항기로 쓰인 경우에 대하여 부하저항에 걸리는 전압의 범위를 각각 구하시오.

해설

1) 포텐쇼미터로 쓰인 경우: $0 \le V_{R_L} \le 30V$

2) 가감저항기로 쓰인 경우: $10V \le V_{R_L} \le 30V$

■ 휘트스톤브리지

[그림 2-11] a)와 같이 저항 4개가 마치 철교(鐵橋, bridge)의 격자구조처럼 교묘하게 직렬/병렬연결 된 회로를 휘트스톤브리지(Wheatstone bridge)라고 한다. 이 회로는 정확한 저항값 측정용으로 만들어졌으며, 각종 센서(sensor)의 전기출력 변환기(transducer)로도 널리 활용되고 있다. 휘트스톤브리지의 측정은 A점과 B점 사이의 전압 V_{AB}를 관찰함으로써 이루어진다. A점과 B점의 전압은 각각 R_1과 R_3, R_2와 R_4에 의해 공급전압 V를 전압분배 한 것이다. 따라서 (식 2-18)과 같이 두 저항의 비율이 동일하다면 A점과 B점의 전압 역시 동일하므로 $V_{AB}=0$이 되는데, 이 상태를 평형브리지(balanced bridge)라고 한다. 또한 평형브리지의 조건을 (식 2-19)와 같이 정리하면 3개의 저항값으로부터 나머지 1개 저항값을 알아낼 수 있다. 즉 [그림 2-11] b)와 같이 R_2와 R_4를 고정하고 R_3 자리에 가변저항 R_V을 넣어 $V_{AB}=0$이 되도록 조정하면 (식 2-20)과 같이 미지(未知)의 저항값 R_x을 찾아내는 측정기로 사용할 수 있다.

$$\frac{R_1}{R_3}=\frac{R_2}{R_4} \qquad \text{(식 2-18)}$$

$$R_1=R_3\left(\frac{R_2}{R_4}\right) \qquad \text{(식 2-19)}$$

$$R_x=R_V\left(\frac{R_2}{R_4}\right) \qquad \text{(식 2-20)}$$

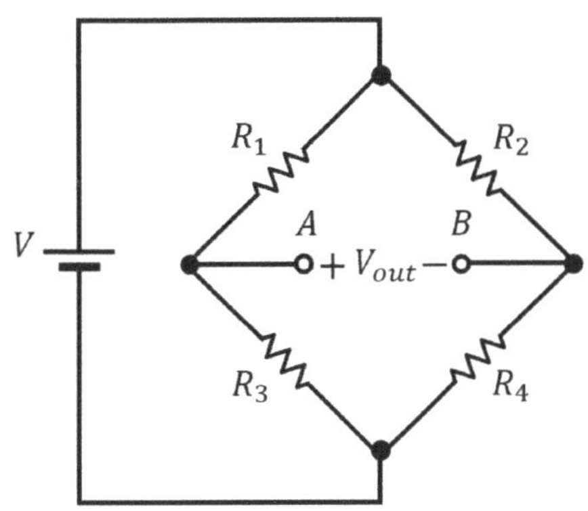

a) 휘트스톤브리지

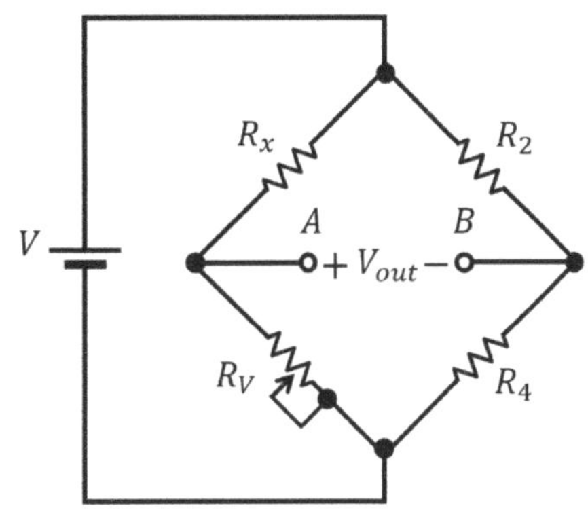

b) 미지 저항의 측정

[그림 2-11] 휘트스톤브리지의 구조와 미지 저항의 측정

예제 2-10

아래 그림은 [그림 2-9] b)의 미지 저항 측정법을 응용하여 열가변저항기(서미스터, thermistor)의 온도변화를 전기신호로 변환해내는 회로이다. (서미스터는 온도가 오르면 저항이 감소하는 소재로 만들어지며 온/습도계, 전원차단기, 화재경보기 등에 널리 응용된다.) 그림에서 서미스터는 25도 상온에서 1kΩ의 저항값을 가지며, 50도에서 800Ω으로 감소한다. 이때 측정되는 V_{AB}를 계산하시오.

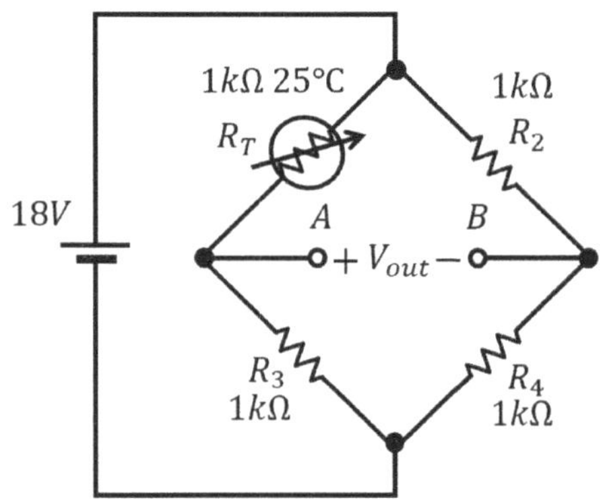

휘트스톤브리지의 서미스터 응용

해설

전압분배식으로 A점과 B점의 전압을 구하여 그 차이를 계산한다.

$$V_A = 18 \cdot \left(\frac{R_3}{R_T + R_3}\right) = 18 \cdot \left(\frac{1000}{800 + 1000}\right) = 12$$

$$V_B = 18 \cdot \left(\frac{R_4}{R_2 + R_4}\right) = 18 \cdot \left(\frac{1000}{1000 + 1000}\right) = 9 \qquad \text{(예제 2-10 식)}$$

$$V_{AB} = 12 - 9 = 3V$$

02

연습문제

1. 저항의 색띠가 갈색-흑색-적색으로 표시되어 있다면 ( )옴이다.

2. 직렬결합된 저항에서는 동일한 ( )가 흐른다.

3. 병렬결합된 저항에서는 동일한 ( )이 걸린다.

4. 전압분배기에서는 저항이 ( )수록 더 큰 전압이 걸린다.

5. 전류분배기에서는 저항이 ( )수록 더 큰 전류를 흘린다.

6. 개방이란 저항이 ( )라는 의미이다.

7. ( )이란 저항이 영라는 의미이다.

8. KVL은 회로의 ( )에 적용되는 법칙이다.

9. KCL은 회로의 ( )에 적용되는 법칙이다.

10. KCL을 사용할 때는 R보다 G가 편리하다. (O, X)

11. 2개의 노드에 대하여 KCL을 적용하면 2개의 방정식이 얻어진다. (O, X)

12. ground와 earth는 모두 우리말 ( )로 번역된다.

13. 도선의 resistance는 단면적에 ( )한다.

14. 7.6 MΩ 저항이 있다. 이 저항값을 표시하기 위해 필요한 3개의 color codes는 violet - ( ) - green 의 순서이다.

15. 권선형저항은 저(低)저항, 대(大)전력용으로 쓰이는 저항소자이다. (O, X)

16. 전기기기를 접지함으로서 감전을 방지할 수 있는 이유는 접지된 기기의 저항보다도 인체의 저항이 훨씬 작기 때문이다. (O, X)

| 해답 |

1. 1k 2. 전류 3. 전압 4. 클 5. 작을 6. 무한대 7. 단락 8. 루프 9. 노드, 마디 10. O 11. O 12. 접지 13. 반비례 14. blue 15. O 16. X

03장 전원과 등가회로

알기쉬운 전기및전자회로개론

■ 개요

전원의 일반적 의미는 부하에 전력을 공급하는 것이다. 이는 비유하자면 마치 자식을 먹이고 입히는 부모와 같은 존재이기도 하다. 부모에는 아빠와 엄마의 역할이 있듯, 전원에도 전압과 전류의 역할이 있다. 그리고 아빠와 엄마가 한마음으로 일을 하면서도 각자의 개성과 방식으로 자식을 돌보듯, 전압과 전류도 함께 뭉쳐 전력을 공급하지만 각자 고유의 메커니즘으로 회로를 구동한다. 한편 자식에 해당하는 부하 역시 회로소자들의 다양한 결합을 통해 가지각색의 개성 만점 출력을 뽑아낸다. 이처럼 전압과 전류, 그리고 부하 사이의 미묘한 상호연관성은 마치 인간 세상의 역동성을 보는 듯하기도 하다. 그러므로 우리는 전기회로를 대함에 있어서, 전기회로의 궁극적 거동은 부하에 미치는 전압과 전류의 절묘한 조화이며, 살아 움직이는 유기체처럼 끊임없이 약동하는 것임을 잊지 말아야 할 것이다. 나아가 전기회로를 다루는 각종 법칙과 공식들이 무척 유용한 도구이기는 하나, 전기회로의 최종적인 구현에는 역시 인간적인 감성과 통찰력이 수반됨을 꼭 기억하자.

3-1 전압원과 전류원

■ 전원의 표기

원론적인 의미에서 전원이란 전기회로에 에너지를 공급하는 배터리나 발전기가 그 원형이지만, [그림 1-2]에서 살펴보았듯이 전기회로를 다루는 포괄적인 의미에서의 전원이란 부하를 구동하는 전기회로 그 자체를 가리키는 경우가 대부분이다. 즉 안테나에 잡히는 무선신호, 각종 센서의 출력신호로부터 증폭기에 이르기까지 전원의 형태는 다양하다. 개념상의 전원 표기는 [그림 3-1]과 같이 전압원(電壓源, voltage source) 또는 전류원(電流源, current source)을 의미하는 기호를 사용한다. [그림 3-1] a)와 b)는 일반적인 배터리와 같은 직류전원을 나타내며, c)와 d)는 시변함수(時變函數, time-varying function)로 표현되는 교류전원을 의미한다. 통상 직류는 알파벳 대문자로, 교류는 소문자로 표기한다.

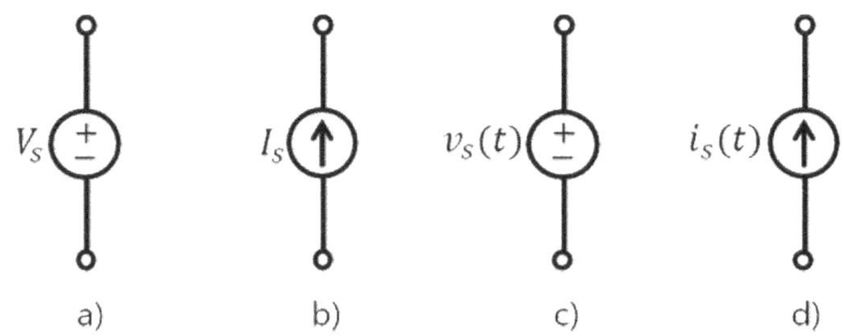

[그림 3-1] 전압원과 전류원의 표시

■ 전원의 결합과 제거

전원의 세기를 키우려면 전원을 추가로 연결하면 될 것이다. 다만 전압원과 전류원은 그 결합 방법에 주의하여야 한다. 전압원의 결합은 [그림 3-2] a)와 같이 반드시 직렬이어야 하는데, 이것은 [그림 2-2]와 KVL에서 보인 것처럼 전압은 루프를 돌면서 쌓아 올리는 개념이기 때문이다. 한편 전류원의 결합은 [그림 3-2] b)와 같이 반드시 병렬이어야 하는데, 이것은 [그림 2-4]와 KCL에서 보인 것처럼 전류는 여러 가닥의 흐름이 한 노드에서 수평적으로 합쳐지는 개념이기 때문이다.

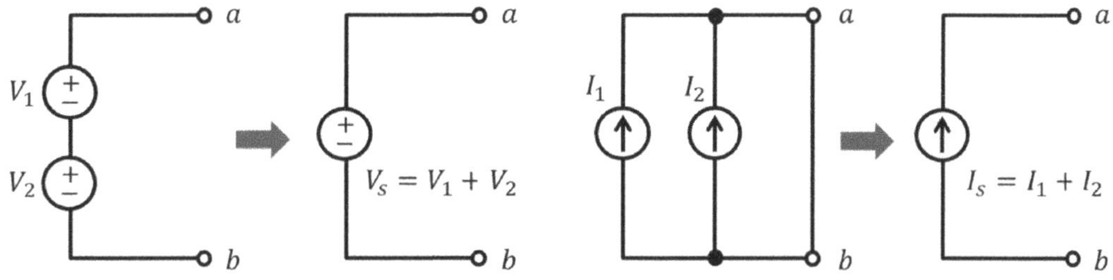

a) 전압원의 결합　　　b) 전류원의 결합

[그림 3-2] 전원의 결합

필요에 따라 전기회로로부터 전원이 제거되어야 할 때도 있는데, 이게 단순히 전원 표시를 지운다고 해서 해결될 문제가 아니다. 전원이 제거된 자리는 회로적으로 단락일까? 개방일까? 우선 전압원을 생각해보자. 전압원의 제거란 회로에서 그 부분의 전압을 영으로 만든다는 의미이므로 전압강하가 생긴다면 곤란하다. 즉 전압원이 있던 자리의 저항이 영이 되어야 하므로 [그림 3-3] a)와 같이 단락상태로 만들어주어야 한다. 그렇다면 전류원의 경우는 어떨까? 전류원의 제거란 회로에서 그 부분의 전류을 영으로 만들어야 하므로 전류가 흘러서는 곤란하다. 즉 전류원이 있던 자리의 저항이 무한대여야 하므로 [그림 3-3] b)와 같이 개방상태로 만들어주어야 한다.

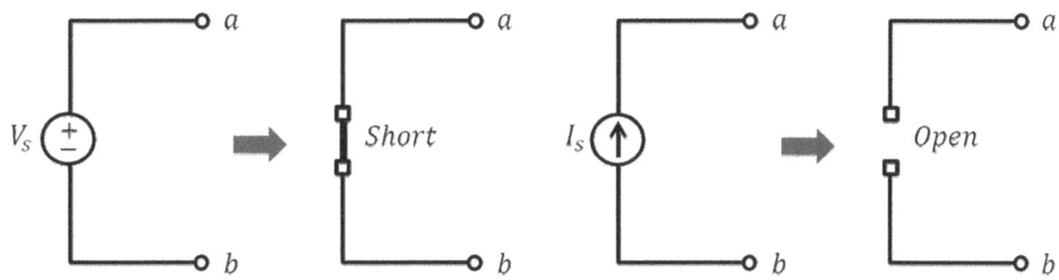

a) 전압원의 제거　　　b) 전류원의 제거

[그림 3-3] 전원의 제거

■ 실제 전원과 내부저항

이상적으로 보면 전압원과 전류원은 어떠한 부하에 대해서도 정해진 전압과 전류의 유지를 보장해야 하겠지만, 실제로는 이게 그리 만만한 일이 아니라는 느낌이 들 것이다. 어떤 전기회로를 하나의 전원으로 간주할 경우, 그 전기회로가 만들어 내는 전압과 전류는 [그림 3-4]와 같이 부하에 100% 공급되어야 마땅하다. 하지만, 이것은 어디까지나 이상적인 생각일 뿐, 그 전원 자체를 구동하기 위한 전압과 전류 역시 당연히 필요함을 잊지 말자. 즉 전압원과 전류원은 스스로도 먹고살기 위해 일정 부분의 전압과 전류를 소모하여야 하며, 이러한 상황은 실제 전원의 표기에 반드시 명기(明記)되어야 한다.

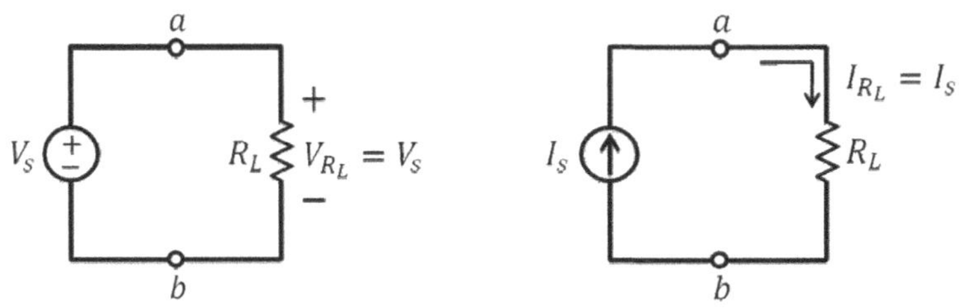

a) 이상적 전압원　　　b) 이상적 전류원

[그림 3-4] 이상적 전압원과 전류원

우선 전압원의 경우, 전원이 전압을 부하저항과 나누어 쓰기 위해서는 어떤 회로 구성이 되어야 할까? 답은 전압분배기이다. 실제 전압원은 [그림 3-5] a)와 같이 부하저항과 직렬로 연결되는 자체의 저항, 즉 내부저항 R_S가 포함되며, 실제로 부하저항에 걸리는 전압은 (식 3-1)로 주어진다((식 2-6) 참조). 한편 전류원의 경우 전류를 부하저항과 나누어 쓰기 위해서는 전류가 분배되어야 한다. 따라서 실제 전류원은 [그림 3-5] b)와 같이 부하저항과 병렬로 연결되는 내부저항 R_S가 포함되며, 실제로 부하저항을 흐르는 전류는 (식 3-2)로 주어진다((식 2-13) 참조). 실제 전압원과 전류원에 동일한 개념의 내부저항이 포함되면서도 직렬과 병렬로 각각 배치되는 점이 흥미롭지 않은가?

$$V_{R_L} = \left(\frac{R_L}{R_S + R_L}\right)V_S \qquad \text{(식 3-1)}$$

$$I_{R_L} = \left(\frac{G_L}{G_S + G_L}\right)I_S = \left(\frac{1/R_L}{1/R_S + 1/R_L}\right)I_S = \left(\frac{R_S}{R_S + R_L}\right)I_S \qquad \text{(식 3-2)}$$

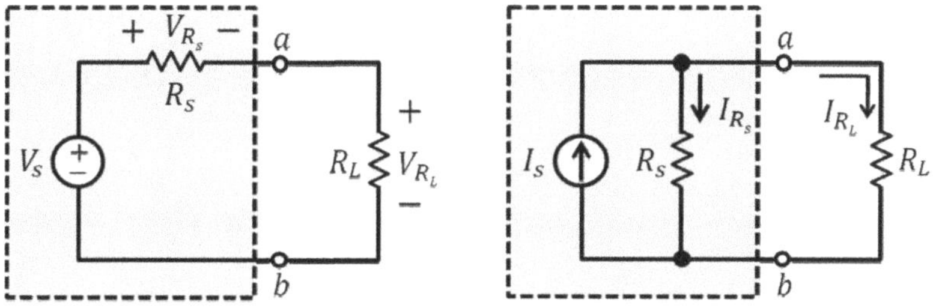

a) 실제 전압원　　b) 실제 전류원

[그림 3-5] 이상적 전원과 실제 전원

그런데 실제 전압원과 전류원의 내부저항은 어쩔 수 없이 먹여 살려야 하는 성가신 존재가 아니다. 내부저항은 매우 중요한 역할을 하나 담당하는데, 그것은 극단적인 부하저항, 즉 개방과 단락으로부터 회로를 보호하는 일이다. [그림 3-6]은 전압원에 연결된 부하저항이 단락인 경우이다. 만일 내부저항이 없었다면 회로에는 (식 3-3)과 같이 무한대의 전류가 흐르면서 전원이 순식간에 고갈되거나 과전류로 인하여 타버릴 수 있다. 이에 반해 실제 전압원은 내부저항이 (식 3-4)와 같이 전류를 제어하는 브레이크 역할을 한다.

$$I_{R_L} = \frac{V_S}{R_L} \quad \rightarrow I_{R_L} = \frac{V_S}{0} = \infty \,? \qquad \text{(식 3-3)}$$

$$I_{R_L} = \frac{V_S}{R_S + R_L} \quad \rightarrow I_{R_L} = \frac{V_S}{R_S} \,! \qquad \text{(식 3-4)}$$

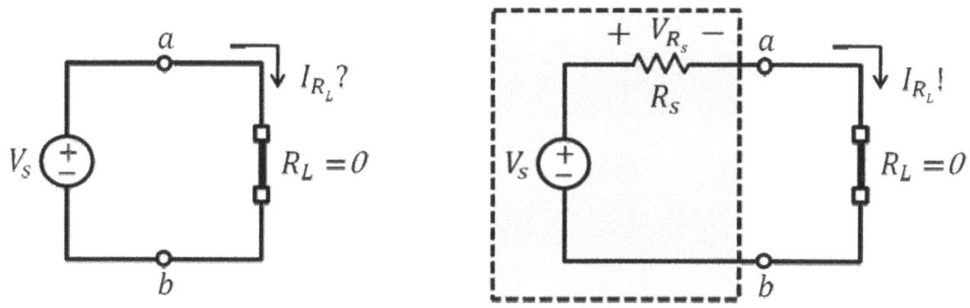

a) 이상적 전압원의 단락　　b) 실제 전압원의 단락

[그림 3-6] 실제 전압원에서 내부저항의 역할

한편 [그림 3-7]은 전류원에 연결된 부하저항이 개방인 경우이다. 만일 내부저항이 없었다면 회로에는 (식 3-5)와 같이 무한대의 전압이라는 엄청난 충격이 가해진다. 물리적으로 전류가 통과할 수 없는 이 상황에서 전력은 불가피하게 반사되어 전원을 파괴할 수도 있다. 이에 반해 실제 전류원은 내부저항이 (식 3-6)과 같이 갈 곳 없는 전류의 바이패스 역할을 한다. 이처럼 내부저항은 자식(부하)의 폭주(개방과 단락)를 막아내는 부모(전원) 노릇도 해낸다.

$$V_{R_L} = I_S R_L = \infty\,? \qquad \text{(식 3-5)}$$

$$V_{R_L} = I_S R_S\,! \qquad \text{(식 3-6)}$$

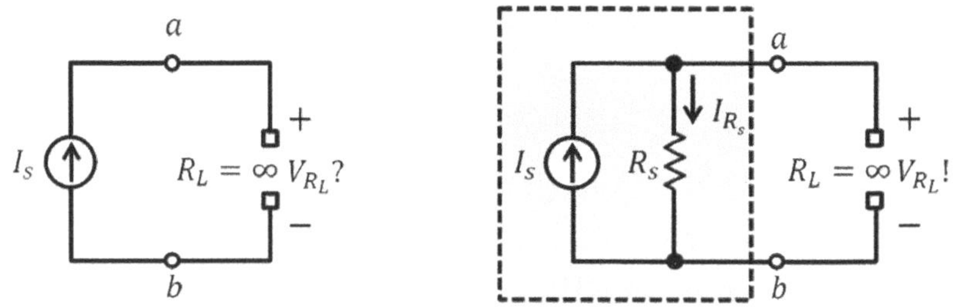

a) 이상적 전류원의 개방 b) 실제 전류원의 개방

[그림 3-7] 실제 전류원에서 내부저항의 역할

3-2 정합

■ 전력전달의 효율성

위에서 살펴본 대로 실제 전원은 그 내부저항으로 인하여 어쩔 수 없이 일부 전력을 자체적으로 소모하여야 하고, 그만큼 부하저항에 전달되는 전력이 줄어들 수밖에 없다. 따라서 이제 우리의 관심사는 실제 전원이 가능한 한 전원 자체의 전력 소모를 줄이면서 부하저항에 보다 많은 전력을 공급하도록 하는 방법을 찾는 것이다. 먼저 [그림 3-5] a)에 보인 실제 전압원이 부하저항 R_L에 전달하는 전력 P_L을 알아보자. R_L에 걸리는 전압과 전류는 (식 2-4)에서 보인 대로 전압분배기와 KVL에 의거하여 (식 3-7)과 (식 3-8)로 각각 구해진다. 그리고 부하저항 R_L에 전달되는 전력 P_L은 (식 3-9)와 같이 R_L에 걸리는 전압과 전류의 곱으로 구해진다.

$$V_{R_L} = \left(\frac{R_L}{R_S + R_L}\right) V_S \qquad \text{(식 3-7)}$$

$$I_{R_L} = \left(\frac{1}{R_S + R_L}\right) V_S \qquad \text{(식 3-8)}$$

$$P_L = V_{R_L} \cdot I_{R_L} = \left[\frac{R_L}{(R_S + R_L)^2}\right] V_S \qquad \text{(식 3-9)}$$

그러고 보니 여기에는 재미있는 모순이 존재한다. 즉 R_L에 전달되는 전압은 R_L이 클수록(내부저항 R_S가 작을수록) 커지는 한편, R_L에 전달되는 전류는 R_L이 작을수록(R_S가 클수록) 커진다는 것이다. 이런 상황은 극단적인 R_L의 예를 보면 쉽게 이해할 수 있는데, [그림 3-8]에서 보인 전압원 출력단자의 개방과 단락이 그것이다. 개방의 경우 R_L이 무한대라는 뜻이므로 (식 3-10)과 같이 출력단자에 V_s가 몽땅 다 걸리지만, 단자 사이를 흐르는 전류는 영이다. 반면에 단락의 경우 R_L이 영이라는 뜻이므로 (식 3-11)과 같이 출력단자 사이에 전류는 얼마든지 흐르지만, 전압강하는 영이다. 결국 어느 쪽이든 부하에 전달되는 전력은 영이다!

$$V_{R_L} = \left(\frac{R_L}{R_S + R_L}\right) V_S \;\rightarrow\; V_{R_L} = \left(\frac{\infty}{R_S + \infty}\right) V_S = V_S$$

$$I_{R_L} = \left(\frac{1}{R_S + R_L}\right) V_S \;\rightarrow\; I_{R_L} = \left(\frac{1}{R_S + \infty}\right) V_S = 0$$

(식 3-10)

$$V_{R_L} = \left(\frac{R_L}{R_S + R_L}\right) V_S \;\rightarrow\; V_{R_L} = \left(\frac{0}{R_S + 0}\right) V_S = 0$$

$$I_{R_L} = \left(\frac{1}{R_S + R_L}\right) V_S \;\rightarrow I_{R_L} = \left(\frac{1}{R_S + 0}\right) V_S = \frac{V_S}{R_S}$$

(식 3-11)

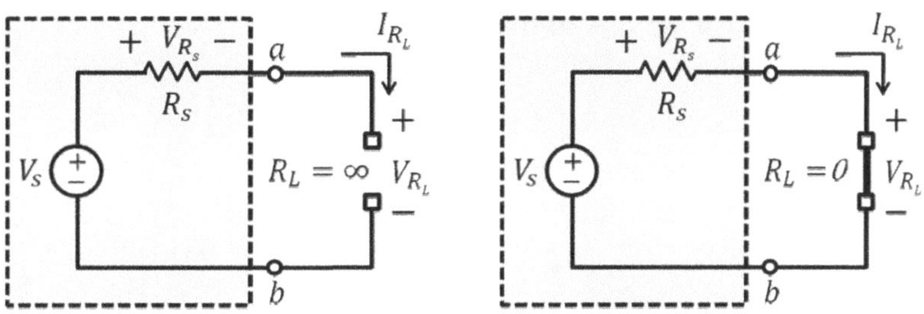

a) 전압원의 개방　　　　b) 전압원의 단락

[그림 3-8] 극단적 부하와 전력전달

이로부터 우리는 "R_L은 R_S에 비해 너무 크지도 너무 작지도 말아야 하며, 부하로 전달되는 전력이 최대로 되는 R_L과 R_S의 어떤 적정값이 존재할 것"임을 짐작할 수 있다. 어쩐지 정답이 $R_L = R_S$일 듯하지 않은가?

■ 최대전력전달조건과 정합

이제 어떤 전압원으로부터 부하로 전달되는 전력의 크기를 수식으로 엄밀히 따져보자. 우선 내부저항의 크기는 전원을 이루는 전기회로 그 자체의 특성이기도 하므로 선택의 대상이 아니다. 따라서 전압 V_s와 내부저항 R_S를 상수로 두면, (식 3-9)는 (식 3-12)와 같이 R_L을 변수로 하는 함수 $P_L = f(R_L)$로 취급할 수 있다. [그림 3-9]는 이 함수를 대략적인 그래프로 그린 것이다. 위에서 살펴본 대로, 부하저항 R_L이 영과 무한대인 곳에서 전력 P_L은 영이므로, 곡선은 원점에서 출발하여 증가하다가 어딘가에서 최댓값에 도달하고 다시 감소하여 궁극적으로는 영으로 수렴할 것이다. 이제부터 수학의 위력을 빌려 P_L이 최대가 되는 R_L값을 찾아내 보자.

$$P_L = f(R_L) = V_{R_L} \cdot I_{R_L} = \left[\frac{R_L}{(R_s + R_L)^2}\right] V_s \qquad \text{(식 3-12)}$$

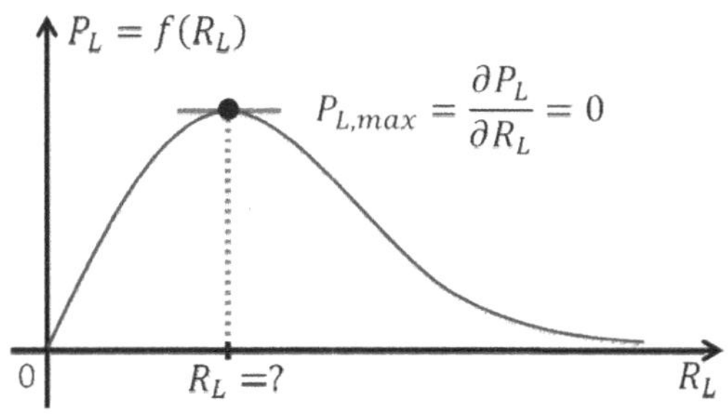

[그림 3-9] 부하저항과 전력전달의 함수관계

어떤 함수의 최댓값을 찾는 요령은 미분을 이용하는 것이다. 즉 함수 P_L이 그려내는 곡선이 최댓값을 가지는 곳은 변곡점에 해당하므로 그 점에서 함수의 변화율(즉 미분)은 영이다. 따라서 (식 3-13)과 같이 함수 P_L을 R_L에 대하여 미분하고, (식 3-14)와 같이 그 값이 영이 되는 R_L값을 찾으면 그곳이 바로 P_L의 최댓값이다.

$$\frac{\partial P_L}{\partial R_L} = \left[\frac{1}{(R_S + R_L)^2} + \frac{-2R_L}{(R_S + R_L)^3}\right] V_S{}^2 = \left[\frac{(R_S + R_L) - 2R_L}{(R_S + R_L)^3}\right] V_S{}^2 \quad \text{(식 3-13)}$$

$$P_{L,max} = \frac{\partial P_L}{\partial R_L} = 0 \;\rightarrow\; (R_S + R_L) - 2R_L = 0 \;\rightarrow\; R_L = R_S \quad \text{(식 3-14)}$$

최종 결과는 역시 짐작한 대로 매우 조화롭게 도출되었다. 전압원이 단자 a-b를 통해 부하에 전달하는 전력이 최대로 되는 조건, 즉 **최대전력전달조건(最大電力傳達條件, maximum power transfer)**은 **부하저항과 내부저항이 동일**하게 맞춰지는 것이다. 즉 전력은 부하저항과 내부저항이 1:1로 나눠 먹는 것이 최선이라는 결론이다. 생각해보면 전원이 부하에게 제대로 전력을 전달한다는 것은 참으로 어려운 작업이다. 아무리 애를 써도 50% 이상의 힘은 전달할 수 없으며, 개방 또는 단락에 준하는 극단적인 부하에는 아예 전력전달이 불가능하다는 현실은 사뭇 철학적이기도 하다. 동일한 개념으로 전류원의 최대전력조건을 유도해도 마찬가지의 결론을 얻을 수 있다.

아무튼 효율적인 전력전달에 있어서, 전원의 내부저항이 크든 작든 그것은 문제의 본질이 아니다. 전력전달의 핵심은 내부저항과 부하저항이 동일한 체급으로서 손발이 척척 맞아야 한다는 것이다. 그런데 현실적으로 전기전자부품이나 기기의 결합에 있어서 내부저항과 부하저항은 주어지는 것이지 우리가 마음대로 선택할 수 있는 대상이 아니다. 이처럼 체급 맞추기가 어려운 내부저항과 부하저항의 조합에 대하여, 최대전력전달조건에 근접하도록 맞추어 주는 기술을 **정합(整合, matching)**이라고 부른다. 정합의 여부는 전기회로가 제 역할을 해내기 위한 필수요건이며, 정합을 이루어내기 위해 다양하고 기발한 궁리들은 전기회로의 재미와 다양성을 더해주고 있다.

3-3 등가회로

■ 전원변환과 등가조건

전압원이란 일정한 전압을 보장하면서 부하에 전류를 흘려주는 전원이며, 전류원이란 일정한 전류를 보장하면서 부하에 전압을 걸어주는 전원이다. 그리고 전원이란 크든 작든 전력의 개념으로 보아야 하므로 전압과 전류는 항상 함께 고려되어야 할 대상이다. 따라서 전압원은 당연히 전류원이기도 하며, 전류원 또한 당연히 전압원이기도 하다. 이는 옴법칙에 따라 부하와 전압(또는 전류)이 정해지면 전류(또는 전압)가 자동으로 계산되기 때문이다. 결론적으로 전압원과 전류원이란 전압과 전류 어느 쪽에 주안점을 두느냐는 관점의 분류일 뿐이며, 전압원과 전류원의 선택은 회로해석의 편의성에 따른다.

그러다 보니 회로해석의 과정에서 전압원을 전류원으로, 혹은 전류원을 전압원으로 바꾸어 주어야 할 경우도 만나는데, 이를 **전원변환**이라고 한다. 단 이럴 때는 어떤 전원이 전압원으로 표시되든 전류원으로 표시되든 동일한 전압과 전류를 공급하기 위한 환산공식이 필요한데, 이를 **등가조건**(等價條件)이라고 한다. 다만 내부저항은 기본적으로 그 전원 고유의 캐랙터이므로 전압원으로 표시되든 전압원으로 표시되든 불변이다. 이제 불변의 내부저항 R_S를 사이에 두고 전압 V_s와 전류 I_s의 관계를 통해 전원변환의 등가조건을 구해보자.

이런 상황은 역시 극단적인 R_L의 경우, 즉 출력단자의 개방과 단락을 살펴보면 쉽게 접근할 수 있다. [그림 3-10] a)와 a')는 등가관계인 전압원과 전류원을 각각 단락시키고 단락전류를 관찰한 경우로서 (식 3-15a)를 얻을 수 있다. 한편 [그림 3-10] b)와 b')는 등가관계인 전압원과 전류원을 각각 개방시키고 개방전압을 관찰한 경우로서 (식 3-15b)가 얻어진다. 상황은 전혀 다르지만 두 수식은 완전히 동일한 의미를 가지는 바, (식 3-15)는 출력단자에 어떤 부하가 연결되든 적용 가능한 전원변환의 등가조건임을 보여주고 있다.

$$I_S = \frac{V_S}{R_S} \qquad \text{(식 3-15a)}$$

$$V_S = I_S R_S \qquad \text{(식 3-15b)}$$

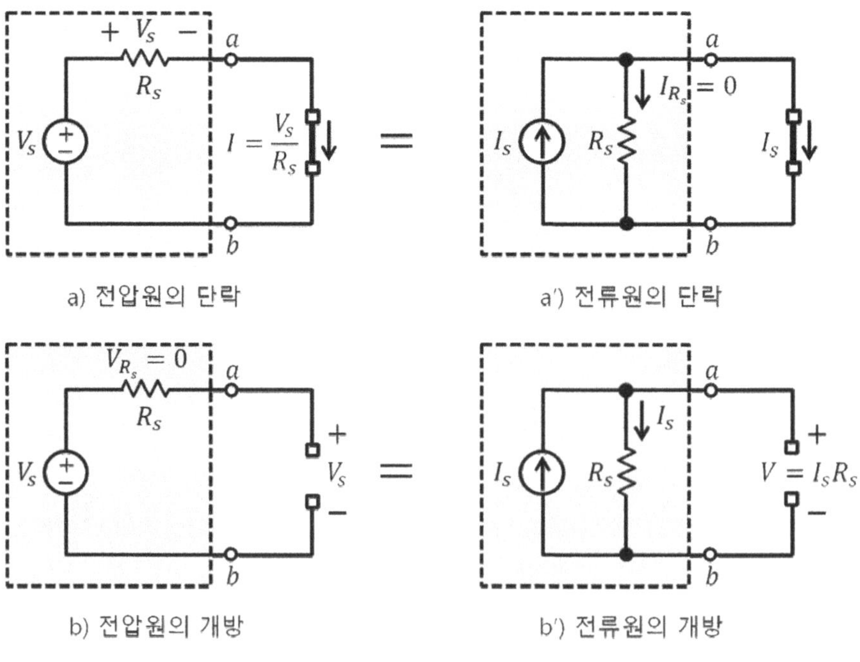

[그림 3-10] 전압원과 전류원의 등가조건 구하기

■ 전원변환을 이용한 회로의 단순화

일반적으로 전기회로는 복수개의 전압원, 전류원, 그리고 저항소자들로 구성되므로 특정 출력단자에 나타나는 전압 또는 전류를 구해내기가 만만치 않다. 이런 경우 전원변환과 직렬/병렬연결된 저항들의 등가저항을 이용하여 복잡한 전기회로를 단계적으로 단순화시키면 이 작업을 손쉽게 해치울 수 있다. 아래에서 전원변환을 이용한 회로 단순화의 예를 살펴보자.

예제 3-1

아래 그림의 회로에서 단자 a와 b 사이의 전압을 구하시오.

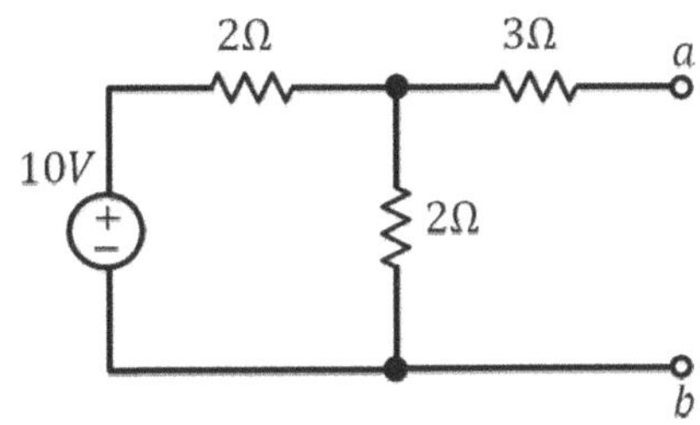

해설

10V 전압원과 직렬로 연결된 2Ω 저항을 내부저항으로 간주하여 하나의 실제 전압원으로 보면 이를 실제 전류원으로 변환할 수 있다. 이어서 병렬/직렬연결 저항을 하나로 합치고 전원변환 과정을 반복하면 최종적으로 아래 그림과 같이 단일 전압원으로 단순화할 수 있다. 단자 a와 b 사이가 개방이므로 전류의 흐름은 없다. 따라서 4Ω 저항에서 전압강하는 없으므로 단자 a와 b 사이에는 5V 전압이 모두 걸린다.

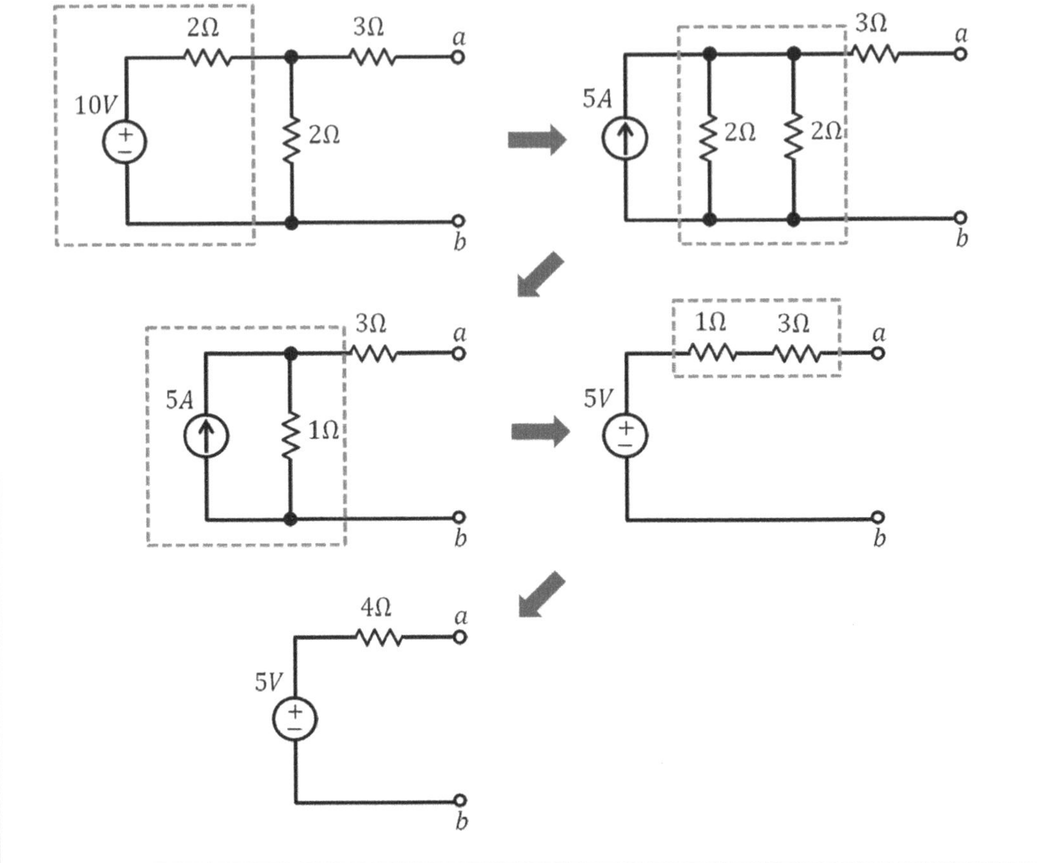

■ 중첩원리

전기회로에는 통상 다양한 전압원과 전류원들이 뒤섞여 있을 수 있다. 이런 회로에서 특정 단자를 통한 출력을 관찰할 경우, 전원변환을 사용하여 회로의 단순화시켜 나가는 방법 외에도 전원의 독립성을 이용하여 편리하게 답을 구할 수도 있다. 즉 회로상의 전원들은 상호간에 전혀 영향을 미치지 않고 독립적으로 출력을 만들어내므로 전원 하나하나를 따로 해석하여 합쳐도 문제가 없다. 이를 중첩원리(重疊, principle of superposition)라고 하는데, 아래 예제를 통해 자세히 살펴보자.

예제 3-2

아래 그림의 회로에서 단자 a와 b를 통하여 부하저항에 흐르는 전류를 구하시오.

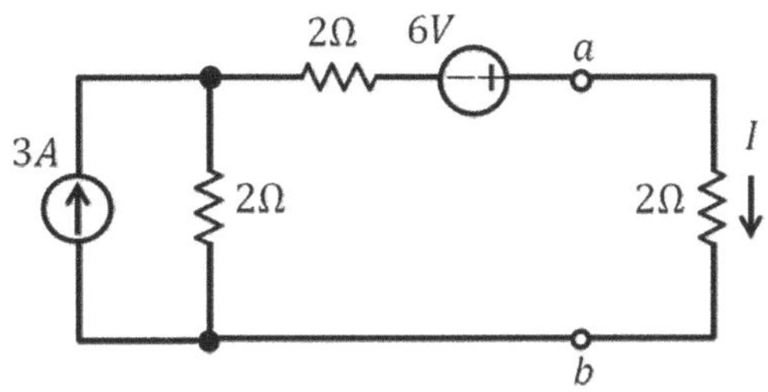

해설

요령은 한 전원의 출력을 계산할 때 다른 전원들을 무시(제거)하는 것인데, 3-1절에서 살펴본 대로 전압원의 제거는 단락으로, 전류원의 제거는 개방으로 만드는 것이다.

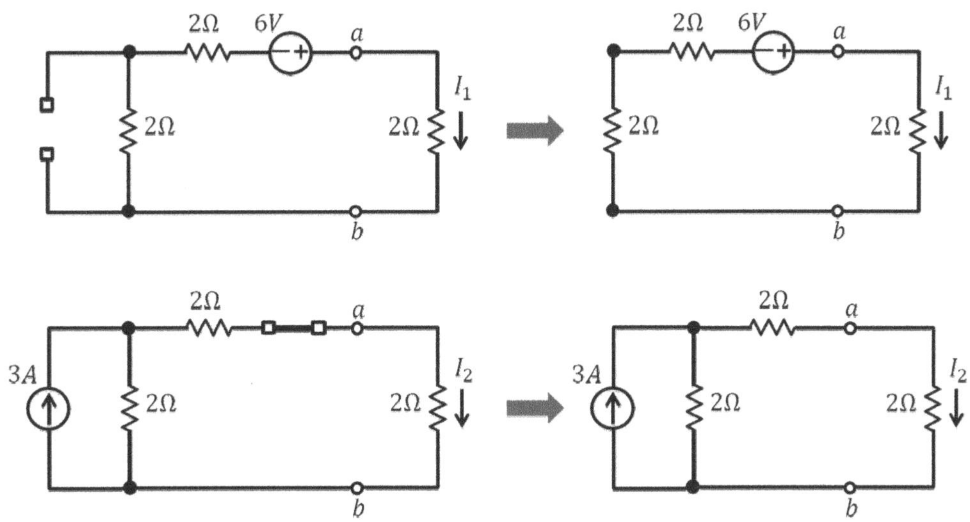

- 전류원을 제거하고 나면 직렬저항 3개와 전압원이 하나의 루프를 이루게 된다. 직렬등가저항 6Ω에 6V가 걸리므로 부하저항 2Ω을 흐르는 전류는 1A이다.
- 전압원을 제거하고 나면 3A 전류는 2Ω 경로와 2Ω+2Ω=4Ω 경로로 분배된다. 부하저항을 흐르는 전류는 4Ω 경로이므로 2:1의 전류분배에 의해 1A의 전류가 흐른다.
- 최종적으로 두 전류를 합하면 정답은 2A.

■ 태브냉등가회로와 노턴등가회로

전원변환을 이용한 회로의 단순화 과정을 보면서, 우리는 전원 표기의 원래 목적을 다시 한 번 살펴보지 않을 수 없다. 즉 아무리 복잡한 회로라도 그 회로의 임무란 특정의 부하에 전압과 전류를 공급하여 원하는 출력을 얻는 데 있다는 것이다. 따라서 모든 회로는 동일한 출력을 내놓는 딱 하나의 전압원(또는 전류원)과 딱 하나의 내부저항으로 표현되는 실제 전원으로 대표될 수 있다. 이처럼 어떤 회로를 전원의 형태로 단순화하여 그 출력 특성이 일목요연하게 나타나도록 한 것을 **등가회로**(等價, equivalent circuit)라고 한다. 이에 따라 일반적인 전기회로는 궁극적으로 개념상의 전원과 부하라는 양자(兩者) 간의 관계로 단순화되어 효과적으로 해석된다.

등가회로의 표기에는 두 가지 표현 방법이 있다. 그 하나는 [그림 3-11] a)와 같이 등가회로를 전압원으로 나타내는 것으로서 **테브냉(Thevenin)등가회로**라 하며, 다른 하나는 [그림 3-11] b)와 같이 등가회로를 전류원으로 나타내는 것으로서 **노턴(Norton)등가회로**라 한다. 물론 두 등가회로는 서로서로 전원변환의 등가조건을 만족하며 동일한 전압과 전류를 내놓는다. 한편 등가회로 표기에서 내부저항은 **등가저항**(R_{eq} equivalent resistance)이라는 이름으로 나타내는데, 이것은 회로망 내부에 존재하는 모든 저항 성분을 합하여 하나의 저항으로 대표한다는 의미이다.

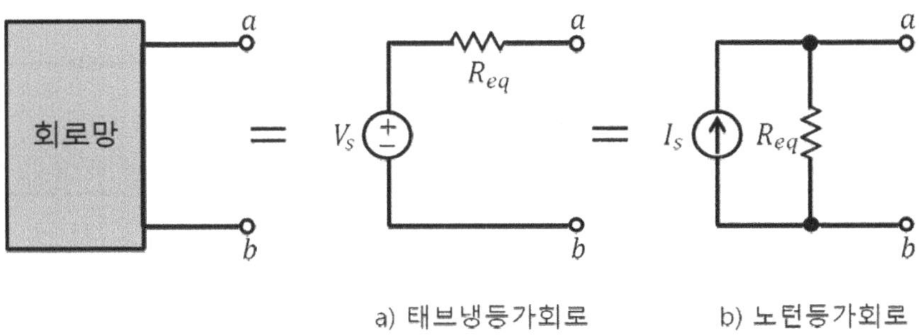

[그림 3-11] 태브냉등가회로와 노턴등가회로

어떤 회로망을 등가관계인 전압원, 즉 테브냉등가회로로 도출하는 방법은 상당히 간단하다. [그림 3-12]는 출력단자 a-b를 가지는 회로망과 태브냉등가회로를 대비하여 보여주고 있다. 이제부터 아래와 같이 두 가지 작업을 통해 전원전압 V_s와 등가저항 R_{eq}를 구해보자.

1) [그림 3-12] a)와 같이 회로망의 출력단자 사이를 개방하고 개방전압 V_{op}(open voltage)를 측정한다. 한편 테브냉등가회로에서 출력단자 사이를 개방하면 전압원의 전압은 모두

단자 사이에 걸린다. 따라서 등가관계에 따라 $V_s = V_{op}$임을 알 수 있다.

2) [그림 3-12] b)와 같이 회로망의 출력단자 사이를 단락하고 단락전류 I_{sh}(short current)를 측정한다. 한편 테브냉등가회로에서 출력단자 사이를 단락하면 전류원의 전류는 모두 단자 사이를 흐른다. 따라서 등가관계와 옴법칙에 따라 등가저항은 $R_{eq} = V_{op}/I_{sh}$임을 알 수 있다.

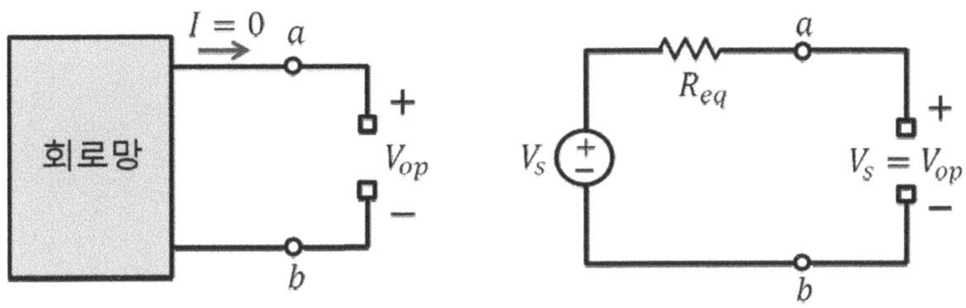

a) 회로망과 테브탱등가회로의 개방전압

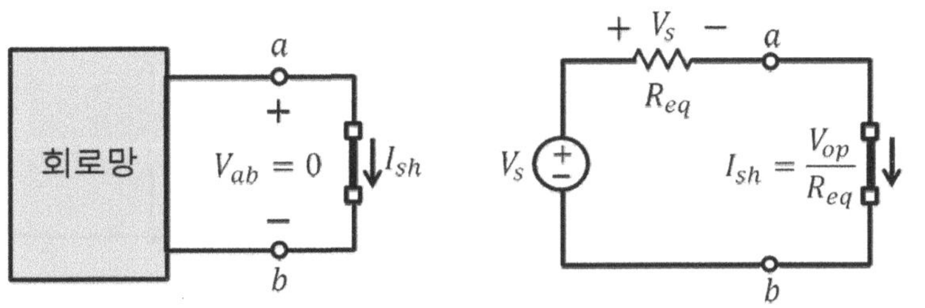

b) 회로망과 테브탱등가회로의 단락전류

[그림 3-12] 테브냉등가회로 구하기

한편 노턴등가회로는 태브냉등가회로를 전원변환하면 바로 구해진다. 즉 위에서 구한 개방전압과 단락전류, 그리고 등가저항으로부터 [그림 3-13]과 같이 나타낼 수 있다.

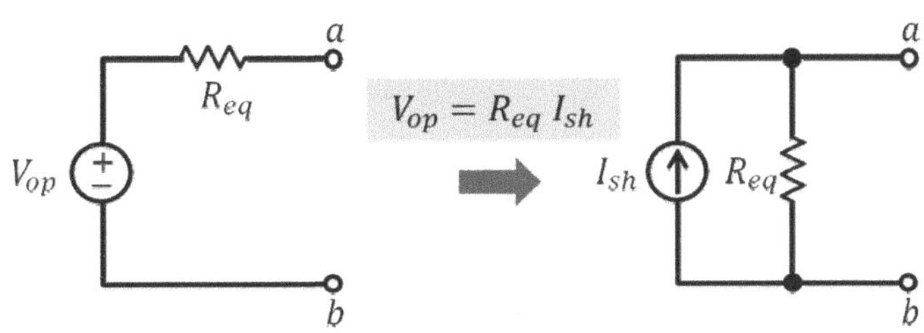

[그림 3-13] 노턴등가회로 구하기

예제 3-3

아래 그림의 회로에서 단자 a와 b에 대한 테브냉등가회로를 구하시오.

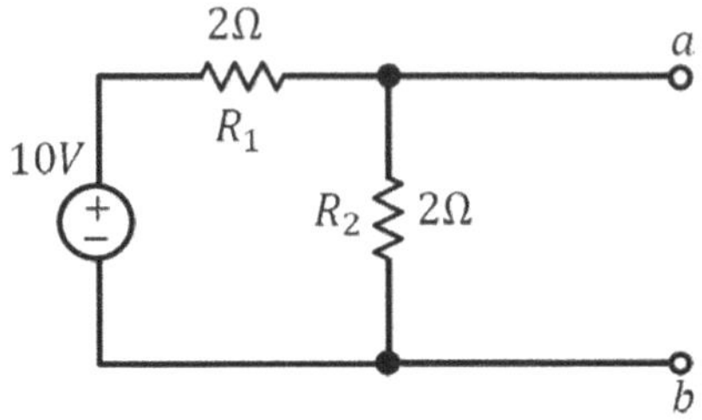

해설

아래 그림과 같이 단자 a와 b 사이에서 개방전압과 단락전류를 구하고 등가저항을 계산하면 오케이.

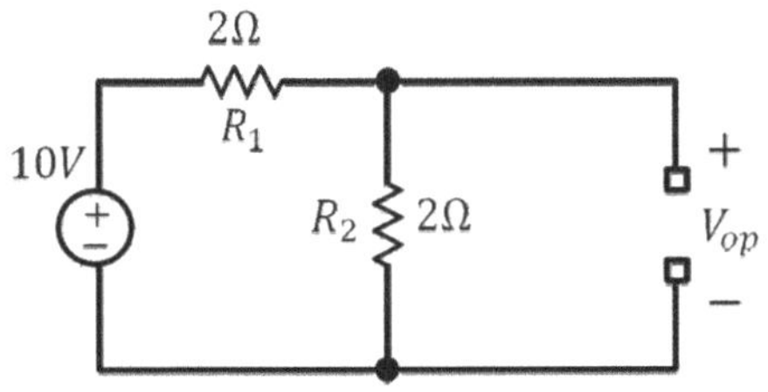

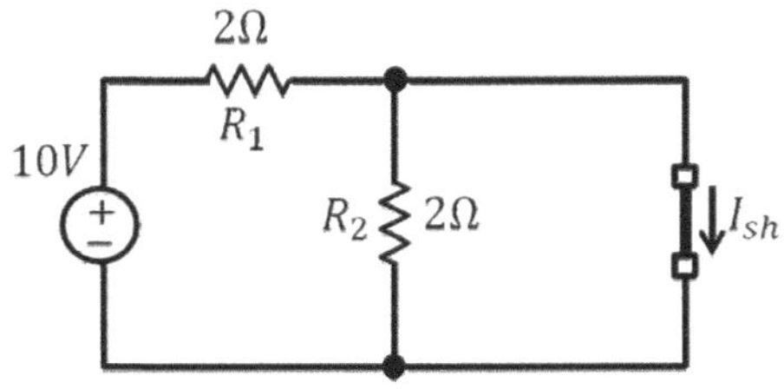

- 개방의 경우 10V 전압은 2개의 직렬연결 저항에 1:1로 분배되므로 R_2에 걸리는 전압이 개방전압 V_{op}
- 단락의 경우 R_2로는 전류가 흐르지 않으므로 R_1을 흐르는 전류가 개방전류 I_{sh}

$$V_{op} = 10\frac{R_2}{R_1 + R_2} = 10\frac{2}{2+2} = 5V$$

$$I_s = \frac{10}{R_1} = \frac{10}{2} = 5A \quad R_{eq} = \frac{V_{op}}{I_s} = \frac{5}{5} = 1\Omega$$

(예제 3-3 식)

■ 등가저항 구하기 2

테브냉등가회로 구하기에서 등가저항을 찾아내는 방법이 하나 더 있다. 이는 개방전압, 단락전류를 구하여 등가저항을 계산하는 대신 [그림 3-14] a)와 같이 출력단자를 통해 회로망의 내부를 들여다보는 것으로서, 회로의 단순화에 종종 쓰이는 매우 유용한 수법이다. [그림 3-14] b)는 전압원을 단락한 태브냉등가회로로서 출력단자를 통해 들여다본 저항이 바로 등가저항임을 확인할 수 있다. 따라서 등가관계인 [그림 3-12] a)의 회로망도 그 내부의 모든 전원을 제거하고 직렬/병렬연결 된 저항들을 차례차례 줄여나간다면 최종적으로 하나의 등가저항을 얻을 수 있을 것이다.

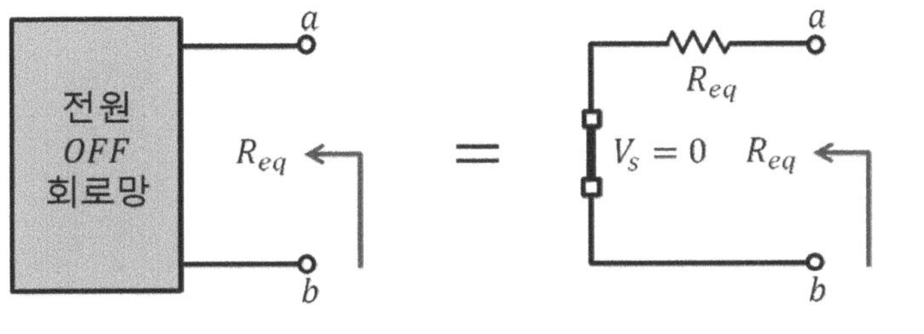

a) 회로망의 등가저항 b) 테브냉등가회로의 등가저항

[그림 3-14] 테브냉등가회로의 등가저항 구하기 2

예제 3-4

아래 그림의 회로에서 단자 a와 b에 대한 테브냉등가회로를 구하시오.

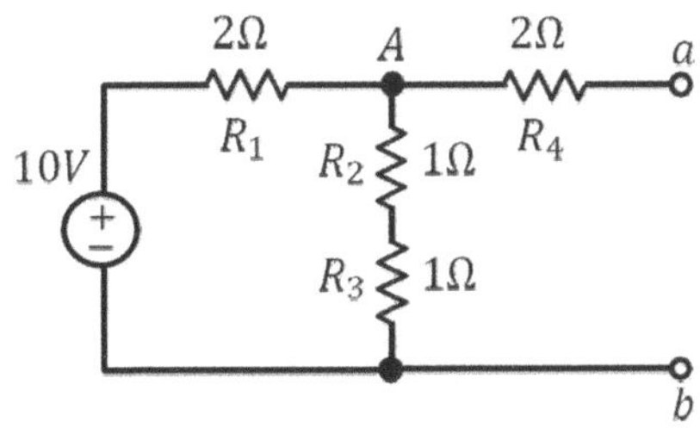

해설

- 개방전압: R_3로는 전류가 흐르지 않으므로 노드 A의 전압이 개방전압이다.
- 등가저항: 전압원을 단락시키고 직렬/병렬연결 저항의 등가저항을 구한다.

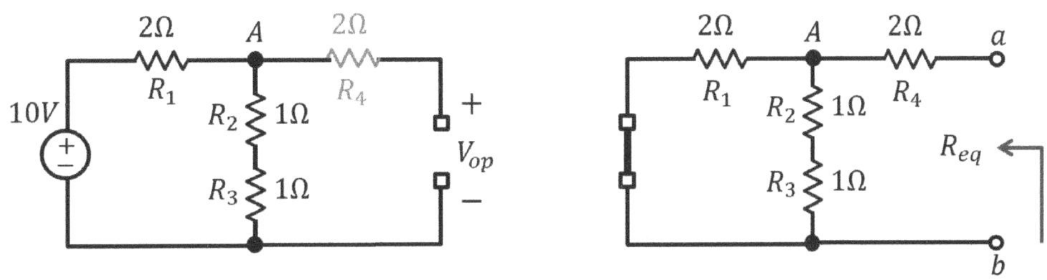

$$V_{op} = 10\frac{(R_2 + R_3)}{R_1 + (R_2 + R_3)} = 10\frac{2}{2+2} = 5V \qquad \text{(예제 3-4 식)}$$

$$R_{eq} = R_4 + [R_1 \parallel (R_2 + R_3)] = 2 + 1 = 3\Omega$$

3-4 회로망 해석

■ 회로망 해석의 도구

실제로 우리가 다룰 전기회로는 수많은 루프와 노드로 구성되며, 여기에 갖가지 회로소자와 입출력 장치들이 얽히는 매우 다양한 형태를 가진다. 이러한 일반적인 회로에서 특정 소자나 출력단자에 나타나는 전압과 전류를 찾아내는 것을 회로망 해석이라고 한다. 한편 역으로 특정 소자나 출력단자로부터 원하는 전압과 전류를 뽑아내는 것을 회로망 설계라고 한다. 복잡한 회로망의 해석에는 어떤 무기가 필요할까? 일단 회로망 해석의 난감함을 아래 예제를 통해 살펴보자.

예제 3-5

그림 a)와 같이 저항 2Ω인 전구가 3V 전원에 연결된 회로 2개가 있다. 두 회로를 그림 b)와 같이 연결하면 전구의 밝기에는 어떤 변화가 있을까?

1) 전선을 공유할 뿐 전류의 변화는 없으므로 전구의 밝기는 변함없다.
2) 3V 전압이 노드 A에서 충돌하여 상쇄되므로 두 전구는 켜지지 않는다.
3) 전류의 일부가 바이패스 되므로 전구는 더 어두워진다.
4) 전원 2개가 서로 도와주므로 전구는 더 밝아진다.
5) 단락으로 인해 과전류가 흐르고 전구는 파손된다.

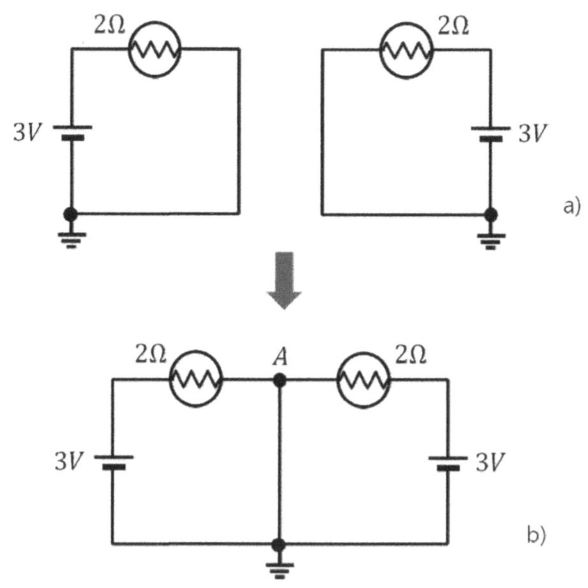

예제 3-6

그림 a)와 같이 저항 2Ω 전구와 1Ω 저항이 3V 전원에 연결된 회로 2개가 있다. 두 회로를 그림 b)와 같이 연결하면 전구의 밝기에는 어떤 변화가 있을까?

1) 변함없다.
2) 켜지지 않는다
3) 더 어두워진다.
4) 더 밝아진다.

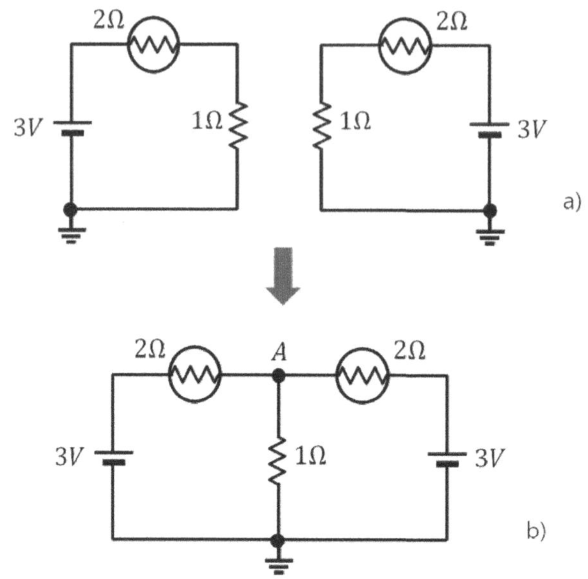

우리가 전기회로의 해석에서 직면해야 하는 문제들은 이처럼 난감해 보이지만, 놀랍게도 키르히호프전압법칙(KVL)과 키르히호프전류법칙(KCL)이라는 딱 2개의 법칙만으로 체계적인 해석이 가능하다. KVL과 KCL은 2-2절과 2-3절에서 이미 살펴본 대로 매우 간단해 보이기도 하거니와 쉽게 납득가기도 하는 법칙이다. 이처럼 자연현상의 저변에 깔린 물리법칙들의 심플함은 늘 우리를 감탄하게 한다. 이제 저항의 연결과 전원변환, 그리고 등가회로에 관한 지식을 바탕으로 KVL과 KCL을 본격적으로 써먹어 보자.

■ 루프전류와 KVL

KVL은 [그림 3-15] a)와 같이 폐회로, 즉 루프(loop)를 돌면서 흐르는 루프전류를 주인공으로 하여 (식 3-16)과 같은 방정식으로 표현된다. 그림에서 전원은 전류가 흘러나가는 방향이 플러스로, 저항소자는 전류가 들어오는 방향이 플러스로 표시되는 수동소자 규칙을 따른다. 전압에 관한 법칙이지만 사실은 루프전류를 구하는 방정식이 정의된다는 점이 재미있다. 루프전류의 방향은 편의상 시계방향으로 가정하였으며, KVL의 해가 마이너스로 나오면 실제 전류는 반시계방향으로 흐른다는 의미로 해석하면 된다.

$$V_S - V_1 - V_2 = 0 \quad V_S - IR_1 - IR_2 = 0 \quad \rightarrow \quad I = \frac{V_S}{(R_1 + R_2)} \qquad \text{(식 3-16)}$$

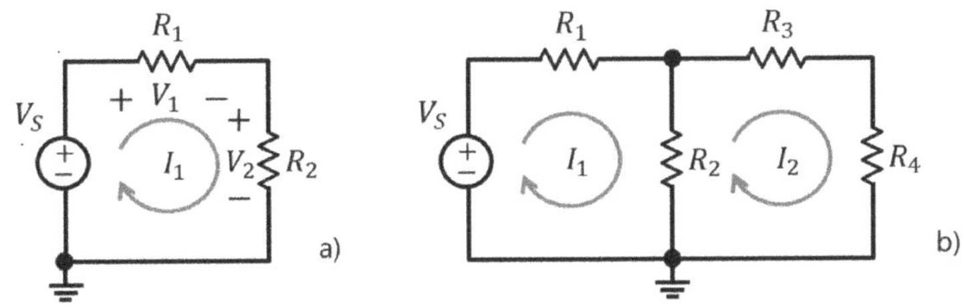

[그림 3-15] 루프전류와 KVL 방정식

KVL에서 루프전류는 오직 하나의 변하지 않는 값으로 정의된다. 그런데 회로가 [그림 3-15] a)와 같이 딱 하나의 루프만 주어진다면 문제없지만, 회로가 [그림 3-15] b)와 같이 2개 이상의 루프로 구성된다면 KVL의 적용이 좀 난감해진다. 즉 그림에서 R_2는 루프1과 루프2에 공통으로 걸치면서 R_1 및 R_3와는 분명 크기가 다른 전류가 흐를 것이다. 유일하게 정의되는 루프전류라는 개념이 모호해지는 것은 아닐까? 그렇지만 문제없다. R_2를 흐르는 전류를 (식 3-17)과 같이 해당 루프의 시각으로 보는 루프전류의 차이로 표시하는 것이다. 즉 루프1의 입장에서 R_2에는 $I_1 - I_2$가, 루프2의 입장에서 R_2에는 $I_2 - I_1$가 흐르는 것으로 표시하고 KVL 연립방정식을 만들면 해결된다. R_2를 흐르는 실제 전류의 크기와 방향은 연립방정식의 계산 결과로 밝혀진다.

$$\begin{aligned} &(loop1)\ \ V_S - I_1R_1 - (I_1 - I_2)R_2 = 0 \\ &(loop2)\ \ (I_1 - I_2)R_2 - I_2R_3 - I_2R_4 = 0 \end{aligned} \tag{식 3-17}$$

예제 3-7

아래 그림의 회로에서 1) 두 루프 사이에 위치한 2Ω 저항을 흐르는 전류 I와, 2) 노드 A에서의 전압 V_A를 구하시오.

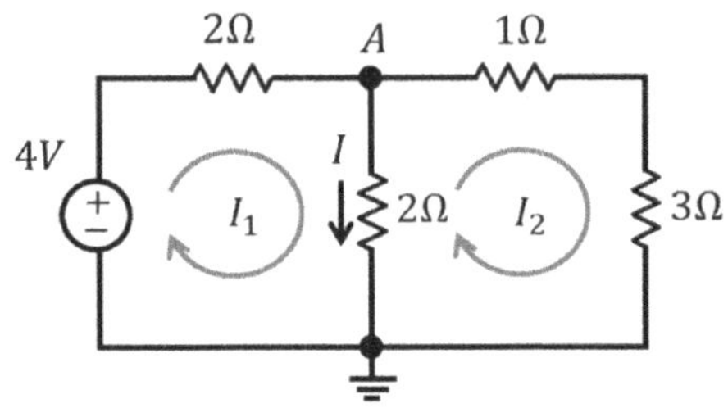

해설

1) 두 루프에 대한 KVL 연립방정식으로부터 I_1 및 I_2를 계산하고 그 차이를 구한다.

2) 두 루프 사이에 위치한 2Ω 저항에서의 전압강하를 구한다.

$$(loop1)\ \ 4-2I_1-2(I_1-I_2)=0 \ \ \rightarrow \ \ 4I_1-2I_2=4$$

$$(loop2)\ \ 2(I_1-I_2)-I_2-3I_2=0 \ \ \rightarrow \ \ -2I_1+6I_2=4 \qquad \text{(예제 3-7 식)}$$

$$I_1=1.6 \quad I_2=1.2 \ \ \rightarrow \ \ I=I_1-I_2=0.4A \quad V_A=2I=0.8V$$

루프에서 KVL 방정식을 세울 때 전원들은 당연히 전압원으로 표시되어야 하지만, 실제 회로에서 꼭 그러라는 법은 없다. 불가피하게 전류원이 섞여나오는 경우의 대처법은? 당근 전원변환이다. 아래의 예제를 통해 연습해보자.

예제 3-8

아래 그림의 회로에 대하여 KVL을 적용할 수 있도록 수정하시오.

해설

전류원 I_S와 직렬로 연결된 저항 R_3를 전압원으로 변환하고, R_3와 R_4를 병렬연결하면, 3개의 루프에 대하여 KVL 연립방정식을 구할 수 있다.

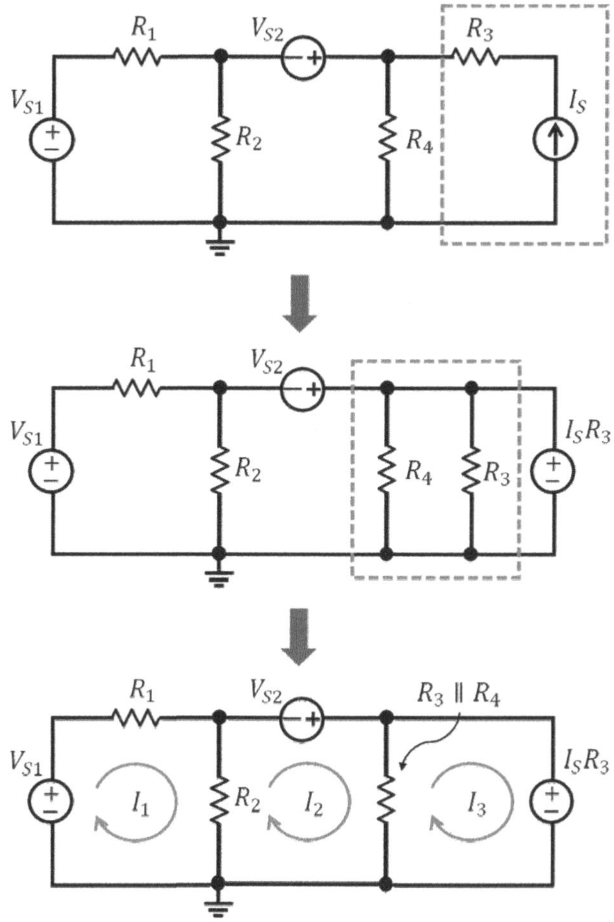

■ 노드전압과 KCL

KCL은 [그림 3-16]과 같이 회로의 노드마다 주어지는 고유의 전압을 주인공으로 하여 (식 3-18)과 같은 방정식으로 표현된다. 노드 사이의 전압의 차이만큼 전류가 흐르게 되므로 각 노드는 KCL을 만족하게 된다. 전류에 관한 법칙이지만 사실은 노드전압을 구하는 방정식이 정의된다는 점이 재미있다. 노드로 들어오는 전원전류는 플러스로, 노드에서 나가는 전원전류는 마이너스로 정의된다. 노드에 연결된 소자를 흐르는 전류의 방향은 일단 어디로 가정하든 무방하다. 이는 KCL의 해로 노드전압이 밝혀지면 실제 전류의 방향을 알 수 있기 때문이다. 주의할 점은 진짜 노드를 잘 구분해야 한다는 것이다. [그림 3-16]에 표시된 4개의 노드 중 C와 D는 단락 상태이므로 사실상 동일한 노드이다. 노드 C는 0V 전압기준점이므로 건드릴 필요 없다. 따라서 3개 이상의 소자가 만나는 진짜 노드 A와 B에만 KCL을 적용하면 된다.

$$(node\ A)\quad I_1 - \frac{(V_1 - V_2)}{R_2} - \frac{V_1}{R_1} = 0 \quad \rightarrow \quad I_1 - G_2(V_1 - V_2) - G_1V_1 = 0$$

(식 3-18)

$$(node\ B)\quad -I_2 - \frac{(V_2 - V_1)}{R_2} - \frac{V_2}{R_3} = 0 \quad \rightarrow \quad -I_2 - G_2(V_2 - V_1) - G_3V_2 = 0$$

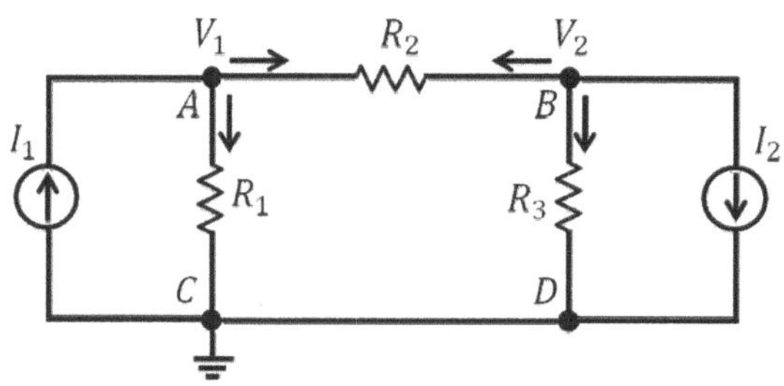

[그림 3-16] 노드전압과 KCL 방정식

예제 3-9

아래 그림의 회로에서 노드 A의 전압을 구하시오.

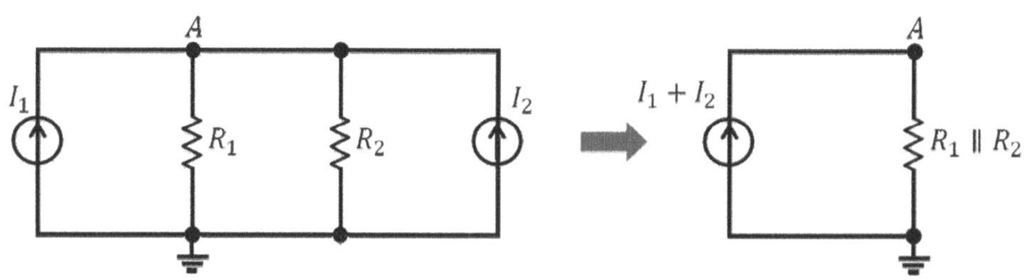

해설

두 저항과 두 전류원은 모두 노드를 공유하는 병렬관계이다. 따라서 회로는 하나의 전류원과 하나의 저항으로 단순화된다.

$$V_A = (I_1 + I_2) \cdot (R_1 \parallel R_2) \qquad \text{(예제 3-9 식)}$$

실제 전기회로는 루프와 노드, 그리고 전압원과 전류원이 뒤얽혀있으므로 획일적으로 KVL 또는 KCL만을 적용하기는 곤란하다. 전원변환이라는 꼼수를 구사하기도 사실상 매우 제한적이다. 따라서 우리는 회로의 해석에 있어서 KVL과 KCL을 기본으로 하되, 그 회로의 특성에 알맞은 회로개념들을 복합적으로 적용함으로써 융통성 있게 대처해야 할 것이다. 이런 의미에서 예제 3-6)에서 보았던 회로를 다시 한번 살펴보고 정답을 구해보자.

예제 3-10

그림 a)와 같이 저항 2Ω 전구와 1Ω 저항이 3V 전원에 연결된 회로 2개가 있다. 두 회로를 그림 b)와 같이 연결하면 전구의 밝기에는 어떤 변화가 있을까?

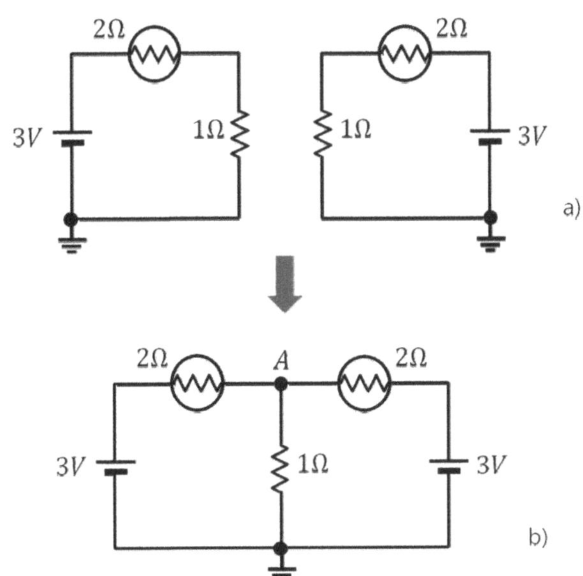

해설

두 루프에 KVL을 적용하고, 노드A에 KCL을 적용해보자. 사실 KCL 방정식은 2개의 노드 사이에 적용되며, 전원은 전류원으로 주어지는 것이 원칙이다. 하지만 아래와 같이 멋지게 짬뽕으로 써먹을 수도 있다. 정답은 "어두워진다."

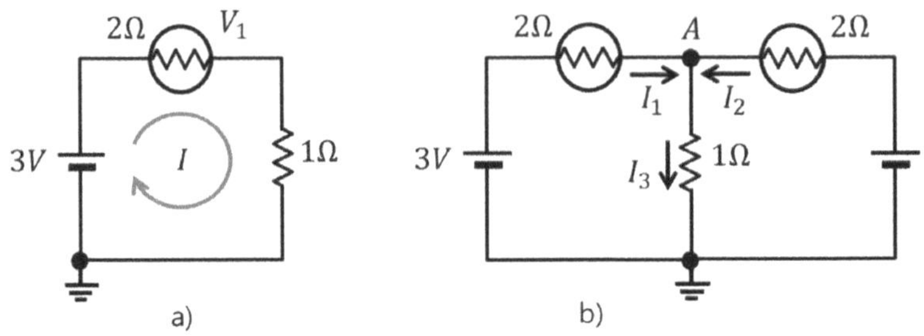

$a)$

$(KVL)\ \ 2I + 1I = 3 \quad \rightarrow \quad I = 1A$

$b)$

$(KCL\ at\ node\ A)\ \ I_1 + I_2 - I_3 = 0$

$(KVL\ at\ left\ loop)\ \ 2I_1 + 1I_3 = 3$

$(KVL\ at\ right\ loop)\ \ 2I_2 + 1I_3 = 3$

$\rightarrow I_1 = I_2 = \frac{3}{4}A \quad I_3 = \frac{3}{2}A$

(예제 3-10 식)

03

연습문제

1. 실제 전압원의 내부저항이 작을수록 이상적 전압원에 근접한다. (O X)

2. 전류원의 차단(제거)이란 그 자리를 (   )로 만드는 것이다.

3. 전류원의 결합은 직렬로 쌓아 올리는 것이다. (O X)

4. 전압원을 전류원으로 변환하면 내부저항값이 등가조건에 따라 변한다. (O X)

5. 전원변환으로 회로를 간소화 할 때, 독립된 전원인지를 반드시 확인해야 한다. (O X)

6. 한쪽은 회로에 연결되어 있지만 다른 쪽은 허공에 떠 있는 저항소자는 회로해석에서 무시해도 상관없다. (O X)

7. 2개 이상의 전원이 포함된 회로에서 각각의 전원을 따로 해석해서 합하는 기법을 무엇이라고 하는가?

8. 회로망을 단 하나의 전류원과 등가저항으로 단순화한 것은?

9. 전원에서 부하로 최대의 전력이 전달되는 조건을 가리키는 용어는?

10. voltage source로부터 load로 maximum power transfer가 이루어지려면 load의 resistance가 가능한 한 커야 한다. (O X)

11. 전류원에 연결된 부하를 단락시키면 전류원의 내부저항으로는 전류가 흐르지 않는다. (O X)

12. Thevenin Equivalent Circuit 이란 복잡한 회로를 하나의 전류원과 하나의 등가저항으로 단순화 한 것이다. (O X)

13. 단자 a-b를 통하여 들여다본 회로의 등가저항은 전압원은 open, 전류원은 short 해두고 구한다. (O X)

14. Thevenin Equivalent Circuit을 전원변환 하면 Norton Equivalent Circuit이 된다. (O X)

15. 電壓源 또는 電流源이 端子를 통해 負荷에 연결될 때, 最大의 電力이 傳達되는 조건을 무엇이라고 하는가?

1) 等價 2) 重疊 3) 接地 4) 行列 5) 整合

| 해답 |

1. O 2. 개방 3. X 4. X 5. O 6. O 7. 중첩원리 8. 노턴등가회로 9. 정합 10. X 11. O 12. X 13. X 14. O 15. 5

04장

캐패시터와 인덕터

■ 개요

지금까지 저항소자에 대하여 전기회로의 여러 가지 기본법칙과 해석방법을 살펴보았다. 저항소자는 그야말로 옴법칙에 따라 정해지는 대로 충실히 제 역할을 하는 우직한 일꾼이다. 그런데 전기회로가 저항소자 한 가지로만 구성된다면, 이건 마치 주인공이 하나뿐인 드라마를 보는 듯 너무나 무미건조할 것이다. 전기회로가 보다 극적인 스토리의 변화를 보여주기 위해서는 역시 다양한 출연진이 필요할 것이다. 이제 전기회로의 무대에서 맹활약할 너무나 상반되는 개성을 가지는 두 배우, 캐패시터(Capacitor)와 인덕터(Inductor)가 출연한다. 이들은 각각 전기(電氣, electric)과 자기(磁氣, magnetic)의 세계를 그 배경으로 하며, 저항과 함께 전기회로의 3대 **수동소자**(受動素子, passive component) 트리오를 이룬다. 아래에서 캐패시터와 인덕터의 특성과 이들이 엮어내는 오묘하기 이를 데 없는 전기회로의 드라마를 살펴보자.

4-1 전하와 캐패시터

■ 전하와 전기에너지

우리는 자유전자를 물에 비유하여 전압과 전류의 개념으로 시각화하여 표현했지만, 사실 물과 자유전자는 그 물리적 차원이 전혀 다르다. 이를테면 댐으로 만들어진 호수에 물을 담아 두듯, 전하를 담아두는 호수는 어떻게 만들어야 할까? 대표적인 전원으로 다룬 전지(電池)는 화학적 에너지를 이용하여 자유전자를 퍼 올리는 펌프이지 자체적으로 전하를 담아두는 물건은 아니다. 물은 만유인력을 받으므로 우묵하게 패인 용기에 얌전히 잘 담긴다. 그렇지만 자유전자를 어딘가에 담아 둔다는 것은 넌센스다. 왜냐하면 자유전자 알갱이는 음전하라 서로서로 밀어내는 전기적 척력(斥力)이 작용하므로 한군데 사이좋게 모일 도리가 없는 것이다! 자유전자를 붙들어 두는 길은 오직 하나. 음양의 조화, 음전하와 양전하의 인력을 이용하는 방법뿐이다.

[그림 4-1]은 자유전자를 모으고 붙들어 두는 가장 일반적인 형태의 소자를 보여주고 있는데, 절연체(絕緣體, insulator)를 사이에 둔 두 개의 도체판으로 구성된다. 여기에 전지를 연결하여 한쪽 극판의 자유전자를 빨아들여 반대편 극판으로 보내면 그 극판은 전자를 잃은 양이온으로 충만하게 되고, 반대편 극판은 전자로 충만하게 된다. 두 극판은 절연체를 사이에 두고 있으므로 자유전자와 양이온이 전기적 인력으로 서로 끌어당기기는 하지만, 절연체를 넘어갈 수가 없다 보니 그대로 도체판에 꼼짝없이 묶이게 된다.

이 교묘한 자유전자 그릇은 캐패시터(capacitor)라는 이름을 가지며, 그 물리적인 의미를 강조하여 **용량성소자**(容量性素子, capacitive element)라는 용어가 사용되기도 한다. 또한 캐패시터는 콘덴서(condenser)라는 별명으로 불리기도 하고, 우리말로 축전기(蓄電器)라는 이름도 있는데, 2차전지를 뜻하는 축전지(蓄電池)와는 꼭 구분하기 바란다. [그림 4-1]은 평행하게 마주 보는 두 도체판의 모양에 따라 **평행판캐패시터**라고 부른다.

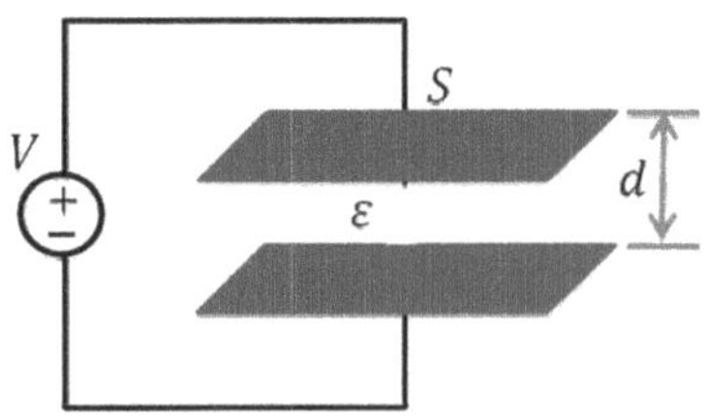

[그림 4-1] 평행판캐패시터의 구조

무언가가 한곳에 잔뜩 모여있으면 뭔가를 사방으로 뿜어내는 묵직한 존재감이 나타나기 마련이다. 캐패시터에 모인 전하는 **전계**(電界, Electric Field)라는 형태로 주위 공간에 전기에너지를 축적하고 그 영향력을 행사하게 된다.

■ 정전용량

캐패시터가 축적할 수 있는 총 전하량 Q는 당연히 주어진 전하펌프의 능력, 즉 전지의 전압 V에 비례한다. 그러므로 **캐패시터 해석의 주인공은 전압**임을 기억해두자. 아울러 캐패시터의 물리적 형상이나 재료와도 긴밀한 관계를 가지는데, 이에 대하여 **정전용량(靜電容量, Capacitance)**이라는 용어로 그 능력을 나타낸다. 정전용량은 C로 표시하고, 패럿(Farad, $[F]$)이라는 단위를 사용한다(통상 μF 또는 pF 단위를 주로 사용). 정전용량 C를 비례상수로 사용하면 충전되는 전하량 Q와 전압 V와의 관계를 (식 4-1)로 나타낼 수 있다.

$$Q = CV \qquad \text{(식 4-1)}$$

[그림 4-1]의 평행판캐패시터의 경우 정전용량은 아래에서 설명하는 3개의 변수로 설명되며, (식 4-2)로 표현된다.

1) 유전율(誘電率) ϵ : 극판 사이를 채우는 절연체의 전하축적능력의 척도. 이런 의미에서 절연체는 유전체(誘電體, dielectric)로 부르기도 함.
2) 도체판의 면적 S : 넓이가 넓을수록 더 많은 전하 수용
3) 도체판 사이의 거리 d : 거리가 가까울수록 자유전자와 양이온 사이의 인력 증가. 더 많은 전하를 붙들어 둠

$$C = \frac{\varepsilon S}{d} \qquad \text{(식 4-2)}$$

(식 4-2)을 살펴보면 최소한의 부피로 최대한의 정전용량을 뽑아내는 캐패시터의 형상을 알 수 있다. 즉 1) 고유전율의 절연체를 사용하고, 2) 평행면을 돌돌 말거나 여러 층으로 겹쳐서 부피를 확 줄이고, 3) 유전체가 버텨내는 범위 내에서 도체판 사이를 최대한 줄이는 것이다. 한편 캐패시터라는 별도의 소자가 존재하지 않더라도, 회로를 구성하는 모든 도체들 사이에는 크든 작든 전하를 모으는 캐패시터의 특성이 분포하고 있음을 꼭 기억하자. 이로 인한 정전용량의 발생은 때때로 전혀 의도하지 않은 상황에서 전기회로의 작동을 크게 교란시킬 수도 있으니 조심하도록 하자.

■ 캐패시터의 병렬연결

여러 개의 캐패시터가 [그림 4-2]와 같이 병렬로 연결될 때, 이를 하나의 등가 캐패시터로 나타내고 그 정전용량을 구해보자. 우선 병렬연결의 효과를 직관적으로 살펴보면, 정전용량을 결정하는 세 가지 변수 중 도체판의 넓이 S가 캐패시터의 개수에 비례하여 늘어나는 효과가 있으리라는 감이 든다. 그렇다면 등가 정전용량 역시 증가한다는 결론인데, 이를 수학적으로 자세히 살펴보자.

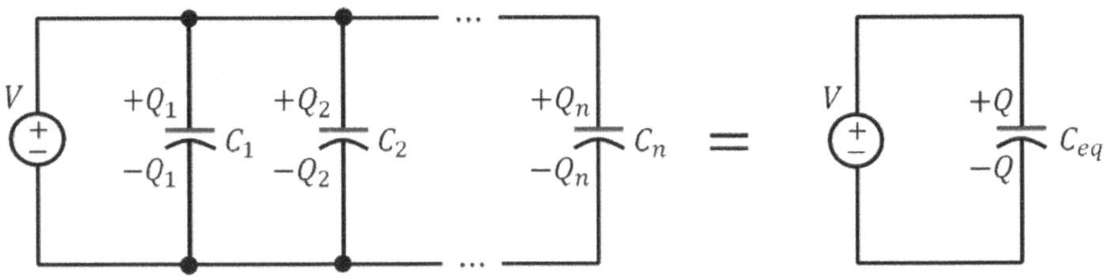

[그림 4-2] 캐패시터의 병렬연결과 등가정전용량

해석의 힌트는 병렬연결된 각 캐패시터의 단자가 모두 동일한 노드를 공유한다는 사실이다. 따라서 각 캐패시터에는 모두 동일한 전압 V가 걸리므로 (식 4-1)에 따라 $Q_i = C_i V$의 전하가 모이고, 총 전하는 각 캐패시터에 축적된 전하들을 합하면 될 것이다. 따라서 등가 정전용량 Q_{eq}는 (식 4-3)과 같이 각 캐패시터의 정전용량의 산술합으로 구해진다.

$$Q = \sum_{i=1}^{n} Q_i = V \sum_{i=1}^{n} C_i = C_{eq} V \quad \rightarrow \quad C_{eq} = \sum_{i=1}^{n} C_i \qquad \text{(식 4-3)}$$

■ 캐패시터의 직렬연결

한편 여러 개의 캐패시터가 [그림 4-3]과 같이 직렬로 연결될 때, 이를 하나의 등가 캐패시터로 나타내고 그 정전용량을 구해보자. 우선 직렬연결의 효과를 직관적으로 살펴보자. 첫 번째 캐패시터의 좌측 극판에 $+Q$ 만큼의 전하가 축적된다면 우측 극판에는 당연히 $-Q$의 전하가 축적될 것이다. 그런데 $-Q$의 전하는 두 번째 캐패시터 좌측 극판으로부터 당겨오는 것이므로 그곳에는 $+Q$의 전하가 남는다. 그리고 이로 인해 두 번째 캐패시터의 우측 극판에는 $-Q$의 전하가 모이게 되고, 이러한 일련의 전하 유도로 인해 각 캐패시터는 모두 동일한 양의 양전하와 음전하를 축적하게 된다.

그런데 인접한 캐패시터의 극판끼리의 전하는 사실상 상쇄되어 사라지므로 최종적으로는 첫 번째 캐패시터의 좌측 극판에만 $+Q$의 전하가, 마지막 캐패시터의 우측 극판에만 $-Q$의 전하가 남은 것처럼 보인다. 이러한 모양새는 결국 극판 면적의 변함없이 극판 사이의 거리만 멀어진 하나의 캐패시터로 간주할 수 있다. 결론적으로 캐패시터의 직렬연결의 결과는 (식 4-2)에 따라 등가 정전용량의 감소로 이어질 것이다. 이제 이를 수학적으로 자세히 살펴보자.

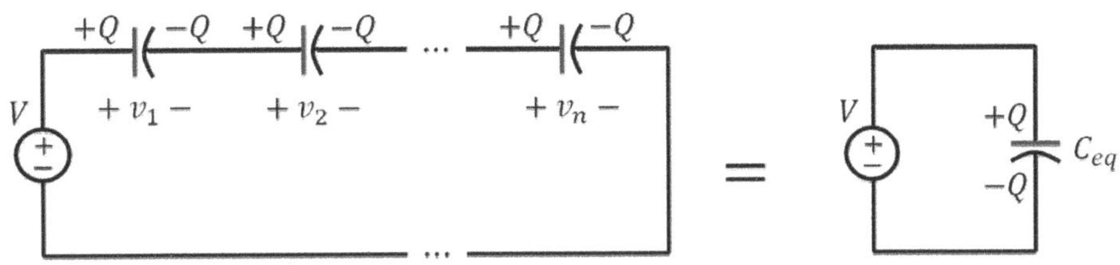

[그림 4-3] 캐패시터의 직렬연결과 등가정전용량

해석의 힌트는 직렬연결된 캐패시터들은 하나의 루프전류를 공유하며 전압분배기를 이룬다는 점이다. 따라서 각 캐패시터에 걸리는 전압들의 총합은 (식 4-4)와 같이 공급되는 전압 V와 동일하다. 또한 위에서 살펴본 대로 각 캐패시터는 정전용량과 상관없이 동일한 양의 전하 Q를 축적하므로 (식 4-1)의 관계에 따라 (식 4-5)가 성립한다. 최종적으로 이 두 식을 조합하면 직렬연결된 캐패시터의 등가정전용량 Q_{eq}는 (식 4-6)과 같이 역수의 산술합으로 구해진다.

$$V = \sum_{i=1}^{n} v_i \qquad \text{(식 4-4)}$$

$$C_1 v_1 = C_2 v_2 = \cdots = C_n v_n = Q \qquad \text{(식 4-5)}$$

$$V = \sum_{i=1}^{n} v_i = \sum_{i=1}^{n} \frac{Q}{C_i} = Q \sum_{i=1}^{n} \frac{1}{C_i} = \frac{Q}{C_{eq}} \quad \rightarrow \quad \frac{1}{C_{eq}} = \sum_{i=1}^{n} \frac{1}{C_i} \qquad \text{(식 4-6)}$$

그러고 보니 캐패시터의 병렬연결은 저항의 직렬연결을, 캐패시터의 직렬연결은 저항의 병렬연결을 연상케 한다. 아래에서 직/병렬연결된 캐패시터의 등가 정전용량 구하기 연습을 해보자.

예제 4-1

아래 그림의 회로를 1개의 등가 캐패시터로 단순화하고 등가 정전용량을 구하시오.

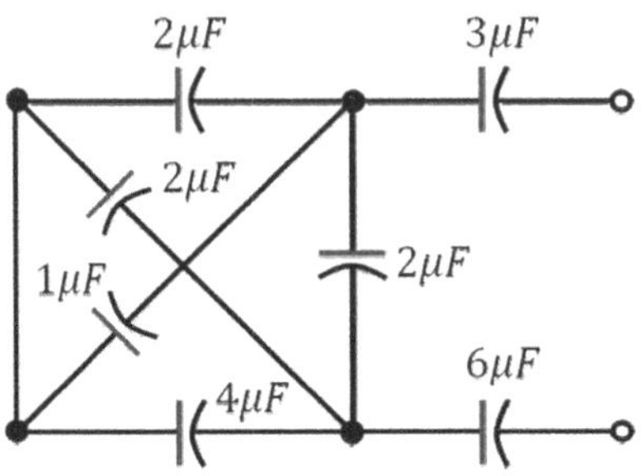

해설

제일 왼쪽의 노드 2개는 단락이므로 사실상 하나의 노드이며, 여기에 4개의 캐패시터가 연결되어 있다. 따라서 아래 그림과 같이 회로를 다시 정리하면 병렬/직렬연결 관계가 분명해진다. 단계적으로 단순화시켜 나가면 정답은 1Ω.

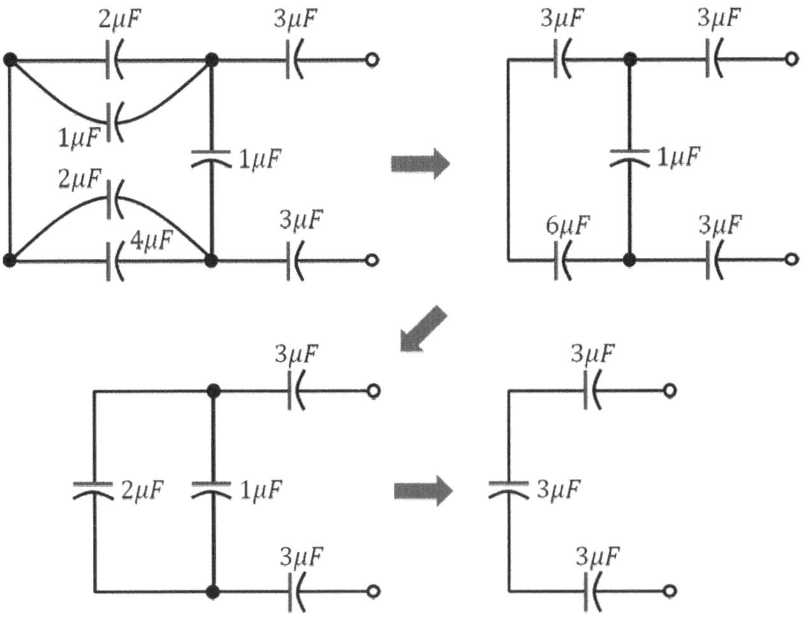

■ **캐패시터의 과도현상**

지금까지 우리는 직류전원이 변함없이 안정적으로 전류를 흘려주고 있는 상황, 즉 **정상상태**(定常狀態, steady state)에서 소자들이 어떤 전압-전류 특성을 보이는지 살펴 보아왔다. 그렇지만 우리가 세상사 모든 일에 있어서 그 시작(始)과 끝(終)을 분명히 파악하는 일 또한 매우 중요하다. 회로에 전원이 막 연결되는 무(無)에서 유(有)로의 전환 순간과, 전원이 차단되는 유(有)에서 무(無)로의 전환 순간에 있어서 회로는 어떻게 반응할까? 자연현상의 기본은 연속성(관성)이다. 사실 회로의 입장에서 전원의 순간적인 개폐(開閉)는 매우 충격적인 일이며, 일정 시간을 두고 그 후유증을 가라앉히면서 정상상태로 들어서게 되는데, 이 과정을 **과도상태**(過渡狀態, transition state)라고 한다.

캐패시터에 전압원이 연결되는 순간의 과도상태는 어떤지 자세히 살펴보자. [그림 4-4]는 전원스위치 ON으로 캐패시터 극판으로 자유전자의 이동이 시작되는 소위 **충전**(充電, charging)의 과정과 이때 회로를 흐르는 전류를 보여주고 있다. 스위치 OFF→ON 작동으로 인해 직류전원 V는 순간적으로 무(無)에서 유(有)로의 시변전압원 $v_C(t)$로 작동한다. 이에 따라 전압의 변화와 함께 극판에 모여드는 전하 Q의 시간변화량이 회로를 흐르는 전류 $i_C(t)$로 나타나므로 과도상태의 전류는 (식 4-7)과 같이 전압의 미분으로 나타낼 수 있다. (식 4-7)은 캐패시터에 적용되는 기본 전압-전류 관계식임을 꼭 기억해두자.

$$i_C(t) = \frac{dQ(t)}{dt} = C\frac{dv_C(t)}{dt} \quad \leftarrow \quad Q = CV \qquad \text{(식 4-7)}$$

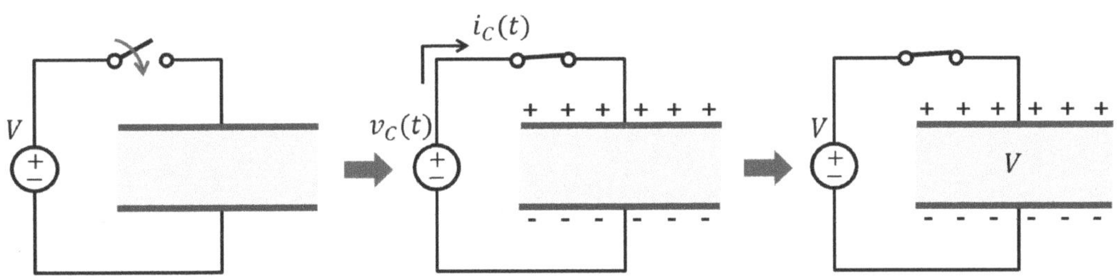

[그림 4-4] 캐패시터의 충전과 과도현상

충전 과정은 마치 맛있는 음식을 먹는 것과 유사하여 최초에는 기세 좋게 이루어지지만, 차차 둔화되다가 최종적으로 포화되어 멈춘다. 따라서 전류 $i_C(t)$는 최대값으로 출발하여 영으로 수렴하는 지수함수의 형태를 가지게 될 것이다. (여기에 대해서는 4-3절에서 자세히 다룸) 이렇게 충전이 완료되면 캐패시터는 정상상태로 안착하여 일정전압 V를 유지하게 되며, 이 상태에서 전원스위치가 OFF 되더라도 충전상태를 계속 유지하게 된다.

한편 에너지로 충만한 충전상태의 캐패시터를 [그림 4-5]와 같이 부하저항에 연결하면 자유전자들이 전선을 타고 양이온으로 이끌려가 재결합하므로 마치 전류를 흘려주는 전지처럼 작동하는데, 이를 **방전**(放電, discharging)이라고 한다. 방전 전류 $i_C(t)$ 역시 최초에는 기세 좋게 흘러 부하저항에 전압을 걸어주지만, 저항에서의 발열로 소모되면서 점차 약화되다가 최종적으로 사라지는 지수함수의 형태를 가지게 된다. 캐패시터의 순간적인 방전은 상당한 에너지를 일시에 방출하므로 카메라 플래시 등 순간적인 빛과 열을 이용하는 일종의 임시전원으로 쓰이기도 한다.

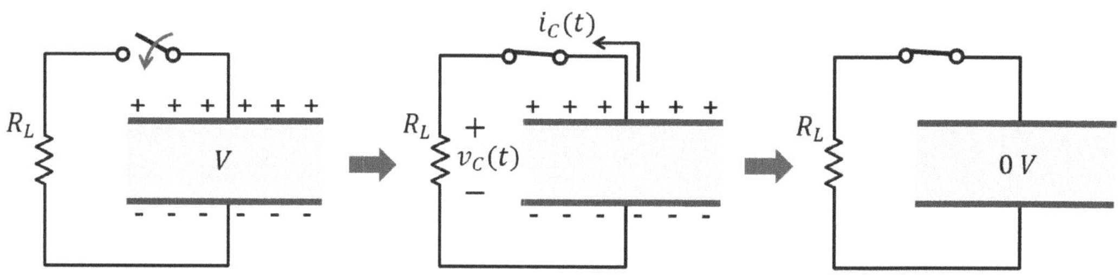

[그림 4-5] 캐패시터의 방전과 과도현상

캐패시터의 내부는 절연되어 있으므로 기본적으로 전류가 통과할 수 없다. 따라서 직류 정상상태에서 캐패시터는 개방회로로 취급한다. 그렇지만 직류전원에 의한 충전, 그리고 부하저항으로의 방전이 이루어지는 동안은 한시적이나마 회로전류가 존재한다. 개방회로임에도 불구하고 조건부(과도상태)로 전류를 흘려주는 소자. 캐패시터의 숨은 재주가 어떤 역할을 해낼지 기대되지 않는가. 캐패시터로 오가는 전류는 직류전원에 대해서는 잠깐 흐르다 마는 과도현상에 불과하지만, 교류전원에 대해서는 상당히 다른 차원의 드라마로 이어진다. 흥미진진한 캐패시터와 교류전류 이야기는 제5장에서 상세히 다루기로 한다.

4-2 전류와 인덕터

■ 전류와 자기에너지

모여있는 자유전자라는 존재는 공간적으로 전기에너지의 축적이라는 물리현상을 초래한다. 그렇다면 흐르는 자유전자 즉 전류의 존재는 공간적으로 어떤 물리적 의미를 가질까? 1820년 외르스테드는 전류가 자기(磁器)의 원천이라는 발견을 하여 오랫동안 신비의 대상이었던 자석의 비밀을 밝혀낸다. 무언가의 흐름이 나타나면 그 흐름의 속도에 비례하여 이를 에워싸는 기운이 생겨나기 마련이다. 도선을 지나가는 전류는 [그림 4-6] a)와 같이 도선을 둘러싸는 자기를 유도하고, **자계**(磁界, magnetic field)라는 형태로 주위 공간에 자기에너지를 축적하여 그 영향력을 행사하게 된다. 이처럼 모든 도선은 자기를 유도하지만, 특별히 집중적인 자기를 유도할 목적으로 만든 소자를 **인덕터**(inductor)라고 부르며, [그림 4-6] b)와 같이 그 형상을 따라 **코일**(coil)로 부르기도 한다. 인덕터는 그 물리적 의미를 강조하여 **유도성소자**(誘導性素子, Inductive element)라는 용어가 사용되기도 한다.

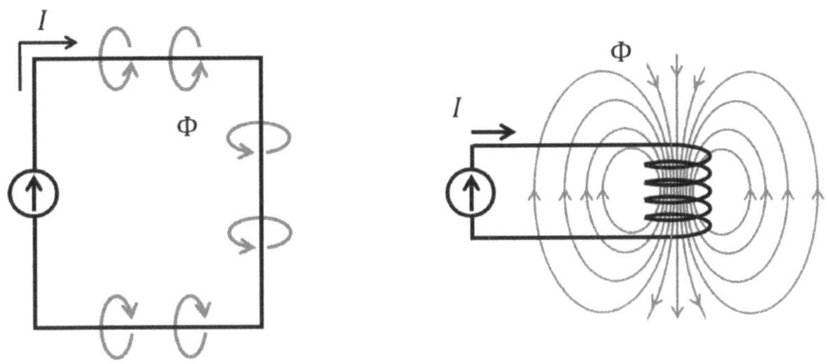

a) 도선의 자기 유도　　　　b) 코일의 자기 유도

[그림 4-6] 인덕터와 자기에너지의 분포

■ 유도용량

인덕터가 유도할 수 있는 자기의 세기는 흐르는 전류의 크기에 비례한다. 즉 **인덕터 해석의 주인공은 전류**임을 기억해두자. 아울러 인덕터의 물리적 형상이나 재료와도 긴밀한 관련이 있는데, 이에 대하여 **유도용량**(誘導容量, Inductance)이라는 용어로 그 능력을 나타낸다. 유도용량은 L로 표시하고, 헨리(Henry, [H])라는 단위를 사용한다. 유도되는 자기의 크기는 **자속**(磁束, magnetic flux, Φ)이라는 용어로 나타내는데, 유도용량 L을 비례상수로 사용하면 자속 Φ와 전류 I와의 관계를 (식 4-8)과 같이 나타낼 수 있다. 일반적으로 유도용량은 아래에서 설명하는 2개의 변수로 설명된다.

1) 투자율(透磁率) μ : 도선 주위 물질의 자기유도능력 척도.
2) 도선의 길이 l : 도선이 길수록 더 많은 자기 유도.

$$\Phi = LI \qquad \text{(식 4-8)}$$

위에서 살펴본대로 인덕터 소자가 최소한의 부피로 최대한의 정전용량을 뽑아내려면 1) 고투자율의 소재를 사용하고, 2) [그림 4-6] b)와 같이 도선을 돌돌 감아서 부피를 확 줄이는 것이다. 따라서 일반적으로 인덕터는 고투자율의 코어(core)에 도선을 돌돌 감아놓은 코일(coil) 형태로 제조한다. 이에 따라 코일의 유도용량은 도선의 길이 대신 감긴 횟수, 즉 권선수(捲線數)에 비례하게 되며, 코일과 인덕터는 거의 동의어처럼 쓰인다. 한편 인덕터라는 별도의 소자가 존재하지 않더라도, 전류가 흐르는 모든 도체들은 크든 작든 자기를 유도하는 인덕터 특성이 분포하고 있음을 꼭 기억하자. 이로 인한 유도용량의 발생은 때때로 전혀 의도하지 않은 상황에서 전기회로의 작동을 크게 교란시킬 수도 있으니 조심하도록 하자.

■ 인덕터의 과도현상

이상적인 인덕터란 저항이 전혀 없는 도선 그 자체이다. 그렇지만 캐패시터와 마찬가지로 인덕터도 회로에 전원이 막 연결되는 무(無)에서 유(有)로의 전환 순간과, 전원이 차단되는 유(有)에서 무(無)로의 전환 순간에 있어서 특유의 과도현상을 보인다. 전류가 없던 도선에 전류원을 연결하면 순간적으로 전류가 확 흐를 수 있을까? 그리고 전류가 흐르고 있던 도선에서 전류원을 제거하면 순간적으로 전류가 확 끊길 수 있을까? 순간적인 전류의 개폐는 직관적으로 봐도 부자연스러우며, 인덕터는 갑작스러운 전류변동에 저항할 것이다.

[그림 4-7]은 전원스위치가 OFF→ON 되는 순간의 인덕터 회로를 보여주고 있다. 회로에서 저항 R은 과전류 보호용으로 삽입한 것이다. 인덕터에는 당초 자속이 없었으므로 일종의 관성이 작용하며 인덕터는 무자속의 상태를 유지하려고 한다. 스위치 ON 순간의 직류전류원 I는 무(無)에서 유(有)로의 시변전류원 $i_L(t)$로 취급이 가능하며, (식 4-8)에 따라 시변자속 $\Phi(t)$를 생성한다. 이에 대항하여 인덕터는 (식 4-9)와 같이 자속의 변화율(미분)에 상당하는 전압의 장벽 $v_L(t)$를 자체적으로 생성하고, 역방향으로 전류를 흘려서 $i_L(t)$를 상쇄한다. (식 4-9)는 인덕터에 적용되는 기본 전류-전압 관계식임을 꼭 기억해두자.

$$v_L(t) = \frac{d\Phi(t)}{dt} = L\frac{di_L(t)}{dt} \quad \leftarrow \quad \Phi = LI \qquad \text{(식 4-9)}$$

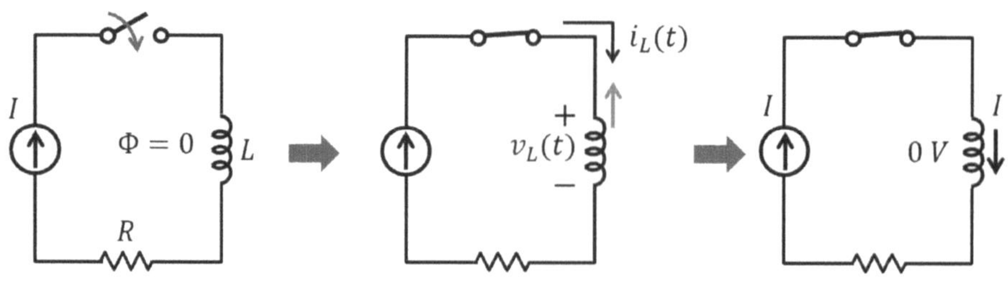

[그림 4-7] 인덕터의 OFF→ON 과도현상

인덕터 회로는 전류원의 접속에도 불구하고 최초에는 전류가 잘 흐르지 못한다! 그렇지만 기세 좋게 전류를 막아내던 전압 장벽은 곧 무너져 소멸해 가고, 인덕터는 아무런 문제 없이 전류를 술술 흘려주는 정상상태로 이행한다. 따라서 전류 $i_L(t)$는 영에서 어떤 최종값으로 수렴하는 지수함수의 형태를 가지게 될 것이다. (여기에 대해서는 4-3절에서 자세히 다룸)

이번에는 [그림 4-8]과 같이 인덕터 회로에서 전류원 ON→OFF 순간의 과도현상을 살펴보자. 인덕터에는 이미 자속이 충만하므로 인덕터는 이 상태를 유지하려고 한다. 스위치 OFF의 순간 벌어지는 일들은 [그림 4-7]과는 완전히 반대로서, 인덕터는 사라지는 자속을 계속 유지하기 위해 (식 4-10)과 같이 자속의 변화율(미분)에 상당하는 전압 $v_L(t)$를 자체적으로 생성하여 전류 $i_L(t)$를 흘려준다. 즉 인덕터 회로는 전류원의 차단에도 불구하고 과도적으로 전류의 흐름을 유지한다! 물론 이 전류도 지수함수적으로 감소하다가 최종적으로 소멸한다.

$$v_L(t) = -\frac{d\Phi(t)}{dt} = -L\frac{di_L(t)}{dt} \qquad \text{(식 4-10)}$$

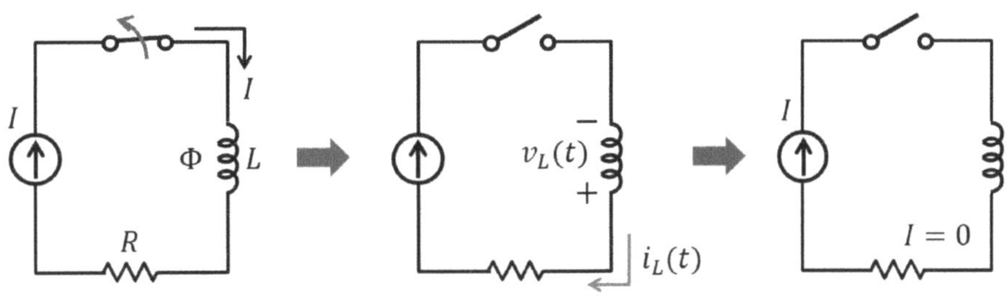

[그림 4-8] 인덕터의 ON→OFF 과도현상

인덕터는 기본적으로 전선에 불과하므로 회로적으로는 단락으로 취급되어야 한다. 그렇지만 스위치를 통해 직류원을 접속(ON)하거나 차단(OFF)할 때 과도적인 반발 전압이 나타난다. 단락회로임에도 불구하고 조건부(과도상태)로 전압을 유도하는 소자. 인덕터의 숨은 재주가 어떤 역할을 해낼지 기대되지 않는가. 인덕터에 유도되는 전압은 직류전원에 대해서는 잠깐 나타나는 과도현상에 불과하지만, 교류전원에 대해서는 상당히 다른 차원의 드라마로 이어진다. 흥미진진한 인덕터와 교류전류 이야기는 제5장에서 상세히 다루기로 한다.

■ 인덕터의 직렬연결

여러 개의 인덕터가 [그림 4-9]와 같이 직렬로 연결될 때, 이를 하나의 등가 인덕터로 나타내고 그 유도용량을 구해보자. 인덕터(코일)이 직렬로 연결될 경우 코일의 개수에 비례하여 코일의 권선수가 증가할 것이므로 등가 유도용량 역시 증가하리라는 직감이 들지 않는가? 이를 수학적으로 자세히 살펴보자. 해석의 힌트는 직렬연결된 인덕터들은 하나의 루프전류를 공유하는 전압분배기를 이룬다는 점이다. 그런데 이 회로를 해석하기 위해서는 각 인덕터에서 전압이 정의되어야 하는데, 정상상태의 인덕터는 전압이 걸리지 않는 단락회로가 아닌가? 돌파구는 시변전류가 주어지는 과도상태를 이용하는 것이다. 즉 각 인덕터의 전압이 전류의 미분으로 주어지므로 전압분배의 공식을 적용하면 등가 유도용량 L_{eq}는 (식 4-11)과 같이 각 인덕터 유도용량의 산술합으로 구해진다.

$$v_L(t) = \sum_{i=1}^{n} v_i = \sum_{i=1}^{n} L_i \frac{di_L(t)}{dt} = L_{eq}\frac{di_L(t)}{dt} \quad \rightarrow \quad L_{eq} = \sum_{i=1}^{n} L_i \qquad \text{(식 4-11)}$$

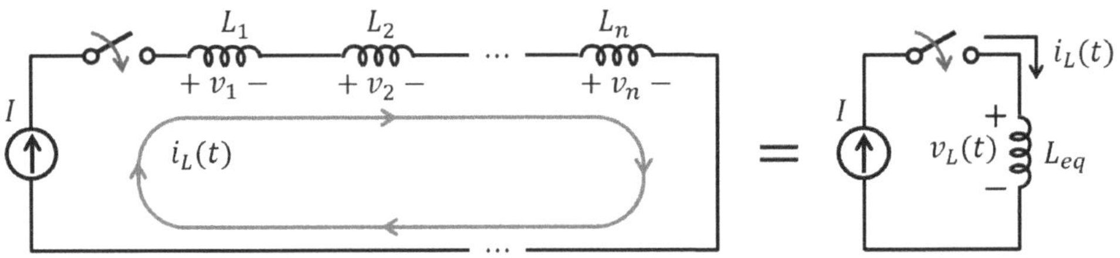

[그림 4-9] 인덕터의 직렬연결과 등가 유도용량

■ 인덕터의 병렬연결

여러 개의 인덕터가 [그림 4-10]과 같이 병렬로 연결될 때, 이를 하나의 등가 인덕터로 나타내고 그 유도용량을 구해보자. 인덕터(코일)이 병렬로 연결될 경우, 코일을 흐르는 전류는 코일의 개수에 반비례하여 감소할 것이므로 유도되는 총 자속이 오히려 감소하고, 따라서 등가 유도용량 역시 감소하리라는 직감이 들지 않는가? 이를 수학적으로 자세히 살펴보자. 해석의 힌트는 병렬연결된 인덕터들은 노드를 공유하는 전류분배기를 이루며 모두 동일한 전압이 걸린다는 점이다. 인덕터에 걸리는 전압을 정의하기 위하여 위에서와 마찬가지로 시변전류가 주어지는 과도상태를 이용한다.

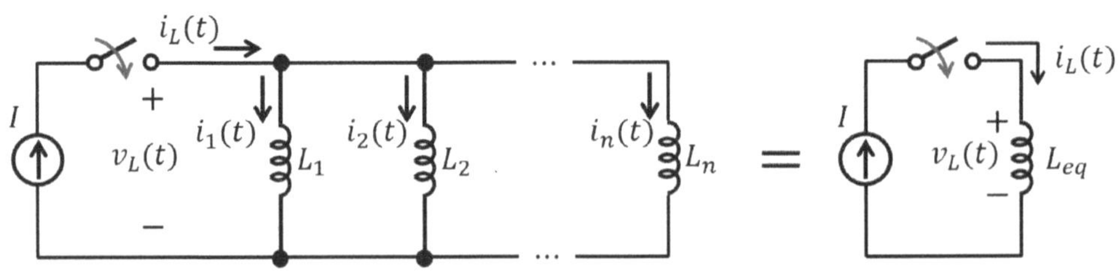

[그림 4-10] 인덕터의 병렬연결과 등가 유도용량

각 인덕터에 걸리는 전압은 전류의 미분으로 주어지는데, 병렬연결이므로 모든 인덕터에는 동일한 전압이 걸리므로 (식 4-12)와 같이 표현할 수 있다. 한편 전류분배의 공식을 적용하려면 각 인덕터를 흐르는 전류를 구해야 하는데, 이는 (식 4-13)과 같이 (식 4-12)의 양변을 적분함으로써 해결된다. 최종적으로 전류분배의 공식에 따라 등가 유도용량 L_{eq}는 (식 4-14)와 같이 각 인덕터 유도용량의 역수의 산술합으로 구해진다.

$$L_1 \frac{di_1(t)}{dt} = L_2 \frac{di_2(t)}{dt} = \cdots = L_n \frac{di_n(t)}{dt} = v_L(t) \qquad \text{(식 4-12)}$$

$$v_L(t) = L\frac{di_i(t)}{dt} \quad \rightarrow \quad i_i(t) = \frac{1}{L}\int v_L(t)dt \qquad \text{(식 4-13)}$$

$$i_L(t) = \sum_{i=1}^{n} i_i(t) = \sum_{i=1}^{n}\left(\frac{1}{L_i}\int v_L(t)dt\right) = \left(\sum_{i=1}^{n}\frac{1}{L_i}\right)\int v_L(t)dt\,(t) \quad \rightarrow \quad \frac{1}{L_{eq}} = \sum_{i=1}^{n}\frac{1}{L_i} \qquad \text{(식 4-14)}$$

그러고 보니 인덕터의 직렬연결은 저항의 직렬연결을, 인덕터의 병렬연결은 저항의 병렬연결을 연상케 한다. 아래에서 직/병렬연결된 인덕터의 등가 유도용량 구하기 연습을 해보자.

예제 4-2

아래 그림의 회로를 1개의 등가 인덕터로 단순화하고 등가 유도용량을 구하시오.

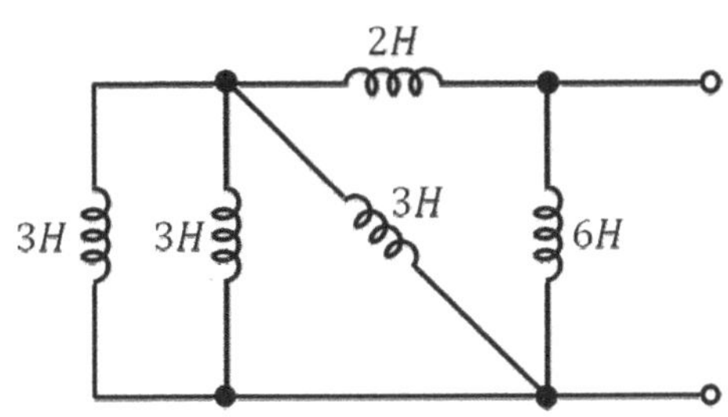

해설

맨 아래 노드 2개는 동일 노드이므로 3개의 3H 코일은 병렬연결 관계이다. 아래 그림과 같이 줄여나가면 정답은 2H.

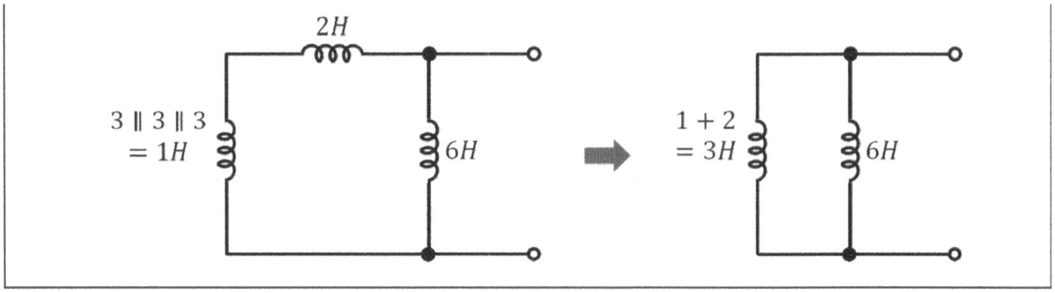

4-3 RLC 회로방정식

■ 시변전원에 대한 L과 C의 거동

직류전원에 대하여 캐패시터(이하 C로 표기)는 개방이므로 전기에너지의 충전/방전이 그 역할의 전부이며, 인덕터(이하 L로 표기)는 단락이므로 자기에너지의 축적(전자석)이라는 의미만을 가진다. 그렇지만 시변전원이라면 이야기가 완전히 달라진다. 우리는 앞에서 전원의 ON/OFF라는 극단적인 시변의 예로서 L과 C의 과도현상을 살펴보았는데, 시변전원에 대한 L과 C의 전압-전류 특성은 아래와 같다.

- 캐패시터 : 전압이 주인공. 전류는 전압의 미분. (전압은 전류의 적분) (식 4-7)
- 인덕터 : 전류가 주인공. 전압은 전류의 미분. (전류는 전압의 적분) (식 4-9)

이에 비해 저항소자(이하 R로 표기)는 직류전원이든 시변전원이든 상관없이 전압-전류의 비례관계를 정의하는 옴법칙을 만족한다. 결론적으로 시변전원에 대해서는 RLC 모두 전압과 전류의 관계식을 정의할 수 있으므로 어떻게든 RLC회로를 방정식으로 나타낼 수 있다. 이제부터 회로방정식을 통하여 일반적인 시변전원에 대한 RLC회로의 응답을 체계적으로 해석해 보도록 하자.

■ RC 및 RL 회로방정식

[그림 4-11]의 직렬 RC회로에 대하여 살펴보자. R에 걸리는 전압은 옴법칙으로 간단히 구해지며, C에 걸리는 전압은 C의 기본식인 (식 4-7) 양변을 적분함으로써 (식 4-15)와 같이 구해진다. 단일루프 회로이므로 KVL을 적용하면 (식 4-16)과 같이 직렬 RC회로의 회로방정식을 얻을 수 있다. 나아가 미분과 적분이 뒤섞인 (식 4-16)은 양변에 미분을 취함으로써 (식

4-17)과 같이 미분만의 수식으로 깔끔하게 정리할 수 있는데, 이처럼 미지의 함수와 그 함수의 도함수들로 이루어져 있는 수식을 **미분방정식**(微分方程式, differential equation)이라고 부른다. (식 4-17)은 $v_s(t)$라는 입력(input)에 대하여 $i(t)$라는 출력을 내놓은 회로의 응답을 나타내고 있으며, 이 미분방정식의 해는 직렬 RC회로 출력의 변화를 시간의 함수로 보여줄 것이다.

$$i_C(t) = C\frac{dv_C(t)}{dt} \quad \rightarrow \quad v_C(t) = \frac{1}{C}\int i_C(t)dt \tag{식 4-15}$$

$$v_s(t) = v_R(t) + v_C(t) = Ri(t) + \frac{1}{C}\int i(t)dt \tag{식 4-16}$$

$$Ri(t) + \frac{1}{C}i(t) = \frac{dv_s(t)}{dt} \tag{식 4-17}$$

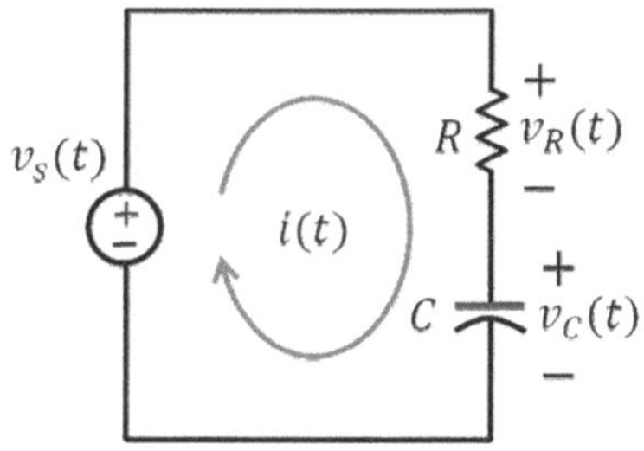

[그림 4-11] 직렬 RC회로

동일한 요령으로 [그림 4-12]의 직렬 RL회로에 대해서도 (식 4-18)과 같이 회로방정식을 구할 수 있다. 직렬 RC회로와 직렬 RL회로의 미분방정식은 모두 1회의 미분항을 가지므로 1차 회로, 1차 미분방정식이라고 한다.

$$L\frac{di(t)}{dt} + Ri(t) = v_s(t) \tag{식 4-18}$$

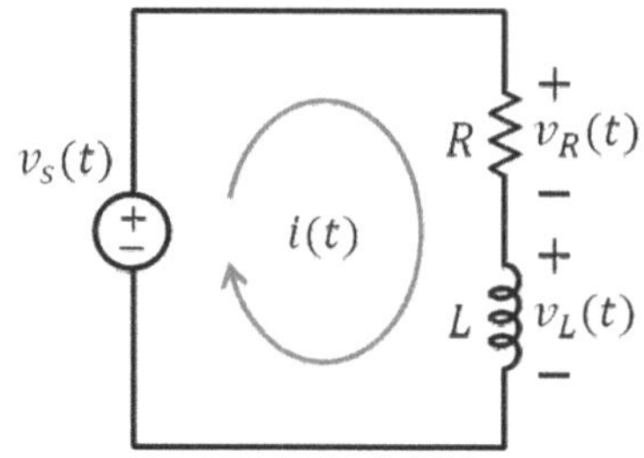

[그림 4-12] 직렬 RL회로

■ 미분방정식

함수(函數, function)란 연속적으로 변화하는 어떤 대상의 변화추이를 나타내는 수식이다. 한편 미분(微分, differentiation)이란 극한의 짧은 구간에 있어서 함수의 변화율을 수학적으로 분석하기 위한 도구이다. 우리는 어떤 대상의 변화 속에 숨어 있는 법칙이나 원리를 함수의 형태로 알고 싶지만, 현실적으로 얻을 수 있는 것은 관찰 및 실험데이터와 그 변화율의 추이뿐이다. 이를 바탕으로 우리는 (식 4-17) 및 (식 4-18)과 같이 미지의 함수와 그 함수의 미분 사이에서 성립하는 일련의 관계들을 방정식으로 기술할 수 있는데, 이를 미분방정식이라 한다. 그리고 이 미분방정식의 해를 구하게 되면 해당 법칙을 명쾌하게 설명하는 근사한 함수를 찾아낼 수 있다. 뉴턴의 운동방정식이나 전기자기학을 집대성한 맥스웰방정식 등이 그 대표적인 예이며, 물리학, 공학, 심지어 경제학에 이르기까지 기본적으로 쓰이는 해석 도구이다.

문제는 미분방정식을 푸는 것이 몇몇 특수한 경우를 제외하고는 매우 어렵다는 점이다. 미지의 함수와 그 함수의 미분과 그 함수의 미분의 미분... 들로 이루어진 방정식에서 미지의 함수를 무슨 수로 찾는다는 말인가. 자연의 이치를 알아내는 과학의 길은 미분방정식의 해법을 찾는 것만큼이나 험난하다. 그런데 흥미롭게도 전기회로의 미분방정식의 해는 회로의 출력파형을 계측기(오실로스코프)로 관측하면 눈에 보인다! 즉 난해한 미분방정식을 RLC 전기회로 HW로 짜 맞추고 실제 전원을 인가하여 구동하면서 그 출력을 관측하여 해를 구하는 것이다. 이 개념은 1960년대에 실제로 **아날로그컴퓨터**라는 이름으로 구현되었으며, 회로이론과 자동제어의 발전에 획기적 계기가 되기도 하였다. 오늘날 디지털컴퓨터가 이 일을 이어받았지만, 미분방정식을 향한 끝없는 도전은 오늘도 이어진다.

이 책에서 구체적인 미분방정식의 해법에 대하여 다루지는 않는다. 명심할 점은 시변입력에 대한 회로의 거동을 미분방정식으로 표현하고, 나아가 역으로 어떤 미분방정식으로부터 회로를 만들어내는 개념이야말로 회로이론 발전의 진정한 동기였다는 것이다. 전기회로가 단순한 공학적 테크닉만이 아닌 자연 탐구의 실체임을 깨달아 오로지 수식들에만 매몰되어 길을 잃는 일이 없도록 주의하자.

■ 미분연산자와 전달함수

다시 본론으로 돌아가자. 위에서 얻은 2개의 회로방정식은 지극히 간단한 미분방정식의 형태지만, 회로소자가 몇 개만 늘어나도 그 복잡도는 만만치 않게 올라갈 것이다. 전기회로에 관련된 회로방정식을 좀 더 간편하게 다루기 위해 (식 4-19)와 같이 미분 표기를 p로 단순화한 **미분연산자**라는 표기법을 사용하는데, 특히 전기회로의 해석에 있어서 절묘하게 쓰인다.

$$p \equiv \frac{d}{dt} \quad \rightarrow \quad \frac{dx(t)}{dt} = px(t), \frac{d^2x(t)}{dt^2} = p^2x(t), \cdots, \frac{d^nx(t)}{dt^n} = p^nx(t) \qquad \text{(식 4-19)}$$

미분연산자를 사용하여 L과 C의 전압-전류 관계식을 기술하고, 이를 정리해보면 (식 4-20)과 같이 L과 C는 각각 pL 및 $1/pC$로 표시되는 일종의 저항처럼 보인다! 따라서 RLC 소자들을 아예 미분연산자로 표기해 버리면 마치 저항소자만의 회로처럼 단번에 연산자 회로방정식을 구할 수 있다. 다만 pL 및 $1/pC$가 진짜 저항소자는 아니므로 구분을 위해 **연산자 임피던스**(impedance)라는 용어로 부르며, $Z(p)$로 표기한다. 임피던스 역시 무언가의 흐름을 방해한다는 뜻이며, L과 C가 시변전원에 대하여 R처럼 곧이곧대로는 아니지만 개성 넘치는 훼방꾼 노릇을 한다는 포괄적인 저항의 의미로 알아두자. [그림 4-11]과 [그림 4-12]에 대하여 연산자 회로방정식을 구하면 각각 (식 4-21) 및 (식 4-22)와 같다.

$$\begin{cases} v_L(t) = L\dfrac{di_L(t)}{dt} \quad \rightarrow \quad v_L(t) = pLi_L(t) \quad \rightarrow \quad \dfrac{v_L(t)}{i_L(t)} = pL \\ i_C(t) = C\dfrac{dv_C(t)}{dt} \quad \rightarrow \quad i_C(t) = pCv_C(t) \quad \rightarrow \quad \dfrac{v_C(t)}{i_C(t)} = \dfrac{1}{pC} \end{cases} \qquad \text{(식 4-20)}$$

$$v_s(t) = Ri(t) + \frac{1}{pC}i(t) \rightarrow v_s(t) = Z(p)i(t) \leftarrow Z(p) = \left(R + \frac{1}{pC}\right) \qquad \text{(식 4-21)}$$

$$v_s(t) = Ri(t) + pLi(t) \rightarrow v_s(t) = Z(p)i(t) \leftarrow Z(p) = (R + pL) \qquad \text{(식 4-22)}$$

한 단계 더 나아가 [그림 4-13]의 직렬 RLC회로에 대하여 회로방정식을 구해보자. 우선 일반적인 미분방정식으로 KVL을 적용해보면 (식 4-23)과 같이 미분과 적분이 뒤섞인 좀 황당해 보이는 수식이 나온다. 그렇지만 여기에 미분연산자 표기를 이용하면 (식 4-24)와 같이 산뜻한 연산자 회로방정식과 연산자 임피던스 수식을 얻을 수 있다.

$$v_s(t) = v_R(t) + v_L(t) + v_C(t) = Ri(t) + L\frac{di(t)}{dt} + \frac{1}{C}\int i(t)dt \quad \text{(식 4-23)}$$

$$v_s(t) = Ri(t) + pLi(t) + \frac{1}{pC}i(t)$$

$$v_s(t) = Z(p)i(t) \quad \leftarrow \quad Z(p) = \left(R + pL + \frac{1}{pC}\right) \quad \text{(식 4-24)}$$

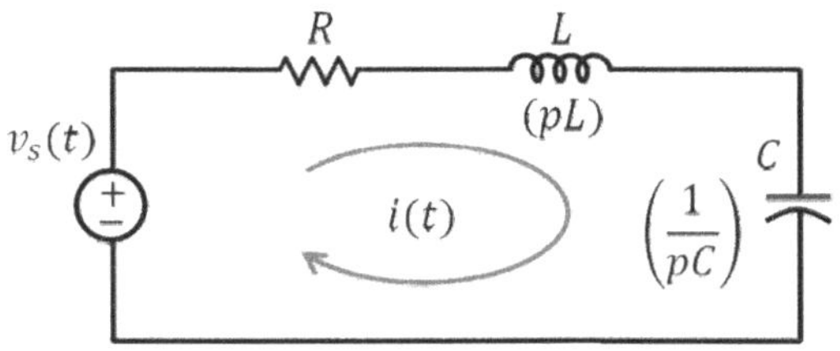

[그림 4-13] 직렬 RLC회로

이제 전기회로의 입력에 대한 특정 지점에서의 출력을 살펴보자. 여기에는 KVL 및 KCL 기반의 연산자 회로방정식과 전압분배 및 전류분배 등의 기법들이 총동원된다. [그림 4-14]와 같이 직렬 RLC회로에 전압원이 입력으로 주어지고, 캐패시터에 걸리는 전압이 얻고자 하는 출력일 경우, 입력과 출력의 관계를 방정식으로 구해보자.

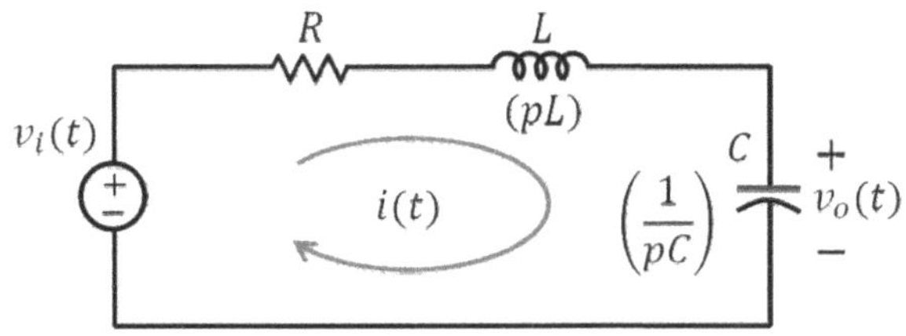

[그림 4-14] 직렬 RLC회로에서의 전달함수

입력과 출력의 관계식은 (식 4-24)에서 구한 연산자 임피던스와 전압분배를 이용하면 (식 4-25)와 같이 구해진다. 이 식을 전개하여 입력함수와 출력함수로 구분하고, 미분연산자를 원래의 미분 표기로 되돌리면 (식 2-26)과 같이 오리지날 미분방정식으로 변신한다. 이 식은 미분을 2회 수행하는 항이 있으므로 2차미분방정식이라고 하며, 이러한 회로를 **2차회로**라고 부른다.

$$v_o(t) = \frac{\frac{1}{pC}}{Z(p)} v_i(t) = \frac{\frac{1}{pC}}{\left(R + pL + \frac{1}{pC}\right)} v_i(t) = \frac{v_i(t)}{p^2LC + pR + 1} \quad \text{(식 4-25)}$$

$$\rightarrow (p^2LC + pR + 1)v_o(t) = v_i(t)$$

$$LC\frac{d^2v_o(t)}{dt^2} + R\frac{dv_o(t)}{dt} + v_o(t) = v_i(t) \quad \text{(식 4-26)}$$

회로의 해석이란 사실상 입력과 출력의 관계를 알아내는 일이 주된 목적이며, 회로의 입력과 출력의 비율을 보면 회로의 특성을 한눈에 파악할 수 있을 것이다. (식 4-27)은 이런 목적에 따라 정의되는 **전달함수**(transfer function) $H(p)$이며, 연산자 임피던스의 형태로 표기된다. (식 4-25)를 전달함수로 나타내면 (식 4-28)과 같다. 전달함수는 회로해석의 대표적인 지표로 쓰이는 한편, 소망하는 출력을 내놓는 회로를 설계하는 출발점이 되기도 한다.

$$H(p) = \frac{output\ y(t)}{input\ x(t)} \quad \text{(식 4-27)}$$

$$H(p) = \frac{v_o(t)}{v_i(t)} = \frac{1}{p^2LC + pR + 1} \quad \text{(식 4-28)}$$

예제 4-3

아래 회로의 전달함수를 구하시오.

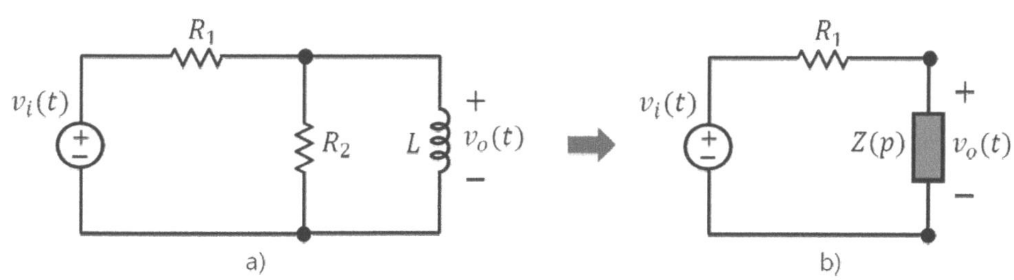

해설

R_2와 L은 병렬연결이므로 같은 전압이 걸린다. 따라서 b)와 같이 하나의 임피던스 $Z(p)$로 묶어서 취급해도 무방하며, 전압분배로 전달함수를 얻을 수 있다.

$$Z(p) = R_2 \parallel pL = \frac{pR_2L}{R_2 + pL} \qquad v_o(t) = \frac{Z(p)}{R_1 + Z(p)} v_i(t)$$

$$\rightarrow \quad H(p) = \frac{v_o(t)}{v_i(t)} = \frac{Z(p)}{R_1 + Z(p)} = \frac{\frac{pR_2L}{R_2 + pL}}{R_1 + \frac{pR_2L}{R_2 + pL}} = \frac{pR_2L}{R_1R_2 + pR_1L + pR_2L} \qquad \text{(예제 4-3 식)}$$

04

연습문제

1. 도선의 resistance는 단면적에 (　　)한다.

2. capacitor, 또는 condenser는 charge를 모으는 그릇이라는 뜻이 있다. (O X)

3. 평행판캐패시터의 capacitance는 극판 사이의 거리에 (　　)한다.

4. 캐패시터를 병렬로 결합하면 정전용량이 산술합으로 늘어난다. (O X)

5. 캐패시터 회로를 과도적으로 흐르는 전류는 전압의 (　　)으로 구해진다.

6. 코일의 유도용량은 권선수에 비례한다. (O X)

7. 일반적인 도선도 미세하나마 인덕턴스가 존재한다. (O X)

8. 인덕터는 갑작스런 전류변동에 저항하여 과도적으로 전압을 생성한다. (O X)

9. 병렬로 결합된 인덕터는 유도용량이 산술합으로 증가한다. (O X)

10. 직선도선을 흐르는 전류가 만드는 자계에서는 N,S극을 구분할 수 없다. (O X)

11. RL회로의 회로방정식은 (　　)으로 표현된다.

12. 1차회로를 흐르는 과도상태 전류는 (　　)함수로 표현된다.

13. 1차회로의 과도상태가 종료되면 (　　)로 들어간다.

14. 미분연산자를 이용하면 R,L,C를 모두 저항처럼 취급하여 회로방정식을 만들 수 있다. (O X)

15. 2차회로는 3가지 종류의 과도상태 응답특성을 보인다. (O X)

16. 캐패시터를 병렬로 연결하면 등가적으로 극판의 면적이 그만큼 넓어지는 효과가 난다. (O X)

17. 한 쌍의 송전선 사이에서도 캐패시턴스가 존재한다. (O X)

18. Inductor는 직류에 대하여 (   )이다.

| 해답 |

1. 반비례 2. O 3. 반비례 4. O 5. 미분 6. O 7. O 8. O 9. X 10. O 11. 1차미분방정식 12. 지수 13. 정상상태 14. O 15. O 16. O 17. O 18. 개방

05장 정현파 교류회로

알기쉬운 전기및전자회로개론

■ 개요

전기회로의 운용은 크게 2가지로 분류될 수 있다. 그 하나는 대전력 에너지의 생성과 전송, 그리고 발전기와 전동기로 대표되는 전기기계의 운용이며, 또 하나는 전기신호의 처리와 통신으로 대표되는 소전력 운용이다. 우리 사회의 주 에너지 공급원인 상용전기시스템은 60Hz 교류(交流, Alternating Current, AC) 전기를 사용하며, 전기신호 역시 시간에 따라 끊임없이 변동하는 교류전기 파동(波動, wave)의 집합체이다. 교류란 무엇인가? 도선을 따라 흐르는 교류 전류는 그 극성이 주기적으로 바뀌며 진동한다. 즉 도선 내부의 자유전자는 좌우로 진동함으로써 전기에너지를 전달한다. 이는 마치 물의 파동(파도)이 에너지는 전달하지만 물 그 자체는 그 자리에서 상하로 진동만 할 뿐이라는 점과도 일맥상통한다. 따라서 전기회로의 해석과 응용을 위해서는 이러한 교류에 대한 물리적 이해와 편리한 수학적 처리기법의 정립이 필수적이다. 교류 해석의 첫 단계로서 자연의 곳곳에 존재하는 가장 간단하면서도 아름다운, 그리고 가장 중요한 파동인 **정현파**(正弦波. sinusoidal wave)를 살펴본다. 그리고 교류의 주인공 캐패시터와 인덕터! 직류에서 단순히 전하의 축적이나 전자석 정도로나 쓰이던 이들은 이제 정현파 교류의 무대에서 대활약을 펼치며 전기회로의 파노라마를 써 내려가게 된다.

5-1 정현파 교류

■ 원운동과 정현파

잔잔한 호수의 수면을 동심원(同心圓)을 그리며 퍼져나가는 파문(波紋)을 상상해보자. 이처럼 자연계에서 관찰되는 가장 보편적이고 기본적인 파동은 통상 정현파라고 하는 형상으로 표현된다. 그런데 완벽한 정현파의 파형은 [그림 5-1]과 같이 원운동의 관찰로부터 얻어진다. 그림은 원운동을 하는 한 점 a에 있어서 세로축의 크기를 시간의 함수로 펼쳐 그린 것이다. 정현파 함수의 변화를 보면, 영점을 떠나는 순간에는 최대의 변화율을 보이며 힘차게 솟아오르지만, 이후 변화율이 차차 둔화되면서 정점에 이른다. 정점에서 변화율 영의 순간을 지나면 이번에는 내려가기 시작하여 변화율이 차차 커지다가 수평축을 만나는 순간 다시 최대의 변화율을 보인다. 그런데 이것은 원운동을 오로지 세로축의 크기로만 관찰한 겉보기운동의 결과일 뿐, 실제 원운동의 속도는 당연히 일정하다.

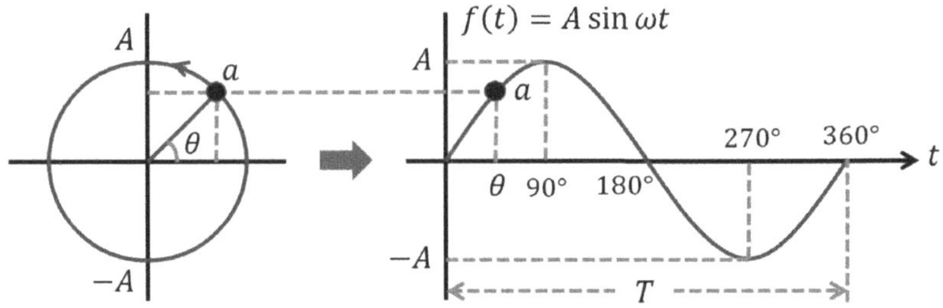

[그림 5-1] 원운동과 정현파함수

어쨌지 편안하고 곡선미 넘치는 정현파가 원운동의 또 다른 표현이라는 점은 역시 인간의 정서와 자연이 상통하는 것임을 새삼 깨닫게 해준다. 원운동과 정현파함수의 정확한 표현을 위해 아래와 같이 몇 가지 수학적 용어가 정의되어 있다.

1) 진폭(振幅, amplitude) : 원운동의 회전반경. 정현파 최대점/ 최저점의 크기
2) 위상(位相, phase) : 원주를 따라 도는 특정 점이 가로축과 이루는 각도
3) 주파수(周波數, frequency) : 1초 동안의 원운동 횟수. 단위 헤르츠(hertz, Hz)
4) 주기(週期, period) : 원주를 한 바퀴(cycle) 도는 시간. 주파수의 역수

이를 바탕으로 하는 정현파의 일반적인 함수표현은 (식 5-1)과 같이 사인함수(sine)라는 이름이 정의되고, 진폭 A, 주파수 f_0가 들어가는 시간함수로 깔끔하게 표현된다. 그리고 관측

시작 시점의 위상을 초기위상(initial phase) θ_0로 표현한다. 원운동에서 한 바퀴(cycle)는 각도로 360도(度, degree)이므로 주파수 f_0에 360을 곱해주면 각도의 차원으로 주파수를 표기할 수 있는데, 이를 **각주파수**(角周波數, angular frequency)라고 한다. 일반적으로 수식에서 각도 표기는 원주율(圓周率) π를 이용하는 라디안(radian)을 훨씬 선호하므로 각주파수는 $2\pi f_0$로 계산되며, $\omega[rad/\text{sec}]$로 표기한다.

$$1\ cycle\ per\ 1\ second = 2\pi[radian] \rightarrow sin\ 2\pi t \quad T = 1[sec]$$

$$2\ cycle\ per\ 1\ second = 2 \times 2\pi[radian] \rightarrow sin\ 2 \times 2\pi t \quad T = \frac{1}{2}[sec]$$

$$\vdots \qquad\qquad \vdots \qquad\qquad \vdots$$

$$f_0\ cycle\ per\ 1\ second = f_0 \times 2\pi[radian] \rightarrow sin\ f_0 \times 2\pi t \quad T = \frac{1}{f_0}[sec]$$

$$\Longrightarrow A\,sin(2\pi f_0 t + \theta_0) = A\,sin(\omega_0 t + \theta_0) \qquad \text{(식 5-1)}$$

$$\begin{cases} A : Amplitude \\ f_0 : frequency \\ \omega_0 : angular\ frequency \quad \omega_0 = 2\pi f_0 \quad T = \dfrac{1}{f_0} = \dfrac{2\pi}{\omega_0} \\ \theta_0 : \ initial\ phase \end{cases}$$

■ 삼각함수 지수함수 복소평면

원운동에서 정현파를 찾아내는 방법에는 또 하나가 더 있다. [그림 5-2] b)와 같이 세로축에서부터 관측을 시작한다면 최대값에서 출발하는 곡선을 그릴 수 있는데, 이를 **코사인함수**(cosine)라고 한다. 두 함수는 a)를 정현파(正弦波, sine wave)로, b)를 여현파(餘弦波, cosine wave)로 부르기도 한다. 코사인함수는 사인함수와 완전히 동일한 모양이지만, 그 위상이 사인함수보다 90도만큼 앞서므로(lead) (식 5-2)와 같이 위상 90도를 더한 사인함수로 표현할 수 있다.

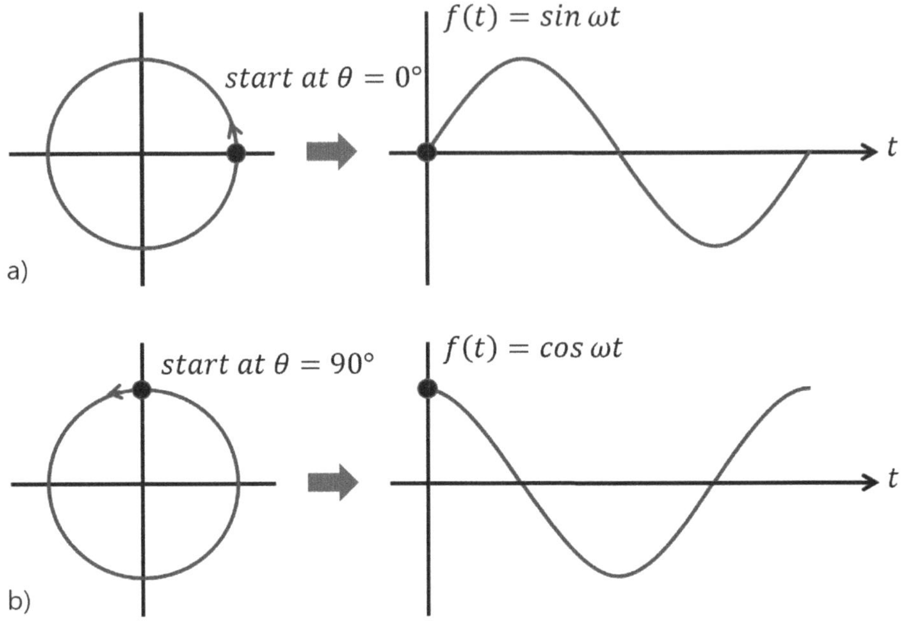

[그림 5–2] 사인함수와 코사인함수

$$A\cos\omega t = \sin\left(\omega t + \frac{\pi}{2}\right) \qquad \text{(식 5-2)}$$

사인함수와 코사인함수를 통털어 **삼각함수**(三角函數, trigonometric function)라 부른다. 삼각함수라는 명칭은 [그림 5-3]과 같이 원운동의 반지름을 단위길이 1로 정규화(正規化, normalization) 하고 반지름을 빗면으로 하는 직각삼각형을 그렸을 때, 세로변이 그 위상에 해당하는 사인함수 값을, 가로변이 코사인함수 값을 나타낸다는 점에서 유래한다. 그림의 제1 사분면에서 위상각의 증가에 따라 0에서 1까지 증가하는 사인함수와, 1에서 0으로 감소하는 코사인함수를 한눈에 파악할 수 있다.

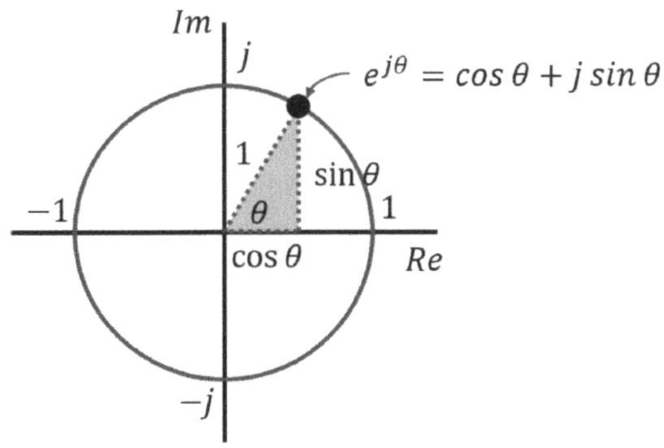

[그림 5-3] 삼각함수와 복소평면

[그림 5-3]에서 직각삼각형을 보면 생각나는 공식인 피타고라스정리를 적용해보면 (식 5-3)을 얻을 수 있다. 또 이를 복소수영역까지 인수분해 하면 (식 5-4)와 같다. 한편 삼각함수와 연계되는 흥미로운 공식 중의 하나로서 (식 5-5)와 같이 지수함수(指數函數, exponential function)와 삼각함수와의 관계를 정의해주는 **오일러공식**(Euler's formula)이 있다. 이를 (식 5-4)에 대입하면 (식 5-6)과 같이 등식관계가 멋지게 증명된다.

$$cos^2\theta + sin^2\theta = 1^2 = 1 \qquad \text{(식 5-3)}$$

$$(cos\,\theta + j\,sin\,\theta)\cdot(cos\,\theta - j\,sin\,\theta) = 1 \qquad \text{(식 5-4)}$$

$$\begin{aligned} exp(j\theta) &= e^{j\theta} = cos\,\theta + j\,sin\,\theta \\ exp(-j\theta) &= e^{-j\theta} = cos\,\theta - j\,sin\,\theta \end{aligned} \qquad \text{(식 5-5)}$$

$$(cos\,\theta + j\,sin\,\theta)\cdot(cos\,\theta - j\,sin\,\theta) = e^{j\theta}\cdot e^{-j\theta} = e^0 = 1 \qquad \text{(식 5-6)}$$

그런데 이러한 관계는 수식의 차원을 떠나서 우리에게 기발한 기하학적 영감을 주고 있다. 즉 원운동을 다루는 2차원 평면의 좌표계 표시에 있어서, 가로축은 실수(實數, real number)로, 세로축은 허수(虛數, imaginary number)로 표시하는 복소수를 사용하자는 것인데, 이를 **복소평면**(複素平面, complex plane)이라고 부른다. 복소평면의 역할은 복소수의 시각화이며, 그 덕분에 우리는 2차원 평면 위의 한 점을 복소수 좌표로 나타내고 이를 정현파와 매치시킬 수 있다. 이로써 정현파의 진폭과 위상을 평면의 좌표로 표기하고, 삼각함수와 지수함수를 오가며 마음대로 주무를 수 있는 길이 열린 것이다. 다만 허수의 물리적인 실체에 대하여 너무 고민하지는 말자. 복소수도 실수처럼 사칙연산이 성립하는 하나의 수체계이며, 정현파의 해석기법으로서 편리하게 쓰이면 그만이다.

예제 5-1

[그림 5-3]의 복소평면 단위원에 대하여 위상 0° 90° 180° 270° 점의 좌표값은 얼마인가?

해설

복소평면에서 삼각함수와 지수함수의 관계가 멋지게 증명된다.

$$phase\ 0° : e^{0} = cos(0) + j\,sin(0) = 1$$

$$phase\ 90° : e^{j\frac{\pi}{2}} = cos\left(\frac{\pi}{2}\right) + j\,sin\left(\frac{\pi}{2}\right) = j$$

$$phase\ 180° : e^{j\pi} = cos(\pi) + j\,sin(\pi) = -1$$

(예제 5-1 식)

$$phase\ 270° : e^{j\frac{3\pi}{2}} = cos\left(\frac{3\pi}{2}\right) + j\,sin\left(\frac{3\pi}{2}\right) = -j$$

■ 페이저

일정한 주기로 반복되는 정현파 교류는 복소평면에서 일정 속도로 도는 원운동과 동격(同格)이며, 정현파의 순간 위상과 진폭은 복소평면의 좌표로 표시된다. 그런데 이 좌표를 원점으로부터의 벡터로 표시하면 그 기하학적 의미가 더욱 분명해지므로 정현파의 해석에 즐겨 쓰인다. [그림 5-4]는 $t=0$에서 θ_0의 위상을 가지는 사인함수의 벡터 표시이다. 또한 정현파의 주파수는 어떤 회로를 거치든 (또는 어떤 연산을 거치든) 불변이라는 특성이 있으므로 연산 과정에서 주파수를 배제하더라도 전혀 문제없다. 따라서 우리는 시간축에서 주기적으로 변동하는 정현파 대신, 특정 시점의 복소평면에서 크기(진폭)와 방향(위상)만 다루는 벡터를 사용하더라도 동일한 연산 결과를 얻을 수 있다.

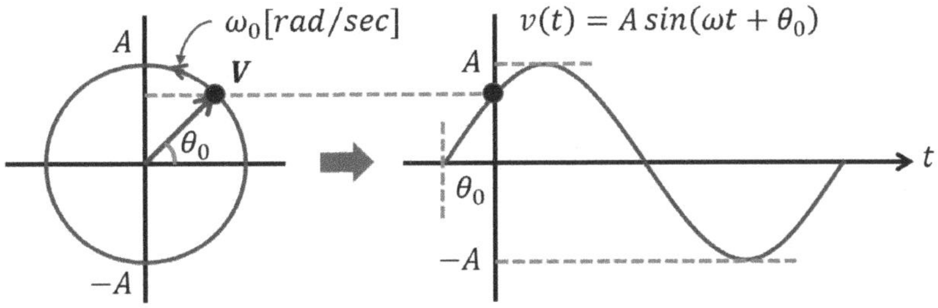

[그림 5-4] 벡터와 사인함수와의 등가 관계

실시간으로 변동하는 정현파 함수를 복소평면의 벡터로 대체하는 이 기하학적 해석기법은 올리버 헤비사이드(Oliver Heaviside)에 의해 제안되었으며, **페이저**(phasor)라고 부른다. 페이저는 진폭과 위상만을 고려하여 (식 5-7)과 같이 표기되며, 사인함수를 기준 위상으로 정의한다. 이로써 우리는 정현파를 처리함에 있어서 삼각함수, 지수함수, 벡터라는 막강한 3가지 무기를 갖추게 된다.

$$v(t) = A\,sin(\omega_0 t + \theta_0)$$
$$\Rightarrow \boldsymbol{V} = A\angle\theta_0 \quad A = |\boldsymbol{V}| \qquad \text{(식 5-7)}$$
$$\Rightarrow A\angle\theta_0 = A\cos\theta_0 + jA\sin\theta_0 = Ae^{j\theta_0}$$

예제 5-2

아래의 정현파를 페이저로 표시하시오.

$$a)\ v(t) = V_s\,sin(2\pi f_0 t + \pi)$$
$$b)\ 10\,sin\,500t$$
$$c)\ 20\sin(2000t + 90°) \qquad \text{(예제 5-2 식1)}$$
$$d)\ 10cos200\pi t$$

해설

주파수는 쏙 빼고 진폭과 위상만 표기하면 된다. 페이저는 사인함수를 기준으로 정의되므로 d)의 경우에는 코사인함수를 (식 5-2)에 따라 선행위상 90도를 더해서 사인함수로 바꾼

후 페이저 표기한다.

$a)\ V_S\angle\pi$

$b)\ 10\angle 0$

$c)\ 20\angle 90°$ (예제 5-2 식2)

$d)\ 10cos200\pi t = 10\sin(200\pi t + 90°) = 10\angle 90°$

일반적인 복소수를 [그림 5-5]와 같이 복소평면의 벡터로 표시하면 (식 5-8)과 같이 페이저로 변환할 수 있는데, 복소수의 사칙연산에 매우 편리하게 사용된다. 즉 페이저를 이용하면 (식 5-9) (식 5-10)과 같이 곱셈/나눗셈의 연산이 지수승으로 이루어지므로 덧셈/뺄셈으로 계산할 수 있어 매우 편리하다. 아래에서 재미있는 페이저 연산의 예를 들어보자.

$$\begin{aligned} &a + jb \quad \Rightarrow \quad \boldsymbol{V} = A\angle\theta \\ &A = \sqrt{a^2 + b^2} \\ &tan\theta = \frac{b}{a} \quad \rightarrow \quad \theta = \tan^{-1}\frac{b}{a} \end{aligned} \qquad \text{(식 5-8)}$$

$$\begin{aligned} \boldsymbol{V}_1 \times \boldsymbol{V}_2 &= A_1\angle\theta_1 \times A_2\angle\theta_2 \\ &= A_1e^{j\theta_1} \times A_2e^{j\theta_2} \\ &= A_1A_2e^{j(\theta_1+\theta_2)} \\ &= A_1A_2\angle\theta_1 + \theta_2 \end{aligned} \qquad \text{(식 5-9)}$$

$$\frac{\boldsymbol{V}_1}{\boldsymbol{V}_2} = \frac{A_1\angle\theta_1}{A_2\angle\theta_2} = \frac{A_1e^{j\theta_1}}{A_2e^{j\theta_2}} = \left(\frac{A_1}{A_2}\right)e^{j(\theta_1-\theta_2)} = \left(\frac{A_1}{A_2}\right)\angle\theta_1 - \theta_2 \qquad \text{(식 5-10)}$$

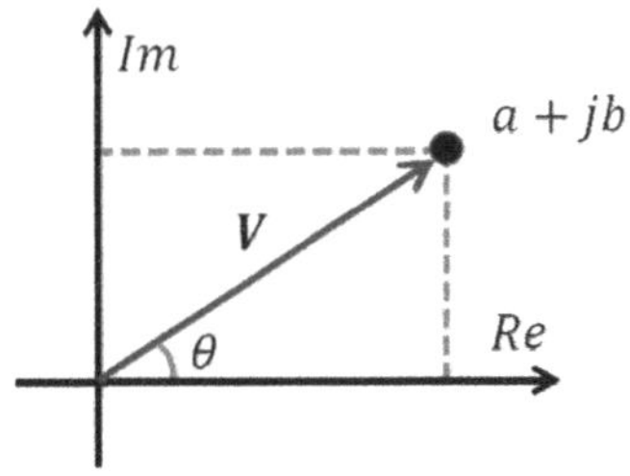

[그림 5-5] 일반적인 복소수의 페이저 표현

예제 5-3

아래의 두 복소수에 대하여 곱셈과 나눗셈을 수행하시오.

$$V_1 = 1 + j \qquad V_2 = 1 - j \tag{예제 5-3 식 1}$$

해설

덧셈/뺄셈은 복소수로, 곱셈/나눗셈은 페이저로 수행한다.

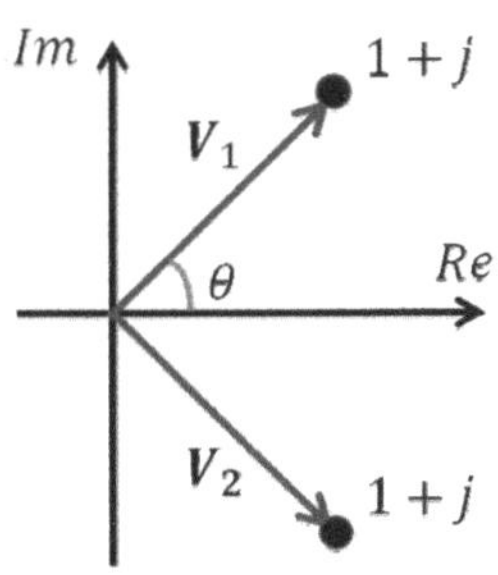

$$V_1 = \sqrt{2}\angle 45° \qquad V_2 = \sqrt{2}\angle - 45°$$

$$V_1 \times V_2 = \sqrt{2}\sqrt{2}\angle(45° - 45°) = 2\angle 0° = 2$$

(예제 5-3 식 2)

$$\frac{V_1}{V_2} = \left(\frac{\sqrt{2}}{\sqrt{2}}\right)\angle(45° - (-45°)) = 1\angle 90°$$

예제 5-4

아래의 두 삼각함수에 대하여 덧셈을 수행하시오.

$$v_1(t) = A\,sin\,\omega_0 t \qquad v_2(t) = B\,cos\,\omega_0 t \qquad \text{(예제 5-4 식 1)}$$

해설

둘 다 주파수는 동일하므로 페이저로 바꾸고 벡터의 덧셈으로 처리한다.

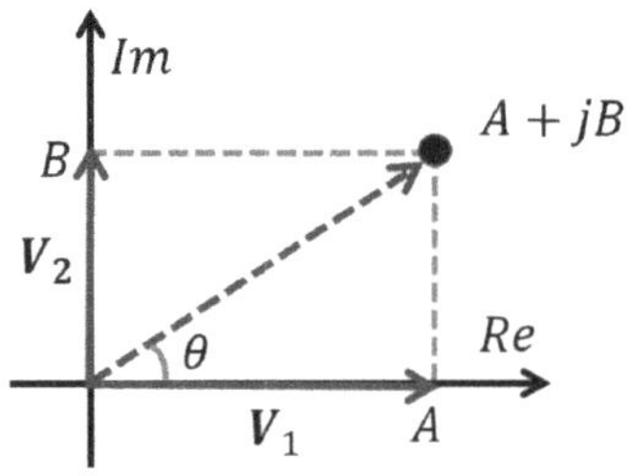

$$\boldsymbol{V}_1 = A\angle 0° = A \qquad \boldsymbol{V}_2 = B\angle 90° = jB$$

$$\boldsymbol{V}_1 + \boldsymbol{V}_2 = A + jB = \sqrt{A^2 + B^2}\angle \tan^{-1}\frac{B}{A} \qquad \text{(예제 5-4 식 2)}$$

$$\Rightarrow v_1(t) + v_2(t) = \sqrt{A^2 + B^2}sin\left(\omega_0 t + \tan^{-1}\frac{B}{A}\right)$$

■ 정현파의 미분

정현파의 특성 중에 또 하나 주목해야 할 것은 그 미분 특성이다. 미분이란 특정 점에서 어떤 함수의 변화율을 보는 것으로서 그 점에서 접선의 기울기로 정의된다. [그림 5-6]은 사인함수 파형의 주요 지점 4군데에 대하여 접선의 기울기를 그려본 것이다. 기울기의 최대/최소값, 그리고 영의 값을 근거로 중간의 값들을 유추해보면 아래와 같이 코사인함수가 그려진다. 그리고 변화율의 크기, 즉 미분값의 크기는 주파수 변동이 심할수록 더 커질 것이다. 따라서 사인함수의 미분은 (식 5-11)과 같이 파형의 변화 없이 위상만 90도 선행(先行)하는 코사인함수이며 주파수 ω가 비례상수로 들어간다. 이로부터 우리는 "정현파의 미분은 정현파 그 자체"라는 재미있는 특성을 파악할 수 있는데, 이 사실은 페이저와 함께 RLC 교류회로 해석에 결정적인 공헌을 한다.

$$\frac{d}{dt}(sin\,\omega t) = \omega\, sin(\omega t + 90°) = cos\,\omega t \qquad (식\ 5\text{-}11)$$

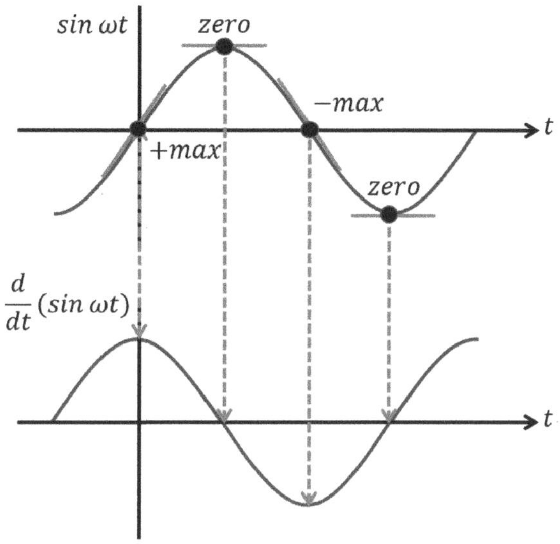

[그림 5-6] 사인함수의 미분

5-2 임피던스

■ 정현파 교류와 캐패시터

4-1절에서 살펴본 대로 캐패시터는 직류에 대하여 개방회로이며, 스위치의 ON/OFF로 직류전압의 변동이 있을 때만 과도적으로 전류가 흘러서 충전/방전 작용을 하며, 이 전류는 (식 4-7)과 같이 시변전압의 미분으로 표시된다. (캐패시터 해석의 주인공은 전압임을 항상 명심하자.) 그런데 끊임없이 변동하는 정현파 교류가 캐패시터에 접속되면 어떤 일이 벌어질까? [그림 5-7]과 같이 캐패시터에 정현파 교류전압이 걸리는 상황을 알아보자.

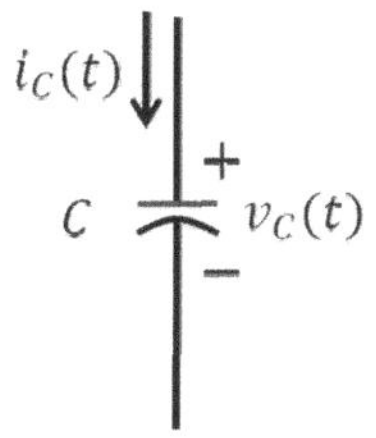

$$i_C(t) = C\frac{dv_C(t)}{dt}$$

[그림 5-7] 정현파 교류와 캐패시터

캐패시터에 걸리는 전압의 극성이 지속적으로 변동한다면 캐패시터 전류 역시 과도현상으로 끝나지 않고 지속적으로 흐를 것이다. 그리고 이렇게 되면 마치 전류가 캐패시터의 절연체를 관통하여 마음대로 통과하는 것처럼 보일 것이다. (이 현상은 전자기학에서 변위전류라는 이름으로 실제로 확인된다.) 즉 교류에 대하여 캐패시터는 더 이상 개방회로가 아니다! 정현파 교류에 대한 캐패시터 전류는 (식 5-12)로 유도되는데, 이 식은 "정현파 교류에서 캐패시터 전류의 위상은 전압보다 90도 앞선다."라는 엇박자 관계를 말해주고 있다. 이제 이 식을 (식 5-13)과 같이 페이저로 바꾸어보자.

$$v_C(t) = V_m \sin \omega t$$

$$i_C(t) = C\frac{d}{dt}(V_m \sin \omega t) = \omega C V_m \cos \omega t = \omega C V_m \sin(\omega t + 90°) \quad \text{(식 5-12)}$$

$$\boldsymbol{V}_C = V_m \angle 0° \qquad \boldsymbol{I}_C = \omega C V_m \angle 90°$$

$$\boldsymbol{I}_C = \omega C V_m \angle(90° + 0°) = \omega C \angle 90° \times V_m \angle 0° = j\omega C \boldsymbol{V}_C \quad \text{(식 5-13)}$$

$$\left(1\angle 90° = e^{j90°} = \cos(90°) + j\sin(90°) = j\right)$$

여기서 전압에 90도 앞서는 전류 페이저 I_C에 주목해보자. (식 5-9)에 따라 기준위상 0도의 전압 페이저 V_C를 분리하고 (예제 5-1)에서 살펴본대로 위상 90도의 페이저를 j로 나타내면 최종적으로 (식 5-14)와 같이 정리할 수 있다. 해놓고 보니 놀랍지 않은가? 수식에서 미분기호 $\frac{d}{dt}$는 $j\omega$로 대치되고 전압과 전류의 비율이 주파수를 변수로 하는 일종의 저항으로 표시된다. 이 값은 $X_C = 1/\omega C$로 표시되고, **용량성리액턴스**(capacitive reactance)라는 이름이 붙는데, 이는 "캐패시터가 시변전압의 주파수에 반응(reaction)하여 시변전류를 유도하는 비율"이라는 의미를 가진다.

$$\frac{\boldsymbol{V}_C}{\boldsymbol{I}_C} = \frac{1}{j\omega C} = \frac{-j}{\omega C} \qquad X_C = \frac{1}{\omega C} = \frac{1}{2\pi f C} \quad \text{(식 5-14)}$$

용량성리액턴스는 주파수가 높을수록 작아진다. 즉 캐패시터 전류는 고주파로 갈수록 술술 통과하고, 저주파로 갈수록 강하게 저지되다가 주파수 제로의 직류에서 완전히 차단(개방)된다. 이처럼 주파수라는 변수가 포함되긴 하지만, 정현파 교류전원에 접속된 캐패시터에는 전압과 전류가 모두 정의된다. 그렇다면 캐패시터가 전력도 소모할까? 재미있는 캐패시터와 전력의 관계는 5-3절에서 자세히 살펴보기로 한다.

■ 정현파 교류와 인덕터

4-2절에서 살펴본 대로 인덕터는 직류에 대하여 단락회로이며, 스위치의 ON/OFF로 직류 전류의 변동이 있을 때만 과도적으로 전압이 유도되는 소자이다. 그리고 이 전압은 (식 4-9)와 같이 시변전류의 미분으로 표시된다. (인덕터 해석의 주인공은 전류임을 항상 명심하자.) 그런데 끊임없이 변동하는 교류전원이 인덕터에 접속되면 어떤 일이 벌어질까? [그림 5-8]와 같이 인덕터에 정현파 교류전류가 흐르는 상황을 알아보자.

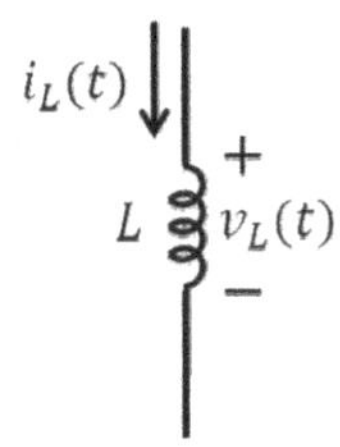

$$v_L(t) = L\frac{di_L(t)}{dt}$$

[그림 5-8] 정현파 교류와 인덕터

인덕터에 걸리는 전류의 극성이 지속적으로 변동한다면 인덕터 전압 역시 과도현상으로 끝나지 않고 지속적으로 유도될 것이다. 그리고 이렇게 되면 인덕터가 마치 일종의 저항체처럼 보이는 것이다. 즉 교류에 대하여 인덕터는 더 이상 단락회로가 아니다! 정현파 교류에 대한 인덕터 전압은 (식 5-15)로 유도되는데, 이 식은 “정현파 교류에서 인덕터 전압의 위상은 전류보다 90도 앞선다.”라는 엇박자 관계를 말해주고 있다. 이제 이 식을 (식 5-16)과 같이 페이저로 바꾸어보자.

$$i_L(t) = I_m \sin \omega t$$

$$v_L(t) = L\frac{d}{dt}(I_m \sin \omega t) = \omega C I_m cos\omega t = \omega C I_m \sin(\omega t + 90°) \qquad \text{(식 5-15)}$$

$$\boldsymbol{I}_L = I_m \angle 0° \qquad \boldsymbol{V}_L = \omega L I_m \angle 90°$$

$$\boldsymbol{V}_L = \omega L I_m \angle(90° + 0°) = \omega L \angle 90° \times I_m \angle 0° = j\omega L \boldsymbol{I}_L \qquad \text{(식 5-16)}$$

$$\left(1\angle 90° = e^{j90°} = cos(90°) + j\,sin(90°) = j\right)$$

여기서 전류에 90도 앞서는 전압 페이저 V_L에 주목해보자. (식 5-9)에 따라 기준위상 0도의 전류 페이저 I_L를 분리하고 (예제 5-1)에서 살펴본대로 위상 90도의 페이저를 j로 나타내면 최종적으로 (식 5-17)와 같이 정리할 수 있다. 해놓고 보니 놀랍지 않은가? 수식에서 미분기호 $\frac{d}{dt}$는 $j\omega$로 대치되고 전압과 전류의 비율이 주파수를 변수로 하는 일종의 저항으로 표시된다. 이 값은 $X_L = \omega L$로 표시되고, **유도성리액턴스**(inductiive reactance)라는 이름이 붙는데, 이는 "인덕터가 시변전류의 주파수에 반응(reaction)하여 시변전압을 유도하는 비율"라는 의미를 가진다.

$$\frac{\boldsymbol{V}_L}{\boldsymbol{I}_L} = j\omega L \quad X_L = \omega L = 2\pi f L \qquad \text{(식 5-17)}$$

유도성리액턴스는 주파수가 높을수록 커진다. 즉 인덕터 전류는 고주파로 갈수록 강하게 저지되고, 저주파로 갈수록 술술 통과하다가 주파수 제로의 직류에서 완전히 무저항(단락)으로 된다. 이처럼 주파수라는 변수가 포함되긴 하지만, 정현파 교류전원에 접속된 인덕터에는 전압과 전류가 모두 정의된다. 그렇다면 인덕터가 전력도 소모할까? 재미있는 인덕터와 전력의 관계는 5-3절에서 자세히 살펴보기로 한다.

예제 5-5

아래의 회로에서 전구의 밝기는 각각 어떻게 나타나는가?

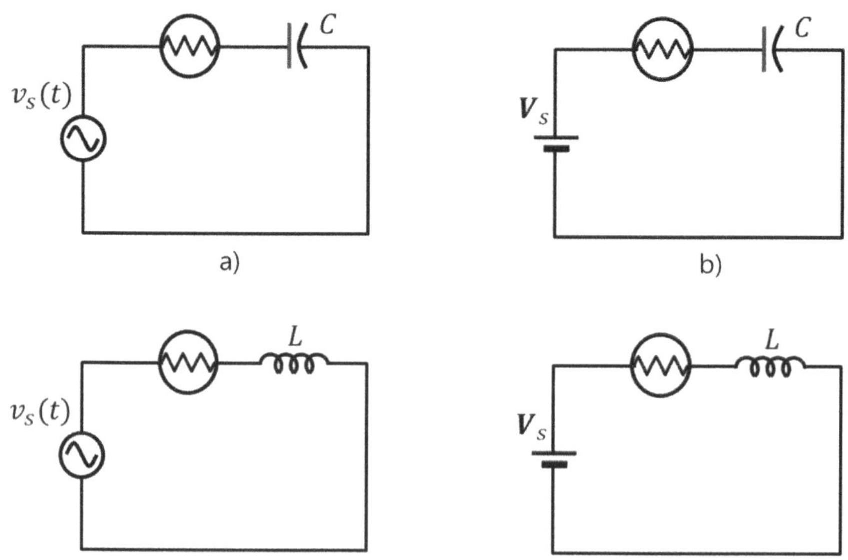

해설

a) 전구는 빛나며 교류 주파수가 높을수록 밝아진다.

b) 직류에서 캐패시터는 개방. 전구는 깜깜.

c) 리액턴스로 인해 전류 제한. 전구는 어둡게 빛난다.

d) 직류에서 인덕터는 단락. 전구는 밝게 빛남.

■ 복소임피던스

정현파 교류에 대한 RLC회로의 해석은 복소평면 페이저와 리액턴스 개념 덕분에 획기적으로 단순해진다. 즉 R은 직류/교류와 무관하게 정수 R로, L은 $j\omega L$로, C는 $1/j\omega C$로 표기하면 골치 아픈 미분 표시가 모두 사라지고 회로방정식은 평범한 대수방정식처럼 풀이가 가능해지기 때문이다. 이와 같이 페이저를 이용하여 RLC 소자들을 모두 저항의 개념으로 취급하는 것을 복소임피던스라고 부르며, 직렬 RLC회로의 경우 (식 5-18)과 같이 표기된다.

$$\boldsymbol{Z} = R + jX = R + j(X_L - X_C) = R + j\left(\omega L - \frac{1}{\omega C}\right) \quad \text{(식 5-18)}$$

미분연산자 표기에서도 임피던스가 정의되었지만, 그것은 어디까지나 미분이 포함되는 수식 표기의 편의를 위한 것일 뿐, 그 실체는 어디까지나 미분방정식이다. 이에 비해 복소임피던스는 미분방정식을 페이저 연산으로 아예 풀어버릴 수 있다. 복소임피던스 연산은 당연히 복소수로 이루어지며, 이때 따라다니는 허수 성분은 회로 전압과 전류의 위상차를 표현해주는 고마운 수단이다. 허수는 이렇게 편리하게 이용하면 될 뿐, 그 물리적 실체에 대하여 고민하지는 말자.

예제 5-6

아래의 RC 및 RL 회로에서 복소임피던스를 구하시오. 교류전원의 각주파수는 1000 [rad/sec] 이다.

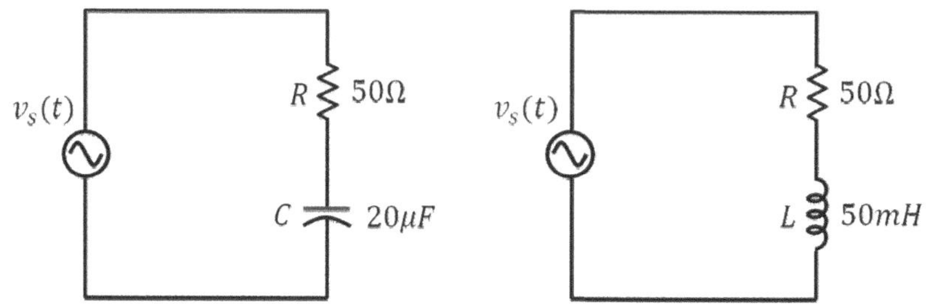

a) b)

해설

$$a)\ \boldsymbol{Z} = R - j\frac{1}{\omega C} = 50 - j\frac{1}{1000\times(20\times10^{-6})}$$

$$= 50 - j50 = \sqrt{50^2+(-50)^2}\angle\tan^{-1}\frac{(-50)}{50} = 50\sqrt{2}\angle-45° \quad \text{(예제 5-6 식)}$$

$$b)\ \boldsymbol{Z} = R + j\omega L = 50 + j1000\times(50\times10^{-3})$$

$$= 50 + j50 = \sqrt{50^2+50^2}\angle\tan^{-1}\frac{50}{50} = 50\sqrt{2}\angle45°$$

■ 복소전달함수와 주파수응답

우리는 4-3절에서 RLC회로의 입력과 출력의 관계를 한눈에 파악할 수 있는 미분연산자 전달함수(transfer function) $H(p)$에 대하여 정의하였다. 전달함수는 통상 [그림 5-9]와 같이 4단자 회로망의 개념으로 나타낸다. $H(p)$는 미분방정식을 편리하게 표시하고는 있지만, 그 정체는 여전히 미분방정식이다. 그런데 입력이 정현파 교류라면 이야기는 매우 심플해진다. 즉 $H(p)$에 포함되어 있는 미분연산자 p를 $j\omega$로 대치하기만 하면 페이저 복소수 연산으로 전달함수를 수치로 풀어낼 수 있기 때문이다. 이렇게 정현파 교류에서 정의되는 전달함수를 **복소전달함수**라고 하며 (식 5-19)와 같이 $H(j\omega)$로 표기한다. 예를 들어 직렬 RLC회로의 복소전달함수는 (식 5-19)와 같이 표기된다.

$$H(p) = \frac{output\ y(t)}{input\ x(t)} \quad \rightarrow \quad \boldsymbol{H}(j\omega) = \frac{\boldsymbol{Y}}{\boldsymbol{X}} \qquad \text{(식 5-19)}$$

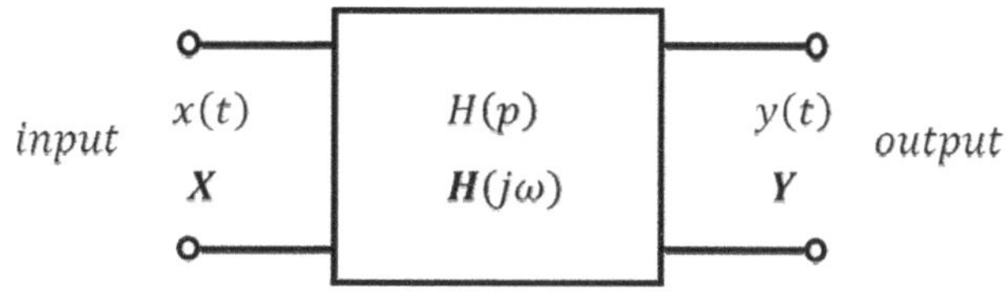

[그림 5-9] 전기회로 전달함수의 표기

복소전달함수가 우리에게 말해주는 것은 한마디로 무엇일까? 주파수에 따라 변동하는 리액턴스로 인해 회로는 주파수의 함수로 나타나는 고유의 반응을 보인다. 복소전달함수는 바로 이러한 특성을 우리에게 일목요연하게 보여주고 있는데, 이를 **주파수응답**(frequency response)라고 한다. 주파수응답의 형태는 진폭과 위상의 변동으로 나타나는데, 각각 진폭응답(amplitude response, $A(\omega)$) 및 위상응답(phase response, $\theta(\omega)$) 이며, (식 5-20)과 같이 페이저 수식으로 나타낸다. 시간함수로 입력이 주어지는 경우 출력함수는 (식 5-21)과 같이 편리한 페이저 연산을 통해 구해진다.

$$\begin{aligned} &\boldsymbol{H}(j\omega) = A(\omega)\angle\theta(\omega) \\ &\quad \rightarrow A(\omega) = |\boldsymbol{H}(j\omega)| \quad \theta(\omega) = \angle\boldsymbol{H}(j\omega) \end{aligned} \qquad \text{(식 5-20)}$$

$$\begin{aligned} &x(t) = X_m \sin(\omega t + \varphi) \rightarrow \boldsymbol{X} = X_m\angle\varphi \\ &\boldsymbol{Y} = \boldsymbol{H}(j\omega)\boldsymbol{X} = A(\omega)\angle\theta(\omega) \times X_m\angle\varphi = A(\omega)X_m\angle\varphi + \theta(\omega) \\ &y(t) = A(\omega)X_m \sin(\omega t + \varphi + \theta(\omega)) \end{aligned} \qquad \text{(식 5-21)}$$

예제 5-7

아래의 회로에서 출력을 정현파 함수로 구하시오.

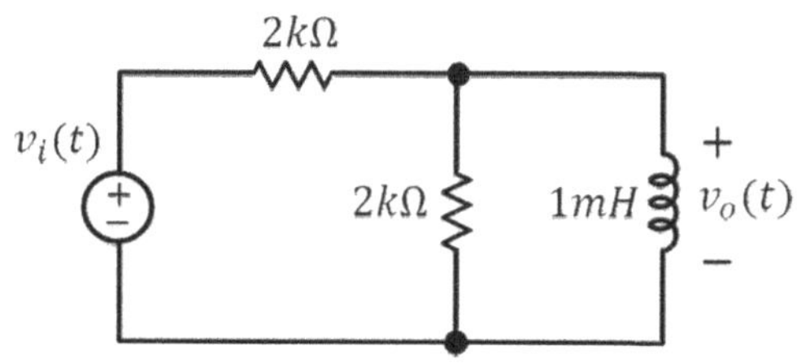

$$v_i(t) = \sqrt{2}\sin(\omega t + 30°) \quad \omega = 1 \times 10^6 [rad/sec]$$

해설

제시된 회로의 전달함수는 예제 4-3)에서 구한 바 있다. 수치를 넣어 복소전달함수를 계산해 내고 페이저로 출력을 구한 다음 정현파 함수로 바꾸면 된다.

$$H(p) = \frac{pR_2L}{R_1R_2 + pR_1L + pR_2L} = \frac{2p}{(4 \times 10^6) + 4p}$$

$$H(j\omega) = H\big(j(1 \times 10^6)\big) = \frac{j(2 \times 10^6)}{(4 \times 10^6) + j(4 \times 10^6)}$$

$$= \frac{j}{2 + 2j} = \frac{1\angle 90°}{2\sqrt{2}\angle 45°} = 2\sqrt{2}\angle 45° \qquad \text{(예제 5-7 식)}$$

$$\boldsymbol{V}_o = \boldsymbol{H}(j\omega)\boldsymbol{V}_i = 2\sqrt{2}\angle 45° \times \sqrt{2}\angle 30° = 4\angle 75°$$

$$v_o(t) = 4\sin(\omega t + 75°)$$

5-3 정현파 교류 전력

■ 교류와 전력

전기회로에서 이루어지는 일(work)의 총량은 전류와 전압에 비례하므로 전력은 전압과 전류의 곱으로 나타낸다. 직류전원이라면 단순한 곱셈으로 끝나는 그지없이 심플한 연산이지만,

교류전원이라면 사정이 좀 복잡해진다. 즉 순간순간 변하는 전압과 전류, 그리고 그 진폭과 위상에 대한 회로의 주파수응답이라는 변수가 있기 때문이다. 회로이론에서 어떤 회로가 내놓는 전력은 1Ω 부하저항에 걸리는 전압과 전류의 곱으로 정의한다. 따라서 옴법칙에 따라 전압과 전류의 크기는 동일하므로 전력은 전압의 제곱 또는 전류의 제곱만으로도 편리하게 구해진다. 정의에 따라 [그림 5-10]의 정현파 교류에 대하여 전력을 구해보자. 수식을 동원하지 않더라도 그림을 통해 두 정현파의 곱에 대한 감이 잡힐 것이다. [그림 5-10]과 같이 정현파는 1주기(T)마다 반복되므로 전력계산은 (식 5-22)와 같이 1주기분을 적분한 다음 다시 그 주기로 나누어 평균값을 구하는 방법을 사용한다.

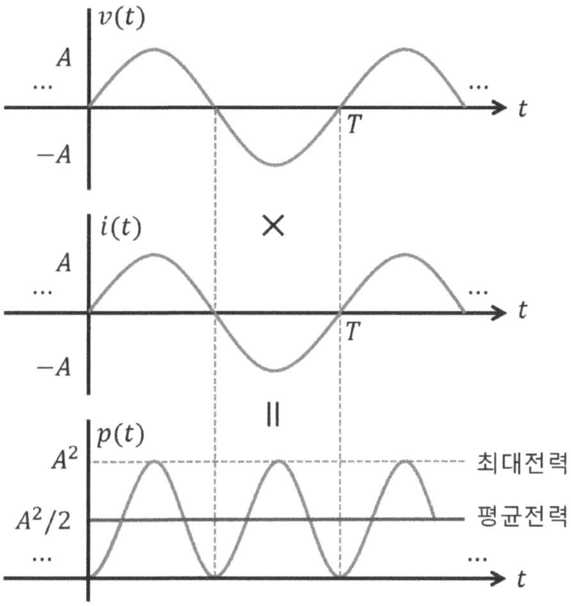

[그림 5-10] 정현파 교류의 전력

순간의 전압과 전류를 곱하면 (식 5-22a)와 같이 순간의 전력 즉 **순시전력**(瞬時, instantaneous power)이 함수 $p(t)$의 형태로 계산된다. 순시전력은 당연히 정현파의 형태로 변동하지만, 그 주파수가 전압/전류보다 2배 높다는 점이 재미있다. 한편 정현파는 1주기(T)마다 반복되므로 (식 5-22b)와 같이 순시전력 1주기분을 적분한 다음 다시 그 주기로 나누면, 시간과 무관한 상수로 계산되는 **평균전력**(平均, mean power) P를 구할 수 있다. 평균전력은 사실상 전압 또는 전류의 제곱을 평균내는 모양새이므로 제곱평균(mean square)이라는 용어를 쓰기도 한다. 한편 평균전력의 개념은 굳이 삼각함수의 적분이라는 수식을 통하지 않고도 대략적인 파악이 가능한데, 그림에서 정현파의 마루를 깎아 골을 메워 평평하게 만들면 진폭의 절반이라는 평균전력을 구할 수 있다.

$$v(t) = i(t) = A\,sin(\omega t + \theta)$$
$$p(t) = v(t) \cdot i(t) = v(t)^2 = i(t)^2$$
$$= A^2 sin^2(\omega t + \theta) = \frac{A^2}{2}[1 - sin(2\omega t + 2\theta)] \quad \text{(식 5-22a)}$$

$$P = \frac{1}{T}\int_0^T p(t)dt = \frac{1}{T}\int_0^T A^2 sin^2(\omega t + \theta)dt$$
$$= \frac{1}{T}\int_0^T \frac{A^2}{2}[1 - sin(2\omega t + 2\theta)]dt \quad \text{(식 5-22b)}$$
$$= \frac{A^2}{2T}\int_0^T dt - \frac{A^2}{2T}\int_0^T sin(2\omega t + 2\theta)\,dt = \frac{A^2}{2}$$

그런데 정현파 교류의 평균전력이 상수라면 직류로도 이와 동일한 일을 할 수 있을 것이다. (식 5-22b)의 평균전력과 꼭 같은 전력을 만드는 직류전압과 직류전류는 얼마일까? 전력의 정의(부하저항은 1Ω)에 의해 전압과 전류의 크기는 같으므로 (식 5-23)과 같이 평균전력의 제곱근으로 구하면 오케이. 이 값은 (식 5-22b)와 같이 제곱평균(mean square) 한 값에 대하여 (식 5-23)과 같이 제곱근(root)을 취했다는 뜻으로 root−mean−square(rms)라는 이름이 붙으며, **실효치**(實效値)로 번역한다.

$$P = \frac{A^2}{2} = \frac{A^2}{\sqrt{2}} \cdot \frac{A^2}{\sqrt{2}} = V_{rms} \cdot I_{rms} \quad \text{(식 5-23)}$$

실효치라는 이름은 전류의 흐름이 주기적으로 바뀌는 교류지만 실제로 이 정도의 일을 해낸다는 의미를 담고 있다. 그렇다면 우리가 전력회사에 지불하는 전기료의 기준도 당연히 실효치일 것이다. 전기기기에 표시되는 정격전압 220V AC의 뜻은 바로 rms 220V라는 뜻으로서, 실제로 전선에 걸리는 교류전압의 최대치는 여기에 $\sqrt{2}$를 곱한 약 311V 에 달함을 주의하자.

■ 유효전력과 무효전력

실제 RLC회로에서는 리액턴스 소자들로 인해 전압과 전류의 위상이 틀어지게 된다. 이렇게 어긋나는 전압과 전류는 어느 정도의 일을 해낼까? [그림 5-11]에 보인 위상차 θ의 교류 전압과 전류에 대하여 순시전력과 평균전력을 구해보면 (식 5-24a) 및 (식 5-24b)와 같다. 순간전력의 파형은 [그림 5-10]과 동일하지만, 평균전력은 cosθ에 비례하여 감소함을 주목하자.

$$v(t) = V_m sin\omega t \quad i(t) = I_m sin(\omega t - \theta)$$

$$p(t) = v(t) \cdot i(t) = V_m I_m sin\omega t \, sin(\omega t - \theta)$$

$$= \frac{V_m I_m}{2} cos\theta - \frac{V_m I_m}{2} sin(2\omega t - \theta)$$

(식 5-24a)

$$P = \frac{1}{T}\int_0^T p(t)dt$$

$$= \frac{V_m I_m}{2T}\int_0^T cos\theta dt - \frac{V_m I_m}{2T}\int_0^T sin(2\omega t - \theta)\, dt$$

(식 5-24b)

$$= \frac{V_m I_m}{2} cos\theta = \frac{V_m}{\sqrt{2}} \cdot \frac{I_m}{\sqrt{2}} cos\theta = V_{rms}\, I_{rms}\, cos\theta$$

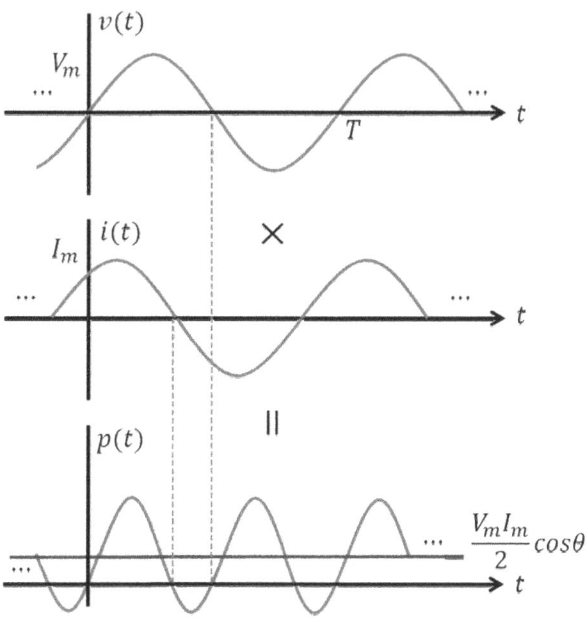

[그림 5-11] 위상차를 가지는 정현파 교류의 전력

위상차와 전력의 관계는 [그림 5-12] a)와 같이 복소평면의 벡터를 이용하면 편리하게 나타낼 수 있는데, 이런 그림을 **위상선도**라고 한다. 그림에서 실수 벡터는 회로의 저항에서 실제로 소모되는 전력으로서 **유효전력**(有效電力, true power, real power)이라고 하며, 허수 벡터는 회로의 리액턴스로서 전압과 전류의 위상차만 초래할 뿐 실제 전력 소모는 없으므로 **무효전력**(無效電力, reactive power)이라고 한다. 한편 두 벡터가 만드는 삼각형의 빗면은 복소평면 원의 반지름으로서 회로가 소모할 수 있는 최대의 전력을 나타내는데, 이를 겉보기전력이라는 뜻으로 **피상전력**(皮相電力, apparent power)이라고 한다. 이 3가지 지표는 (식 5-25)와 같이 정의되는데, 이를 구분하는 기준이 되는 $\cos\theta$를 **역률**(力率, power factor)라고 부르며 간단히 pf로 표기한다. 각 용어의 의미와 단위 표기의 숨은 뜻을 잘 생각해보자.

$$\frac{V_m I_m}{2} = V_{rms}\, I_{rms} : Apparent\ power\ (P_A) \quad [VA]$$

$$\frac{V_m I_m}{2} cos\theta = V_{rms}\, I_{rms}\, cos\theta : True\ power\ (P_T) \quad [W] \qquad \text{(식 5-25)}$$

$$\frac{V_m I_m}{2} sin\theta = V_{rms}\, I_{rms}\, sin\theta : Reactive\ power\ (P_R) \quad [VAr]$$

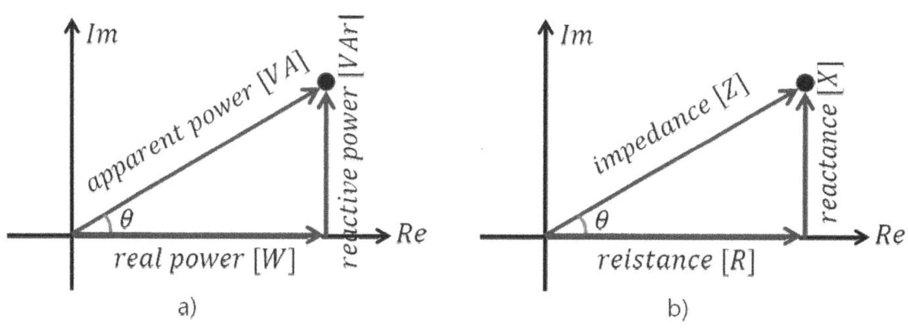

[그림 5-12] 정현파 교류 전력의 구분과 복소임피던스 위상선도

그런데 이렇게 놓고 보니 정현파 교류의 전력과 복소임피던스의 개념이 일맥상통한다. 즉 복소임피던스는 전압과 전류의 비율이므로 (식 5-24)를 페이저로 표시하면 (식 5-26)이 유도되며, [그림 5-12] b)와 같이 유효전력과 무효전력의 관계와 완벽하게 일치한다. 교류전력의 송전에서 송전설비의 정격은 당연히 전력의 최대값인 피상전력에 맞추어져야 한다. 그렇지만 아무 일도 못해내는 무효전력 성분이 커진다면 송전설비만 낭비하는 꼴이 된다. 이를 개선하기 위해서는 역률을 파악해야 하는데 이는 부하의 복소임피던스로부터 즉시 알아낼 수 있다.

$$\boldsymbol{Z} = \frac{\boldsymbol{V}}{\boldsymbol{I}} = \frac{V_m\angle 0°}{I_m\angle -\theta} = \left(\frac{V_m}{I_m}\right)\angle\theta \quad |\boldsymbol{Z}| = \frac{V_m}{I_m} = \frac{V_{rms}}{I_{rms}}$$

$$R = \left(\frac{V_m}{I_m}\right)cos\theta \quad X = \left(\frac{V_m}{I_m}\right)sin\theta$$

(식 5-26)

전기회로는 그 특성상 회로소자의 유무와 상관없이 R, L, C 성분이 모두 존재한다. 즉 전선 자체의 저항 R과 전선 자체의 L, 그리고 전선 사이의 정전용량 C가 모두 전선의 길이에 비례하여 증가하므로 리액턴스에 주의하여야 한다. 재미있는 점은 (식 5-18)에서 보이듯 복소 임피던스의 X_L은 플러스의 위상으로, X_C는 마이너스의 위상으로 나타난다는 것이다. 불가피하게 존재하는 리액턴스이지만 만약 [그림 5-13]과 같이 X_L과 X_C의 밸런스를 맞출 수 있다면, 허수성분이 상쇄되어 역률 제로의 순수 저항만의 회로처럼 만들 수 있다. 이처럼 인위적으로 리액턴스 소자를 회로에 부가하여 역률을 조정함으로써 송전 효율을 높이는 것을 **조상**(調相)이라고 한다.

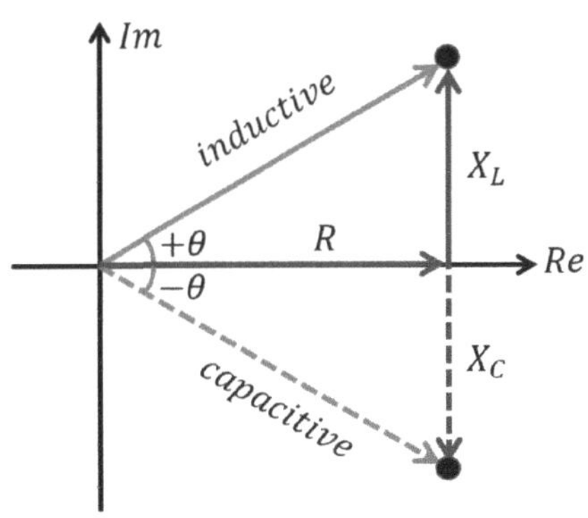

[그림 5-13] 리액턴스의 상쇄에 의한 역률의 조정

X_L이 상대적으로 큰 회로를 유도성(inductive) 회로, X_C가 상대적으로 큰 회로를 용량성(capacitive) 회로라고 부른다. 만약 회로가 캐패시터만으로 구성된 완전 용량성이거나 인덕터만으로 구성된 완전 유도성이라면, 위상 +90도 혹은 −90도의 리액턴스만 존재하므로 평균전력은 영으로 된다. 즉 전류는 회로를 그냥 들랑날랑 하기만 할 뿐 아무것도 하는 일이 없다!

예제 5-8

실효치 100V, 각주파수 1000[rad/sec]인 교류전원에 아래와 같은 직렬 부하가 연결될 때 각각의 전력을 구하시오.

1) R=50Ω 2) L=50mH 3) C=20μ F
4) R=50Ω & L=50mH 5) R=50Ω & C=0.02μ F

해설

1) $\boldsymbol{Z} = 50 = 50\angle 0°$

$$|\boldsymbol{Z}| = 50 \rightarrow I_{rms} = \frac{V_{rms}}{|\boldsymbol{Z}|} = \frac{100}{50} = 2$$

$$\theta = 0° \rightarrow cos\theta = 1 \quad sin\theta = 0$$

(예제 5-8 식 1)

$$P_A = V_{rms}\, I_{rms} = 100 \times 2 = 200[VA]$$

$$P_T = V_{rms}\, I_{rms}\, cos\theta = 100 \times 1 = 200[W]$$

$$P_R = V_{rms}\, I_{rms}\, sin\theta = 100 \times 0 = 0[VAr]$$

2) $\boldsymbol{Z} = j\omega L = j50 = 50\angle 90°$

$$|\boldsymbol{Z}| = 50 \rightarrow I_{rms} = \frac{V_{rms}}{|\boldsymbol{Z}|} = \frac{100}{50} = 2$$

$$\theta = 90° \rightarrow cos\theta = 0 \quad sin\theta = 1$$

(예제 5-8 식 2)

$$P_A = V_{rms}\, I_{rms} = 100 \times 2 = 200[VA]$$

$$P_T = V_{rms}\, I_{rms}\, cos\theta = 100 \times 0 = 0[W]$$

$$P_R = V_{rms}\, I_{rms}\, sin\theta = 100 \times 1 = 200[VAr]$$

3) $\boldsymbol{Z} = \frac{1}{j\omega C} = -j50 = 50\angle -90°$

$$|\boldsymbol{Z}| = 50 \rightarrow I_{rms} = \frac{V_{rms}}{|\boldsymbol{Z}|} = \frac{100}{50} = 2$$

$$\theta = -90° \rightarrow cos\theta = 0 \quad sin\theta = -1$$

(예제 5-8 식 3)

$$P_A = V_{rms}\, I_{rms} = 100 \times 2 = 200[VA]$$

$$P_T = V_{rms}\, I_{rms}\, cos\theta = 100 \times 0 = 0[W]$$

$$P_R = V_{rms}\, I_{rms}\, sin\theta = 100 \times (-1) = -200[VAr]$$

4) $\boldsymbol{Z} = R + j\omega L = 50 + j50 = 50\sqrt{2}\angle 45°$

$|\boldsymbol{Z}| = 50\sqrt{2} \rightarrow I_{rms} = \frac{V_{rms}}{|\boldsymbol{Z}|} = \frac{100}{50\sqrt{2}} = \sqrt{2}$

$\theta = 45° \rightarrow cos\theta = sin\theta = 1/\sqrt{2}$

$P_A = V_{rms}\, I_{rms} = 100 \times \sqrt{2} = 100\sqrt{2}[VA]$ (예제 5-8 식 4)

$P_T = V_{rms}\, I_{rms}\, cos\theta = 100\sqrt{2} \times 1/\sqrt{2} = 100[W]$

$P_R = V_{rms}\, I_{rms}\, sin\theta = 100\sqrt{2} \times 1/\sqrt{2} = 100[VAr]$

5) $\boldsymbol{Z} = R + \frac{1}{j\omega C} = 50 - j50 = 50\sqrt{2}\angle -45°$

$|\boldsymbol{Z}| = 50\sqrt{2} \rightarrow I_{rms} = \frac{V_{rms}}{|\boldsymbol{Z}|} = \frac{100}{50\sqrt{2}} = \sqrt{2}$

$\theta = -45° \rightarrow cos\theta = 1/\sqrt{2} \quad sin\theta = -1/\sqrt{2}$

$P_A = V_{rms}\, I_{rms} = 100 \times \sqrt{2} = 100\sqrt{2}[VA]$ (예제 5-8 식 5)

$P_T = V_{rms}\, I_{rms}\, cos\theta = 100\sqrt{2} \times 1/\sqrt{2} = 100[W]$

$P_R = V_{rms}\, I_{rms}\, sin\theta = 100\sqrt{2} \times (-1/\sqrt{2}) = -100[W]$

■ 변압기와 임피던스정합

변압기(變壓器, Transformer)라는 이름의 이 장치는 교류전기시스템에서만 작동하며, 매우 귀중하게 쓰이는 존재이다. 왜냐하면 이 장치를 통하면 교류전압과 전류의 크기와 방향을 마음대로 바꿀 수 있기 때문이다. 변압기는 [그림 5-14]와 같이 고투자율 코어를 공유하는 2개의 코일로 구성되는데, 입력 쪽 코일을 1차코일, 출력 쪽 코일을 2차코일이라고 한다. 1차코일에 걸린 전기에너지가 코어에 자기에너지를 만들어내고, 이 자기에너지가 다시 2차코일에서 전기에너지로 바뀐다는 것이 그 작동원리이다. 변압기를 통과하는 전압과 전류 사이에는 아래와 같은 재미있는 상관관계가 있다.

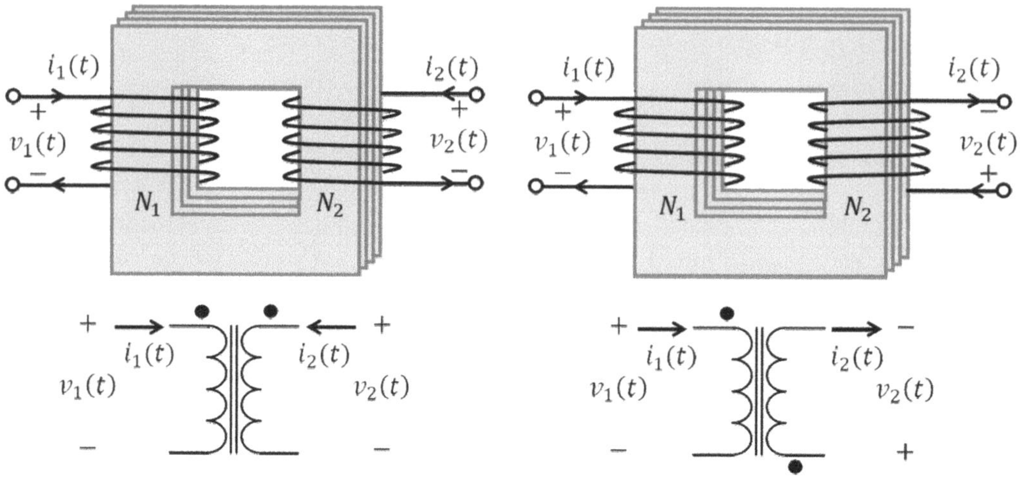

[그림 5-14] 변압기의 구조와 전압/전류 관계

1) 코어에 코일이 감기는 방향에 따라(시계방향 혹은 반시계방향) 출력전압(전류)의 위상이 입력전압(전류)의 위상과 동일하거나 뒤집힐 수 있다. 동일한 위상을 동상(同相)이라고 하며, 뒤집힌 위상을 역상(逆相)이라고 하는데, 이 관계는 [그림 5-14]의 변압기 회로 심볼에서 입/출력단자 쪽의 점으로 표시된다.
2) 1차코일의 권선수 N_1과 2차코일의 권선수 N_2의 비율을 권선비(卷線比, winding ratio) n이라고 한다. 4-2절에서 살펴본 바와 같이 전류로 인해 유도되는 자기에너지의 크기는 코일의 권선수에 비례한다. 또한 이상적인 변압기라면 1차코일의 자기에너지는 2차코일로 100% 전달될 것이므로 (식 5-27)의 등식이 성립한다. 즉 2차코일에 유도되는 전류의 크기는 권선비에 반비례한다.

$$N_1 i_1(t) = N_2 i_2(t) \quad \rightarrow \quad \frac{i_1(t)}{i_2(t)} = \frac{N_2}{N_1} = n \quad \rightarrow \quad i_2(t) = \frac{i_1(t)}{n} \qquad \text{(식 5-27)}$$

3) 비록 변압기를 거치더라도 에너지보존의 원리에 따라 전력의 크기는 당연히 변함없다. 따라서 (식 5-28)의 관계식이 성립하며, 2차코일에 유도되는 전압의 크기는 권선비에 비례한다. 통상 권선비가 1보다 큰 경우를 승압(昇壓)변압기, 1보다 작은 경우를 강압(降壓)변압기라고 부른다.

$$p_1(t) = p_2(t) \quad \rightarrow \quad v_1(t) i_1(t) = v_2(t) i_2(t)$$

$$\rightarrow \quad \frac{i_1(t)}{i_2(t)} = \frac{v_2(t)}{v_1(t)} = n \quad \rightarrow \quad v_2(t) = n v_1(t) \qquad \text{(식 5-28)}$$

변압기에는 전압과 전류를 바꾸는 역할 말고도 또 하나의 숨은 재주가 있는데, 그것은 바로 3-2절에서 살펴본 최대전력전달과 정합에 관한 것이다. 전원과 부하 사이의 최대전력전달 조건은 [그림 5-15]와 같이 전원의 내부저항과 부하저항의 값이 일치해야 한다는 것이다. 그런데 이 저항값들은 회로에 의해 결정되는 것이지 우리 마음대로 선택할 수 있는 것이 아니다. 그러다 보니 회로간의 정합이란 그저 그림의 떡인 경우가 대부분이다. 그런데 회로 사이에 변압기를 집어넣으면 저항값들을 건드리지 않고도 정합을 해낼 수 있다! 이 신통한 마술의 원리를 아래에서 알아보자.

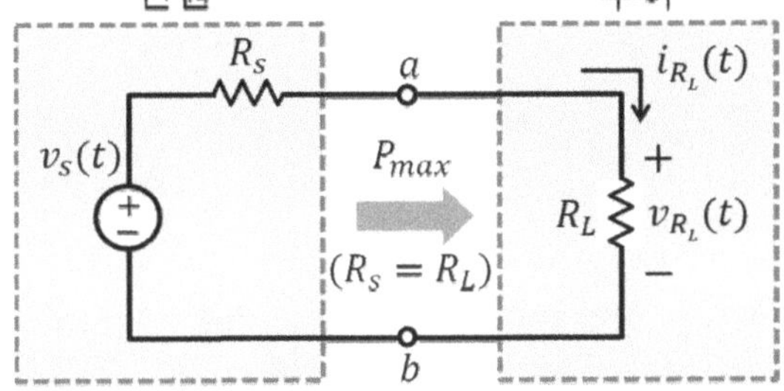

[그림 5-15] 전기회로의 최대전력전달조건

불가피하게 체급이 다른 전원 내부저항과 부하저항을 결합해야 한다면 어떻게 해야 할까? 이런 경우에는 서로 다른 두 저항값이 동일하게 보이도록 전기회로적인 중재를 해주어야 한다. 힌트는 변압기의 2차코일에서 바뀌는 전압과 전류이다. 즉 출력전압과 전류의 비(比)는 다름 아닌 저항이며, 이는 등가적(等價的)으로 부하저항이 다른 값처럼 보이게 할 수 있다는 뜻이 아닐까? [그림 5-16]은 이 상황을 보여주고 있다.

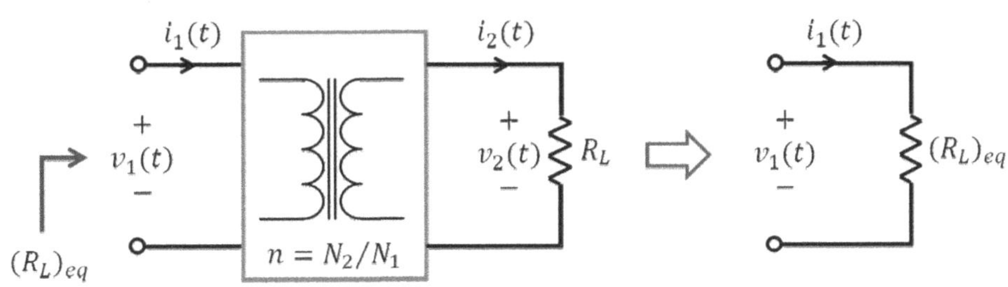

[그림 5-16] 변압기를 이용한 임피던스정합

변압기의 1차쪽에서 바라본 부하의 등가저항은 1차쪽 전압과 전류의 비로 계산될 것이다. 그렇지만 부하의 실제 저항값은 2차쪽 전압과 전류의 비이기도 하다. 따라서 (식 5-27)과 (식

5-28)을 이용하여 이를 정리해보면 (식 5-29)와 같이 등가저항 $(R_L)_{eq}$로 계산된다. 즉 변압기를 거쳐서 쳐다본 부하의 등가저항은 권선비의 제곱으로 나눈 값으로 나타나며, 이 착시효과로 회로를 속이면 정합을 이룰 수 있다! 즉 전원 내부저항에 비해 부하저항값이 낮은 경우에는 $n < 1$인 강압변압기를, 전원 내부저항에 비해 부하저항값이 높은 경우에는 $n > 1$인 승압변압기를 삽입하면 정합을 이룰 수 있다. 아울러 일반적인 RLC회로에 대하여 정합 개념을 확대 적용하기 위하여 **임피던스정합(整合, impedance matching)**이라는 용어로 통일한다.

$$(R_L)_{eq} = \frac{v_1(t)}{i_1(t)} = \frac{v_2(t)/n}{i_2(t)\cdot n} = \frac{v_2(t)}{i_2(t)}\cdot\frac{1}{n^2} = \frac{R_L}{n^2} \qquad \text{(식 5-29)}$$

예제 5-9

출력저항이 800Ω인 앰프를 입력저항이 8Ω인 스피커에 연결하여야 한다. 임피던스정합을 위한 변압기의 권선비를 구하시오.

해설

$$(R_L)_{eq} = \frac{R_L}{n^2} \;\rightarrow\; 800 = \frac{8}{n^2} \;\rightarrow\; n = \sqrt{\frac{8}{800}} = 0.1 \qquad \text{(예제 5-9 식)}$$

■ 고압송전 이야기

전기에너지는 도체 전선만 부설한다면 어디로든 자유롭게 대용량 에너지 전달이 가능하므로 전원과 부하 사이의 거리에 구애받지 않는 매우 편리한 에너지원이다. 그렇기는 하지만 상용발전시스템은 교류를 기본으로 하므로 그 전송이 만만치 않으리라는 예감이 든다. 위에서 살펴본 대로 리액턴스에 의한 무효전력의 존재는 미묘한 회로정수 조정을 필요로 하며, 송전 가능한 거리를 제한할 것이다. 한편으로 장거리 송전의 경우 전선의 저항에 의한 전압강하와 전력손실 또한 피할 수 없는 제약 요소가 될 것이다.

20세기의 시작과 함께 전기조명과 전동기가 보급되기 시작하면서 발전(發電, generation), 송전(送電, transmission), 배전(配電, distribution)을 비롯한 각종 전기사업과 관련된 상용전기시스템 표준방식에 대한 논란이 본격화된다. 쟁점은 "직류(DC)로 할 것인가? 아니면 교류(AC)로 할 것인가?" 였으며, 그 핵심은 안정성과 효율성, 그리고 신뢰성이었다. 교류전쟁(War of Currents)으로 알려진 이 역사적인 싸움에서 당대의 대발명가 에디슨(DC 주장)과 전기와 통신의 천재 테슬라(AC 주장)는 격렬한 설전을 벌이면서 숱한 에피소드를 남긴다. 곡절 끝에 상용전기시스템은 60Hz(혹은 50Hz) 교류로 결정되어 오늘에 이르기까지 쓰이고 있는데, 교류가 채택된 가장 주된 요인은 장거리 송전의 효율성 문제이다. 아래에서 그 이유를 살펴보자.

[그림 5-17]은 정격전압 100V의 발전기와 10Ω의 부하저항을 가지는 수용가(需用家, consumer)로 구성되는 송전회로의 예이다. 설계대로 100V의 전압이 10Ω의 부하저항 R_L에 걸린다면 10A의 전류가 흐르면서 1kW의 전력이 소비될 것이다. 그렇지만 이것은 어디까지나 이상적인 전원의 이야기일 뿐, 발전기와 부하 사이에는 매우 긴 송전 구간이 있다는 점을 고려해야 한다. 만일 송전거리가 60km이고 구리전선의 단면적이 1cm^{2}라면 송전선의 총저항 R_T는 약 10Ω으로 계산된다. 따라서 100V의 발전전압은 송전선 저항과 부하저항에 의해 10:10으로 전압분배 되므로 수용가에는 그 절반인 50V만이 공급된다. 즉 절반의 전압이 송전선에서 소모되는 것이다. 그렇지만 송전선과 부하저항이 전력을 반씩 나누어 가지는 최대전력 전달조건은 만족한다는 점에서 그런대로 큰 문제는 없어 보인다.

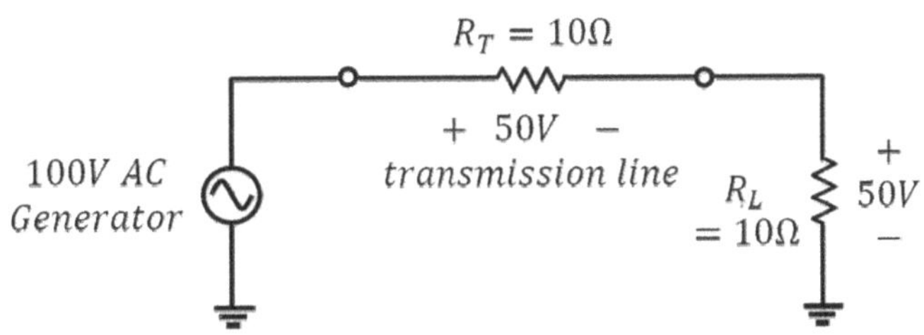

[그림 5-17] 송전선에 의한 전압분배 효과

그렇지만 이 상황은 다수의 수용가가 연결되는 경우 심각한 문제를 야기한다. [그림 5-18]은 10Ω 부하저항의 수용가 10,000개가 병렬로 물리는 경우이다. 이렇게 되면 수용가들의 등가저항 R_{eq}는 0.001Ω이 되고, 100V 전압은 10:0.001로 전압분배 되어 99.99%의 전압을 송전선이 차지하게 되므로 수용가로 전달되는 전압은 거의 없다. 즉 엄청난 전력전달의 미스매치가 발생하면서 전력의 대부분을 송전선이 소모해버리는 황당한 일이 벌어진다.

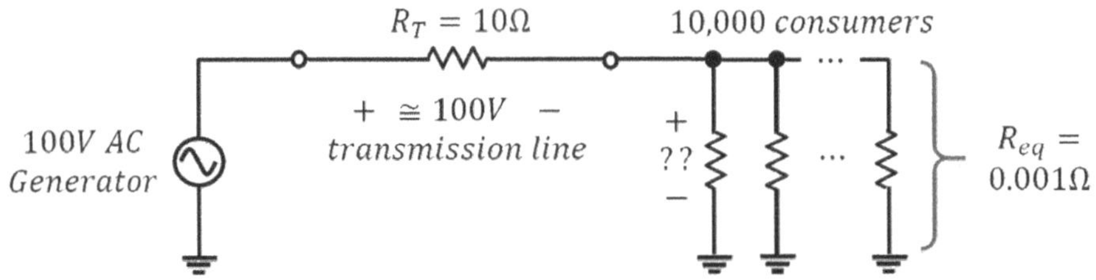

[그림 5-18] 다수 수용가를 고려한 송전의 문제점

그렇다면 해결책은 무엇일까? 그것은 바로 변압기를 넣어 임피던스정합을 취하는 것이다. 즉 송전선과 수용가 사이에 100:1의 강압을 수행함으로써 (식 5-29)에 따라 등가 부하저항이 10Ω으로 보정되는 최대전력전달조건을 만들어 주는 것이다. 다만 수용가에 정격전압 100V를 보장하기 위해서는 송전에 앞서 100배의 승압이 미리 이루어져야 한다. 따라서 실제 송전선에 걸리는 전압은 100V의 100배인 10,000V라는 고전압이다. [그림 5-19]는 이렇게 두 차례의 변압 과정을 거치는 10,000V 고압송전시스템의 원리를 보여주고 있다.

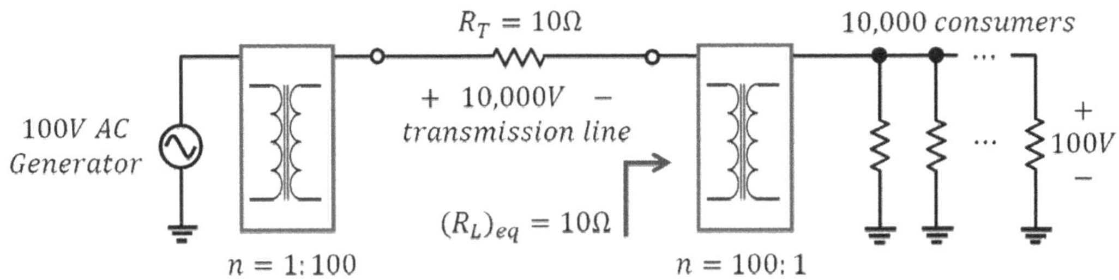

[그림 5-19] 고압송전시스템의 원리

이처럼 송전의 효율 향상을 위해서는 고압송전이 필수적이며, 실제 상용교류의 대용량 송전에서 위험성을 무릅쓰고 초고압(超高壓, Ultra High Voltage, UHV, 765kV)에 이르기까지 극단적인 승압을 하는 데는 이런 속사정이 있는 것이다. 그런데 변압기는 교류에 대해서만 작동한다. 직류로 고압송전을 하려면 승압과 강압을 할 때마다 직류↔교류 변환이 필요한데, 이로 인한 번거로운 설비와 에너지 손실이 불가피하다. 리액턴스라는 강적의 존재에도 불구하고 상용전기시스템이 직류 대신 교류로 결정된 배경에는 이러한 결정적인 요인이 있었던 것이다.

05

연습문제

1. 교류전류란 자유전자가 한방향으로 진행함을 의미한다. (O X)

2. 단진동이나 진자의 운동도 정현파함수로 나타낼 수 있다. (O X)

3. 각주파수의 단위는 무엇인가?

4. 코사인함수는 사인함수보다 위상이 90도 앞선다.

5. 복소평면에서 삼각함수와 지수함수의 관계를 정의하는 공식은?

6. 페이저란 정현파의 진폭과 위상만을 연산의 대상으로 하는 기법이다. (O X)

7. 실수부는 같고 허수부의 부호가 서로 다른 두 복소수를 가리키는 용어는?

8. 캐패시터에서는 정현파 교류전압의 위상이 전류보다 90도 앞선다. (O X)

9. Inductive Reactance는 주파수에 비례하여 커진다. (O X)

10. 복소임피던스로 표기하면 코일과 캐패시터를 마치 저항처럼 취급하여 회로방정식의 해를 구할 수 있다. (O X)

11. Choke coil이란 인덕터가 고주파 교류를 차단하는 효과를 이용한 것이다. (O X)

12. 교류전기는 전선에 접촉하지 않더라도 감전의 위험이 있다. (O X)

13. 회로의 출력은 입력과 전달함수의 곱으로 정의된다. (O X)

14. 전기회로의 전력은 (　　)옴 부하저항에 대하여 정의된다.

15. 상용교류 정격표시 220V AC는 (　　)를 의미한다.

16. mean power는 instantaneous power를 1 period 동안 적분하여 구한다. (O X)

17. reactive power의 단위는 (   )이다.

18. 회로의 복소임피던스가 50+j50이라면 유효전력과 무효전력의 크기는 같다. (O X)

19. AC circuit에서 sinusoidal wave의 frequency는 어떤 소자를 거치든 불변(不變)이다. (O X)

20. sinusoidal wave는 complex plane에서의 vector로도 표시할 수 있다. (O X)

21. Capacitor와 serial로 연결된 전구에 직류전원을 인가(연결)하면 희미하게 점등된다. (O X)

22. 주파수 ω의 정현파를 제곱하면 주파수 2ω의 정현파로 된다. (O X)

| 해답 |

1. X 2. O 3. [radian/sec] 4. O 5. 오일러공식 6. O 7. 켤레복소수, conjugate 8. X 9. O 10. O 11. O 12. O 13. O 14. 1 15. 실효치, rms 16. O 17. VAr 18. O 19. O 20. O 21. X 22. O

06장 필터

■ 개요

전기회로에 입력되는 일반적인 신호는 진폭과 주파수와 위상이 제각각인 무수한 정현파들이 뒤섞인 집합체로 간주할 수 있으며, 신호의 해석이란 이러한 기초 위에서 수행된다. 한편 전기회로를 구성하는 소자와 장치들은 다양한 주파수의 정현파들에 대하여 고유의 주파수 및 위상응답을 가지며, 이에 의해 전기회로는 다양한 신호 파형의 전달 효과를 보여주게 된다. 그중에서도 캐패시터와 인덕터의 조합은 무척 극적으로 신호 파형에 반응하는데, 이 특성을 잘 이용하면 사용 목적에 알맞은 주파수의 정현파만을 골라내거나 제거할 수 있는 소위 필터(filter)를 구성할 수 있다. 이제부터 RLC회로가 활약하는 흥미로운 필터의 세계를 살펴보자.

6-1 공진

■ 직렬LC회로의 공진

정현파 교류에서 캐패시터의 용량성리액턴스 X_C는 주파수에 반비례하는 반면, 인덕터의 유도성리액턴스 X_L은 주파수에 비례한다. 그렇다면 $X_L = X_C$로 되는 어떤 특정한 주파수 ω_0 하나가 틀림없이 존재할 것이다. [그림 6-1] a)의 직렬LC회로에 대하여 이 관계를 한번 따져보자. 회로의 복소임피던스를 구하면 (식 6-1)과 같으므로 ω_0는 (식 6-2)와 같이 간단히 구할 수 있다.

$$\boldsymbol{Z} = j\omega L + \frac{1}{j\omega C} = j\left(\omega L - \frac{1}{\omega C}\right) = j(X_L - X_C) \qquad \text{(식 6-1)}$$

$$if\ X_L = X_C \quad \rightarrow \quad \omega_0 L = \frac{1}{\omega_0 C} \quad \rightarrow \quad \omega_0 = \frac{1}{\sqrt{LC}} \quad \left(f_0 = \frac{1}{2\pi\sqrt{LC}}\right) \qquad \text{(식 6-2)}$$

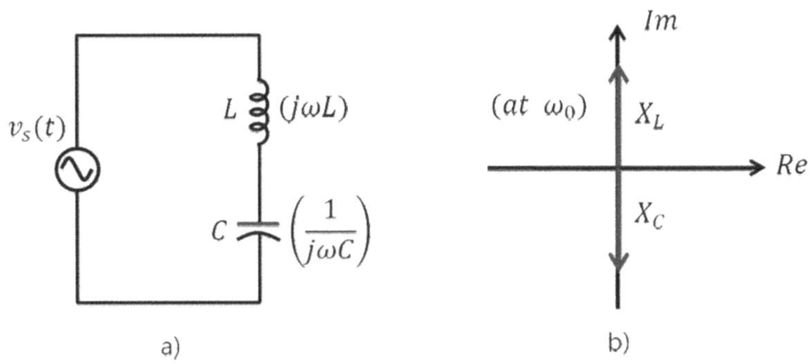

[그림 6-1] 직렬LC회로와 공진

예제 6-1

[그림 6-1] a)의 직렬LC회로에서 $L=10mH, C=1\mu F$ 일 때 공진주파수를 구하시오.

해설

$$\omega_0 = \frac{1}{\sqrt{LC}} = \frac{1}{\sqrt{10^{-2} \times 10^{-6}}} = 10^4 \left[\frac{rad}{sec}\right]$$

$$f_0 = \frac{1}{2\pi\sqrt{LC}} = \frac{10^4}{2\pi} [Hz]$$

(예제 6-1 식)

회로의 입력주파수가 ω_0일 경우, [그림 6-1] b)의 위상선도에서 보듯 두 리액턴스 벡터는 서로 완벽하게 상쇄되어 임피던스 Z는 영으로 된다. 즉 회로상으로는 분명히 2개의 리액턴스 소자가 존재하지만, 마치 완전연소 되듯 호흡(진폭과 위상)을 딱 맞춰 서로의 전압 및 전류 파형을 지워 버린다. 이처럼 함께(共) 손발을 척척 맞춰 진동(振動)하도록 한다는 의미에서 ω_0에는 resonance frequency라는 이름이 붙었으며, **공진(共振)주파수**로 번역된다. (식 6-1)에서 주파수를 변수로 놓고 직렬LC회로의 주파수응답을 개략적으로 살펴보면 아래와 같으며, [그림 6-2]와 같이 등가회로로 나타낼 수 있다.

1) 주파수 제로 : $X_L=0,\ X_C=\infty \rightarrow Z=\infty$ 회로는 개방
2) 주파수 무한대 : $X_L=\infty,\ X_C=0 \rightarrow Z=\infty$ 회로는 개방
3) 공진주파수 ω_0 : $X_L=X_C \rightarrow Z=0$ 회로는 단락

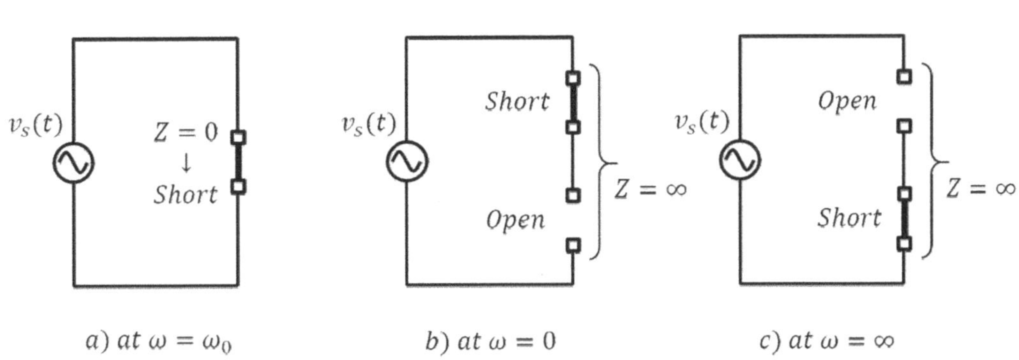

[그림 6-2] 직렬 LC회로의 주파수응답 특성

이처럼 직렬LC회로는 극단적인 두 주파수 근처에서는 거의 개방, 공진주파수 근처에서는 거의 단락으로 작용한다. 따라서 회로에 입력된 신호 가운데 공진주파수 근처의 주파수 성분들만 통과하고 나머지는 모두 차단되는 차별을 받게 되는데, 이러한 주파수 선택적 회로를 필터(filter)라고 한다. 필터는 주파수를 여과(濾過)한다는 의미에서 여파기(濾波器)로 번역되기도 한다. 특정한 주파수에 대하여 차별적인 통과 특성을 보이는 실제 필터회로에 대해서는 6-2절에서 상세히 다루기로 한다.

모든 전기회로는 내부의 L과 C값에 따라 각자 고유의 공진주파수를 가지며, 그 회로의 개성을 대표한다. 그런데 비단 전기회로뿐만 아니라 모든 사물에도 고유의 공진주파수가 포함되어 있다. 우리의 심금(心琴)을 울리며 뽑아내는 악기의 소리는 현 또는 공기의 진동이 악기 본체 고유의 공진주파수와 맞아떨어지는 현상으로서 **공명(共鳴)**이라는 별도의 용어를 사용하기도 한다. 한편 기계나 구조물 등에서는 특정 공진주파수의 진동이 발생하는 경우 점점 진동이 커지면서 파괴적인 영향을 미치기도 하므로 공진(공명)은 매우 꺼리는 대상이기도 하다.

■ 병렬LC회로의 공진

[그림 6-3]의 병렬LC회로의 공진주파수에 대하여 살펴보자. 2-3절에서 살펴본 대로 저항을 병렬로 연결하면 전체 등가저항은 감소한다. 따라서 병렬회로를 다룰 때는 저항의 역수인 **콘덕턴스**(Conductance, C)의 산술합으로 등가저항을 구하는 것이 편리하다. 복소평면 개념으로 확대한 콘덕턴스를 **어드미턴스**(Admittance, Y)라고 하며, 임피던스 Z의 역수이다. (식 6-3)은 두 리액턴스의 역수를 더하여 등가 어드미턴스를 구한 것이다. 이로부터 어드미턴스 Y가 영으로 되는 공진주파수 ω_0를 찾아보면 (식 6-4)와 같다.

$$\boldsymbol{Y} = \frac{1}{j\omega L} + j\omega C = j\left(\omega C - \frac{1}{\omega L}\right) = j\left(\frac{1}{X_C} - \frac{1}{X_L}\right) \quad \text{(식 6-3)}$$

$$if\ \omega_0 C = \frac{1}{\omega_0 L} \quad \rightarrow \quad \omega_0 = \frac{1}{\sqrt{LC}} \quad \left(f_0 = \frac{1}{2\pi\sqrt{LC}}\right) \quad \text{(식 6-4)}$$

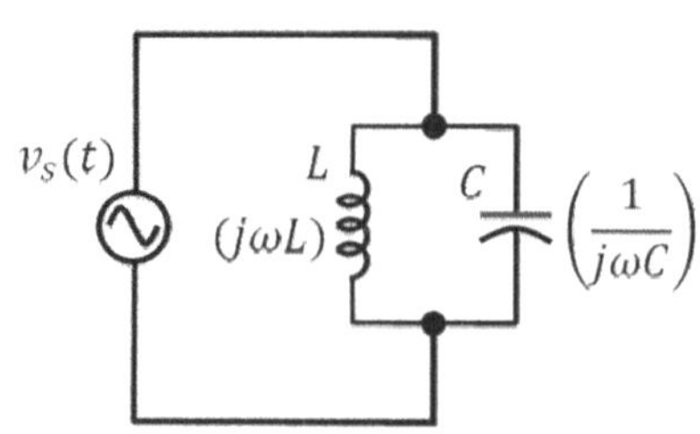

[그림 6-3] 병렬LC회로와 공진

(식 6-4)는 (식 6-2)와 완전히 일치하지만, 그 의미는 정반대이다. (식 6-4)에서 주파수를 변수로 놓고 이 식의 의미를 좀 더 살펴보면 아래와 같으며, [그림 6-4]와 같이 등가회로로 나타낼 수 있다.

1) 주파수 제로 : $1/X_L=\infty$, $1/X_C=0 \rightarrow Y=\infty(Z=0)$ 회로는 단락
2) 주파수 무한대 : $1/X_L=0$, $1/X_C=\infty \rightarrow Y=\infty(Z=0)$ 회로는 단락
3) 공진주파수 ω_0 : $1/X_L=1/X_C \rightarrow Y=0(Z=\infty)$ 회로는 개방

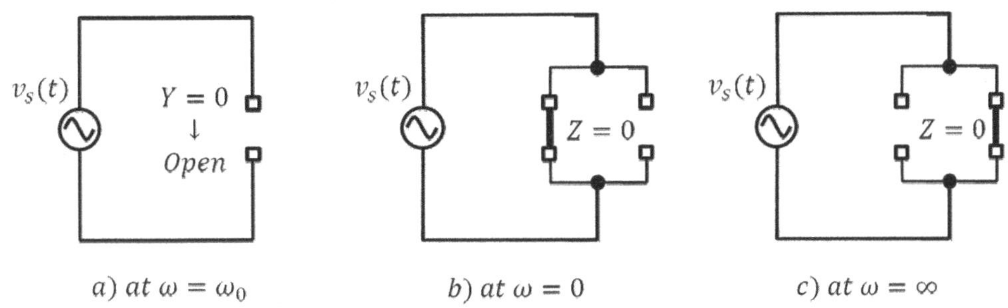

[그림 6-4] 병렬LC회로의 주파수응답 특성

이처럼 병렬LC회로는 극단적인 두 주파수 근처에서는 거의 단락, 공진주파수 근처에서는 거의 개방으로 작용함으로써 직렬LC회로와 정반대의 특성을 가진다. 즉 병렬LC회로는 공진주파수 근처의 주파수 성분들만 차단해버리고 나머지는 모두 통과시킨다.

■ 탱크회로

LC회로의 공진현상에 대하여는 또 다른 시각으로 이해할 수도 있는데, 그것은 회로상의 전압/전류 변화를 시간함수로 관찰하여 그 물리적 의미를 파악하는 것이다. [그림 6-5] a)는 완전히 충전되어 전기에너지로 충만된 캐패시터를 인덕터와 결합한 회로이다. 이 회로가 형성되는 순간부터 전기에너지의 이동상황을 단계별로 따라가 보면 아래와 같다.

1) 캐패시터 전압 $V_C(t)$는 인덕터를 통해 방전되면서 회로를 흐르는 전류 $i(t)$를 형성한다. (식 4-7) 참조.
2) 전류 $i(t)$가 인덕터로 흘러 들어가면 인덕터는 전류의 흐름에 반발하는 방향으로 시변전압 $V_L(t)$를 유도한다. (식 4-9) 참조.
3) 캐패시터가 모두 방전되고 나면, 인덕터에 유도된 전압 $V_L(t)$로 인해 전류 $i(t)$는 반대

방향으로 바뀌어 흐르기 시작한다.

4) 캐패시터로 전류 $i(t)$가 흘러 들어가면서 캐패시터는 다시 전압 $V_C(t)$로 충전된다.
5) 충전이 완료되고 $V_L(t)$가 고갈되고 나면, 다시 전류 방향이 바뀌면서 1)의 과정이 핑퐁식으로 반복된다. 결과적으로 전류 $i(t)$는 [그림 6-5] b)와 같이 정현파 교류의 형태로 계속 진동할 것이다.

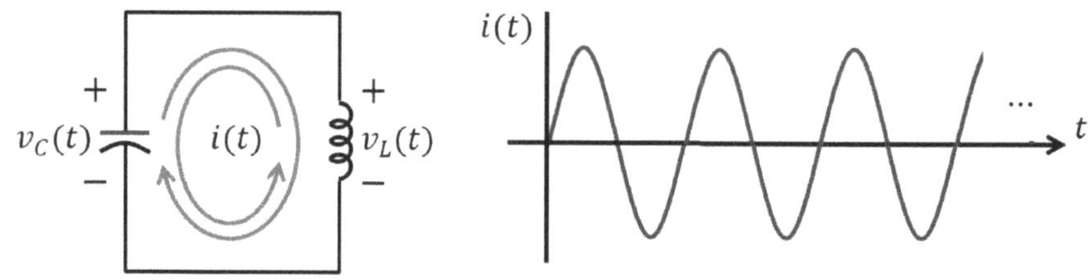

a) LC tank circuit *b) oscillation*

[그림 6-5] LC회로 공진의 물리적 의미

전압과 전류의 증가와 감소, 그리고 변곡점은 가장 부드럽고 자연스러운 정현파를 이룰 것이며, 그 주파수는 캐패시터의 정전용량 C와 인덕터의 유도용량 L의 크기에 따라 결정될 것이다. 한편 정현파 교류전류의 진동이 끊임없이 지속하려면 $V_C(t) = V_L(t)$이라는 조건이 맞아야 한다. 그런데 이 두 전압과 전류는 (식 4-7) 및 (식 4-9)로 나타내는 시간의 변화율(미분) 관계이다. 따라서 (식 6-5)와 같이 이 회로가 만들어내는 정현파의 주파수를 계산할 수 있는데, 이는 (식 6-4)의 결과와 일치한다.

$$v_C(t) = sin\,\omega_0\,t$$

$$i(t) = C\frac{dv_C(t)}{dt} = \omega_0 C\,cos\,\omega_0\,t$$

$$v_L(t) = L\frac{di(t)}{dt} = {\omega_0}^2 LC\,sin\,\omega_0\,t \qquad \text{(식 6-5)}$$

$$v_C(t) = v_L(t) \quad \rightarrow \quad {\omega_0}^2 LC = 1 \quad \rightarrow \quad \omega_0 = \frac{1}{\sqrt{LC}}$$

이처럼 LC회로는 L과 C값으로 결정되는 특정한 주파수 ω_0의 정현파 전압 또는 전류 입력에 대하여 최대한으로 반응하고 그 주파수의 정현파 진동을 끊임없이 지속한다. 즉 LC회로는 공진주파수의 정현파 신호를 통과시키는 필터 역할을 하는 한편, 그 진동상태를 지속하는 소위 발진기(發振器, oscillator) 역할도 한다. LC회로의 발진은 물탱크에서 물이 흘러나오듯 끊임없이 파동을 만들어낸다는 의미에서 LC회로를 탱크회로(tank circuit)라고 부르기도 한다. 회로도에서 만나는 L과 C의 조합은 이렇게 필터와 발진의 두 가지 측면에서 살펴보아야 한다는 점을 기억해두자.

6-2 대역통과필터(BPF)

직렬LC회로 및 병렬LC회로의 특성을 잘 이용하면 공진주파수만 선택적으로 잘 통과(pass)시키는 필터를 만들 수 있는데, 이를 Band Pass Filter (BPF)라고 하며, **대역통과여파기**(帶域通過濾波器)로 번역한다. 한편 그 반대로 공진주파수만 선택적으로 차단(stop)시키는 필터도 만들 수 있는데, 이를 Band Stop Filter (BSF)라고 하며, **대역차단여파기**(帶域遮斷濾波器)로 번역한다. (BSF는 notch filter 또는 trap으로 불리기도 한다.) 실제 BPF나 BSF는 직렬LC회로 및 병렬LC회로에 저항 R을 적절히 배치한 RLC회로로 구현되는데, 아래에서 자세히 살펴보도록 하자.

■ 직렬RLC회로와 BPF

[그림 6-6] a)는 직렬RLC회로에서 저항 R에 분배되는 전압을 출력으로 뽑아내는 직렬RLC BPF 회로이며, 복소전달함수는 (식 6-6)과 같이 구해진다. 이 회로의 등가임피던스는 [그림 6-6] b)와 같이 전원을 제거(단락)하고 출력단에서 들여다보면 (식 6-7)과 같이 구해지며, 오리지널 LC회로와 동일한 공진주파수를 확인할 수 있다.

$$\boldsymbol{H}(j\omega) = \frac{\boldsymbol{V}_o}{\boldsymbol{V}_s} = \frac{R}{R + j(\omega L - 1/\omega C)}$$

$$|\boldsymbol{H}(j\omega)| = \frac{R^2}{\sqrt{R^2 + (\omega L - 1/\omega C)^2}} \qquad \text{(식 6-6)}$$

$$\boldsymbol{Z} = R + j(X_L - X_C) = R + j\left(\omega L - \frac{1}{\omega C}\right) \quad \omega_0 = \frac{1}{\sqrt{LC}} \qquad \text{(식 6-7)}$$

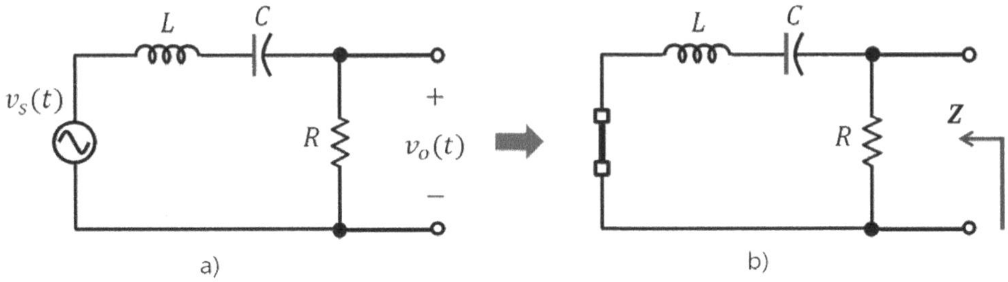

[그림 6-6] 직렬RLC BPF 구성

(식 6-7)에서 주파수를 변수로 놓고 이 식의 의미를 좀 더 살펴보면 아래와 같이 BPF 특성을 확인할 수 있다. 그리고 이를 바탕으로 직렬RLC BPF의 주파수응답을 개략적으로 그려보면 [그림 6-7]과 같이 공진주파수를 중심으로 예쁜 종 모양의 그래프를 얻을 수 있다.

1) 주파수 제로 : $\omega L = 0,\ 1/\omega C = \infty \rightarrow |H(j\omega)| = 1/\infty = 0 \rightarrow v_o(t) = 0$

2) 주파수 무한대 : $\omega L = \infty,\ 1/\omega C = 0 \rightarrow |H(j\omega)| = 1/\infty = 0 \rightarrow v_o(t) = 0$

3) 공진주파수 ω_0 : $\omega L = 1/\omega C \rightarrow |H(j\omega)| = R/R = 1 \rightarrow v_o(t) = v_s(t)$

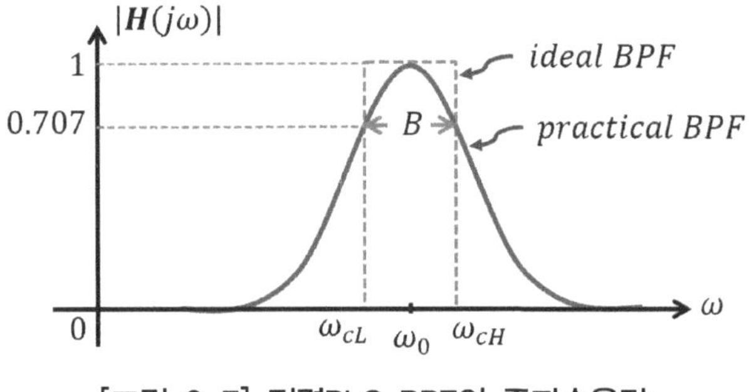

[그림 6-7] 직렬RLC BPF의 주파수응답

필터라고 해서 공진주파수 딱 하나만 달랑 통과시키고 나머지는 완전히 차단한다는 뜻은 아닐 것이다. BPF라는 명칭은 공진주파수 주위의 다른 주파수 무리(band, 대역)도 함께 통과시킨다는 의미를 포함하고 있다. 회로이론에서는 이 band의 폭, 즉 **대역폭**(帶域幅, bandwidth, B)을 그 주파수가 가지는 전력의 절반(1/2, -3dB)이 통과하는 범위로 정의한다. 5-3절에서 살펴본 대로 전력의 정의에 의하면 전력이 1/2이라면 전압은 $1/\sqrt{2} = 0.707$이다. 따라서 (식 6-6)과 같이 입력과 출력의 전압비로 정의되는 전달함수의 경우, 진폭응답이 70.7% 감소하는 지점까지가 대역폭이며, 그 주파수 범위는 (식 6-8)과 같이 유도된다.

$$|\boldsymbol{H}(j\omega)| = \frac{R^2}{\sqrt{R^2 + (\omega L - 1/\omega C)^2}} = \frac{1}{\sqrt{2}}$$

(식 6-8)

$$\rightarrow \quad (\omega L - 1/\omega C)^2 = R^2 \quad \rightarrow \quad \omega L - 1/\omega C = \pm R$$

대역폭의 상한과 하한을 가리키는 주파수는 **차단주파수**(cutoff frequency, ω_c), 또는 임계주파수(critical frequency)로 부른다. 차단주파수의 하한선 ω_{cL}과 상한선 ω_{cH}는 각각 (식 6-9) 및 (식 6-10)과 같이 2차방정식의 해로부터 구할 수 있으며, 최종적으로 직렬LC BPF의 대역폭은 (식 6-11)과 같이 유도된다. (식 6-11)은 너무나 심플하기도 하거니와, (유효전력이 소모되는) 저항 R과 (무효전력이 들랑거리는) 인덕턴스 L의 비로 나타난다는 점이 사뭇 의미심장하기도 하다.

$$\omega_{cL} L - 1/\omega_{cL} C = -R \quad \rightarrow \quad LC\omega_{cL}{}^2 + RC\omega_{cL} - 1 = 0$$

$$\omega_{cL} = \frac{-RC \pm \sqrt{R^2C^2 + 4LC}}{2LC} = -\frac{R}{2L} + \sqrt{\frac{R^2C^2 + 4LC}{4L^2C^2}} = -\frac{R}{2L} + \sqrt{\left(\frac{R}{2L}\right)^2 + \omega_0{}^2}$$

(식 6-9)

$$\omega_{cH} L - 1/\omega_{cH} C = R \quad \rightarrow \quad LC\omega_{cH}{}^2 - RC\omega_{cH} - 1 = 0$$

$$\omega_{cH} = \frac{RC \pm \sqrt{R^2C^2 + 4LC}}{2LC} = \frac{R}{2L} + \sqrt{\frac{R^2C^2 + 4LC}{4L^2C^2}} = \frac{R}{2L} + \sqrt{\left(\frac{R}{2L}\right)^2 + \omega_0{}^2}$$

(식 6-10)

$$B = \omega_{cH} - \omega_{cL} = \frac{R}{L}\left[\frac{rad}{sec}\right] = \frac{R}{2\pi L}[Hz]$$

(식 6-11)

완벽한(이상적인, ideal) BPF란 어떤 것일까? 그것은 [그림 6-7]에 표시된 대로 대역폭 이내의 주파수들은 조금도 차별 없이 깨끗이 통과시키는 한편, 대역폭 이외의 주파수들은 남김없이 차단하는 특성을 가리킨다. 그렇지만 전기회로가 이처럼 칼로 자르는 듯한 특성을 가질 턱이 없다. 자연은 이러한 순간변동을 용납하지 않기 때문이다. 실제(practical) BPF의 전달함수는 공진주파수를 중심으로 자연스럽게 감소하는 아름다운 곡선 모양이 될 수밖에 없다. 따라서 관건은 얼마나 ideal에 근접하는 샤프한 기울기를 가지는 전달함수를 만드느냐일 것이다.

이러한 관점의 지표로서 **선택도**(選擇度, selectivity)가 정의된다. 좋은 선택도란 대역폭이 좁다는 의미이므로 대역폭의 역수를 취하면 되겠지만, 여기에는 따져봐야 할 변수가 하나 있다. 공진주파수가 고주파로 올라갈수록 상대해야 하는 수치의 단위도 함께 올라가기 때문이다. 예를 들어 공진주파수 $1kHz$, 대역폭 $200Hz$의 BPF 회로라면 $900Hz$와 $1100Hz$사이의 주파수를 선택하면 $200Hz$ 대역폭을 맞출 수 있다. 이에 비해 공진주파수 $1MHz$, 대역폭 $200Hz$의 BPF 회로라면 $999.9kHz$와 $1000.1kHz$사이의 주파수를 선택하여야 $200Hz$ 대역폭을 맞출 수 있다. 바꾸어 말하자면 $1MHz$에서 좌우로 $200Hz$를 선택하는 일은 $1kHz$에서 좌우로 $200Hz$를 선택하는 일에 비해 1000배의 노력(선택도)이 필요함을 의미한다. 은행계좌 잔액 100만원에 대한 1만원 단위 지출의 느낌은 잔액 10억원에 대한 1000만원 지출에 버금갈 것이다. 고주파로 갈수록 정밀한 필터를 만들기 어려울 것이라는 실감이 나지 않는가?

결론적으로 선택도는 대역폭에 반비례하기도 하지만, 공진주파수에 비례하기도 하므로 (식 6-12)와 같이 공진주파수와 대역폭의 비로 표시된다. 한편 선택도란 궁극적으로 필터의 정밀도를 뜻하기도 하므로 quality factor라는 용어로 불리기도 하는데, 회로 실무에서 Q라는 애칭으로 널리 사용된다.

$$Q = \frac{\omega_0}{B} = \frac{\omega_0 L}{R} \qquad \text{(식 6-12)}$$

그런데 대역폭은 좁은 것이 좋을까? 아니면 넓은 것이 좋을까? 그리고 선택도는 큰 것이 좋을까? 아니면 작은 것이 좋을까? 이런 논의들은 그 사용 목적에 따라 구분되는 것일 뿐, 좋고 나쁨의 문제가 아님을 명심하자. 세상일이 다 그렇듯 필터는 샤프한 것이 좋을 때도, 두리뭉실한 것이 좋을 때도 있는 법이다. 그것보다는 (식 6-12)에서 R과 L이 가지는 물리적 의미를 짚어보는 것이 더 흥미로운 것이다. 기본적으로 공진주파수를 결정하는 L과 C의 값은 건드릴 수 없다. 따라서 R의 크기가 Q를 좌우하게 되는데, 직렬RLC회로에서는 R이 작을수록 Q가 올라간다. 이것은 [그림 6-6] a)에서 보듯 R이 작을수록 직렬RLC회로는 순수한 직렬LC 공진회로에 가까워지므로, 대역폭이 매우 좁은 이상적인 BPF에 근접한다는 뜻으로 해석할 수 있다.

■ 직렬RLC회로와 BSF

이번에는 직렬RLC회로의 출력을 [그림 6-8] a)와 같이 직렬LC회로에 걸리는 전압으로부터 뽑아내 보자. 이러 회로 구성은 직렬RLC BSF이며, 복소전달함수는 (식 6-13)과 같이 구해진다. 이 회로의 등가임피던스 역시 [그림 6-8] b)와 같이 전원을 제거(단락)하고 출력단에서 들여다보면 (식 6-7)과 동일하게 구해지며, 오리지널 LC회로와 동일한 공진주파수를 확인할 수 있다.

$$\boldsymbol{H}(j\omega)=\frac{\boldsymbol{V}_o}{\boldsymbol{V}_s}=\frac{j(\omega L-1/\omega C)}{R+j(\omega L-1/\omega C)}$$

$$|\boldsymbol{H}(j\omega)|=\frac{(\omega L-1/\omega C)}{\sqrt{R^2+(\omega L-1/\omega C)^2}} \qquad \text{(식 6-13)}$$

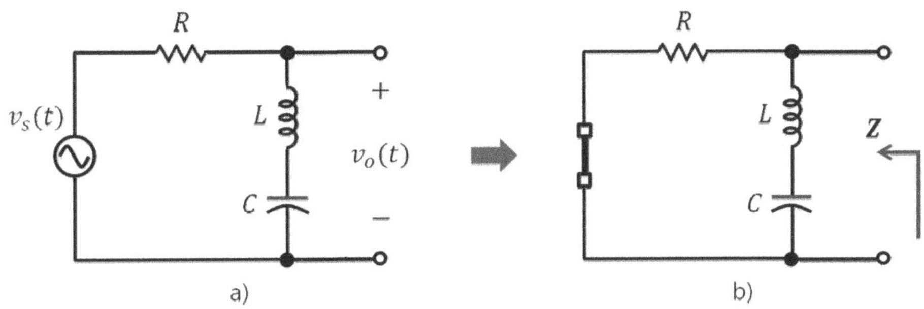

[그림 6-8] 직렬RLC BSF 구성

(식 6-13)으로부터 주파수응답을 개략적으로 살펴보면 아래와 같이 BPF와는 정반대인 BSF 특성을 확인할 수 있다. 즉 입력 신호는 공진주파수에서 완전히 차단되고 공진주파수로부터 멀리 떨어질수록 잘 통과하므로, [그림 6-9]와 같이 뒤집힌 종 모양의 그래프를 얻을 수 있다.

1) 주파수 제로 : $\omega L=0,\ 1/\omega C=\infty \rightarrow |H(j\omega)|=\infty/\infty=1 \rightarrow v_o(t)=v_s(t)$

2) 주파수 무한대 : $\omega L=\infty,\ 1/\omega C=0 \rightarrow |H(j\omega)|=\infty/\infty=1 \rightarrow v_o(t)=v_s(t)$

3) 공진주파수 ω_0 : $\omega L=1/\omega C \rightarrow |H(j\omega)|=0 \rightarrow v_o(t)=0$

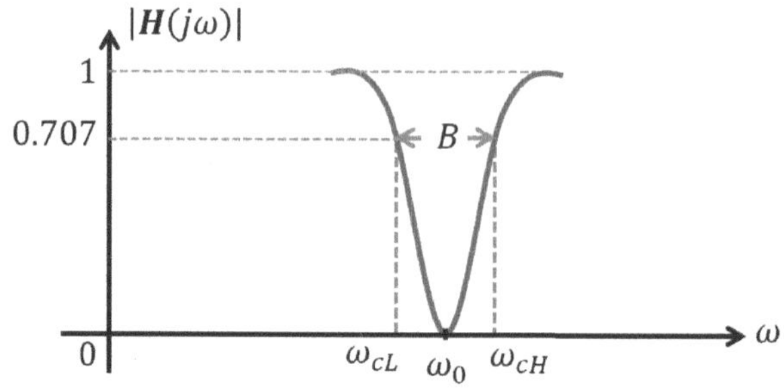

[그림 6-9] 직렬RLC BSF의 주파수응답

직렬RLC BSF의 대역폭은 (식 6-14)와 같이 구할 수 있는데, 그러고 보니 차단주파수의 하한선 ω_{cL}과 상한선 ω_{cH}을 구하는 수식은 직렬RLC BPF의 (식 6-8)과 완전히 동일하다. 즉 (식 6-9) (식 6-10) (식 6-11) 및 (식 6-12)에서 구한 직렬RLC BPF의 대역폭 및 선택도(Q)는 직렬RLC BSF의 대역폭 및 선택도(Q)와 완전히 동일하게 적용된다.

$$|\boldsymbol{H}(j\omega)| = \frac{(\omega L - 1/\omega C)}{\sqrt{R^2 + (\omega L - 1/\omega C)^2}} = \frac{1}{\sqrt{2}}$$

$$\rightarrow \quad (\omega L - 1/\omega C)^2 = R^2 \quad \rightarrow \quad \omega L - 1/\omega C = \pm R$$

(식 6-14)

■ 병렬RLC회로와 BPF

[그림 6-10] a)는 저항 R과 병렬LC회로가 직렬로 결합된 회로로서, 전원전압은 전압분배되어 병렬LC회로로 출력되는 구조이며, 복소전달함수는 (식 6-15)와 같이 구해진다. 이 회로는 언뜻 보면 병렬RLC회로가 아닌 듯 하지만, [그림 6-10] b)와 같이 전원을 제거(단락)하고 출력단에서 등가임피던스를 들여다 보면 훌륭한 병렬RLC회로임을 알 수 있다. 병렬회로의 경우에는 (식 6-15)와 같이 어드미턴스를 따지는 것이 편리하며, 오리지널 LC회로와 동일한 공진주파수를 확인할 수 있다.

$$H(j\omega) = \frac{V_o}{V_s} = \frac{\frac{1}{j(\omega C - 1/\omega L)}}{R + \frac{1}{j(\omega C - 1/\omega L)}} = \frac{1/R}{1/R + j(\omega C - 1/\omega L)} \quad \text{(식 6-15)}$$

$$|H(j\omega)| = \frac{1/R}{\sqrt{1/R^2 + (\omega C - 1/\omega L)^2}}$$

$$Y = \frac{1}{R} + \frac{1}{j\omega L} + j\omega C = \frac{1}{R} + j\left(\omega C - \frac{1}{\omega L}\right) \quad \omega_0 = \frac{1}{\sqrt{LC}} \quad \text{(식 6-16)}$$

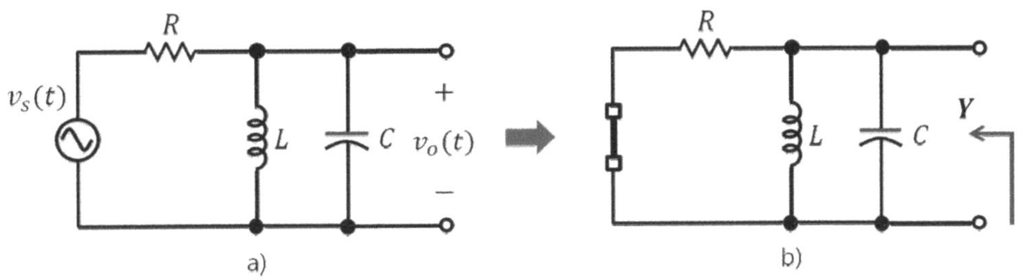

[그림 6-10] 병렬RLC BPF 구성

(식 6-16)으로부터 주파수응답을 개략적으로 살펴보면 아래와 같이 BPF 특성을 확인할 수 있으며, [그림 6-11]과 같이 공진주파수를 중심으로 예쁜 종 모양의 그래프를 얻을 수 있다.

1) 주파수 제로 : $\omega C=0,\ 1/\omega L=\infty \rightarrow |H(j\omega)|=1/\infty=0 \rightarrow v_o(t)=0$

2) 주파수 무한대 : $\omega C=\infty,\ 1/\omega L=0 \rightarrow |H(j\omega)|=1/\infty=0 \rightarrow v_o(t)=0$

3) 공진주파수 ω_0 : $\omega C=1/\omega L \rightarrow |H(j\omega)|=R/R=1 \rightarrow v_o(t)=v_s(t)$

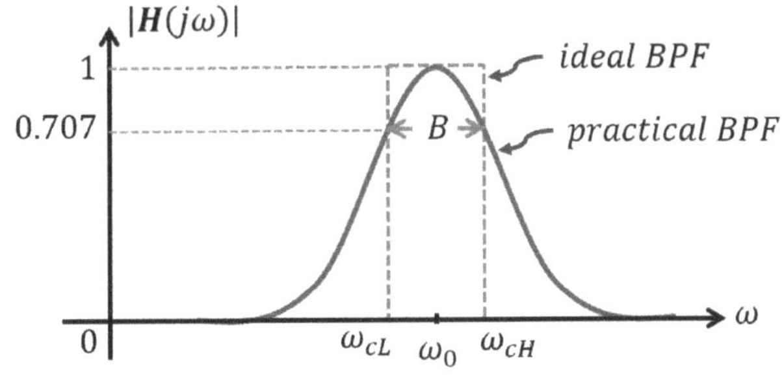

[그림 6-11] 병렬RLC BPF의 주파수응답

대역폭의 정의에 따라 (식 6-17)을 통해 차단주파수의 하한선 ω_{cL}과 상한선 ω_{cH}을 구해보면, 각각 (식 6-18) 및 (식 6-19)와 같이 2차방정식의 해로부터 구할 수 있다. 아울러 병렬 RLC BPF의 대역폭과 선택도는 (식 6-20) 및 (식 6-21)과 같이 유도된다. (식 6-20)이 (유효전력이 소모되는) 저항 R과 (무효전력이 들랑거리는) 캐패시턴스 C의 곱으로 나타난다는 점이 사뭇 의미심장하기도 하다.

$$|\boldsymbol{H}(j\omega)| = \frac{1/R}{\sqrt{1/R^2 + (\omega C - 1/\omega L)^2}} = \frac{1}{\sqrt{2}}$$

$$\rightarrow \quad (\omega C - 1/\omega L)^2 = 1/R^2 \rightarrow \quad \omega C - 1/\omega L = \pm 1/R \qquad \text{(식 6-17)}$$

$$\omega_{cL} C - 1/\omega_{cL} L = -1/R \rightarrow \quad LC\omega_{cL}{}^2 + \frac{L}{R}\omega_{cL} - 1 = 0$$

$$\omega_{cL} = \frac{-\frac{L}{R} \pm \sqrt{\frac{L^2}{R^2} + 4LC}}{2LC} = -\frac{1}{2RC} + \sqrt{\frac{\frac{L^2}{R^2} + 4LC}{4L^2C^2}} = -\frac{1}{2RC} + \sqrt{\left(\frac{1}{2RC}\right)^2 + \omega_0{}^2}$$

(식 6-18)

$$\omega_{cH} C - 1/\omega_{cH} L = 1/R \rightarrow \quad LC\omega_{cH}{}^2 - \frac{L}{R}C\omega_{cH} - 1 = 0$$

$$\omega_{cH} = \frac{\frac{L}{R} \pm \sqrt{\frac{L^2}{R^2} + 4LC}}{2LC} = \frac{1}{2RC} + \sqrt{\frac{\frac{L^2}{R^2} + 4LC}{4L^2C^2}} = \frac{1}{2RC} + \sqrt{\left(\frac{1}{2RC}\right)^2 + \omega_0{}^2}$$

(식 6-19)

$$B = \omega_{cH} - \omega_{cL} = \frac{1}{RC}\left[\frac{rad}{sec}\right] = \frac{1}{2\pi RC}[Hz] \qquad \text{(식 6-20)}$$

$$Q = \frac{\omega_0}{B} = \omega_0 RC \qquad \text{(식 6-21)}$$

(식 6-21)에서 R과 C가 가지는 물리적 의미를 짚어보자. 기본적으로 공진주파수를 결정하는 L과 C의 값은 건드릴 수 없다. 따라서 R의 크기가 Q를 좌우하게 되는데, 병렬RLC회로에서는 R이 클수록 Q가 올라간다. 이것은 [그림 6-10] a)에서 보듯 R이 클수록 병렬RLC회로는 순수한 병렬LC 공진회로에 가까워지므로, 대역폭이 매우 좁은 이상적인 BPF에 근접한다

는 뜻으로 해석할 수 있다.

■ 병렬RLC회로와 BSF

이번에는 병렬RLC회로의 출력을 [그림 6-12] a)와 같이 저항 R에 걸리는 전압으로부터 뽑아내보자. 이런 회로 구성은 병렬RLC BSF이며, 복소전달함수는 (식 6-22)와 같이 구해진다. 이 회로 역시 언뜻 보면 병렬RLC회로가 아닌 듯 하지만, [그림 6-12] b)와 같이 전원을 제거(단락)하고 출력단에서 등가저항을 들여다 보면 훌륭한 병렬RLC회로임을 알 수 있으며, (식 6-16)과 동일한 어드미턴스와 공진주파수를 확인할 수 있다.

$$\boldsymbol{H}(j\omega)=\frac{\boldsymbol{V}_o}{\boldsymbol{V}_s}=\frac{R}{R+\dfrac{1}{j(\omega C-1/\omega L)}}=\frac{j(\omega C-1/\omega L)}{1/R+j(\omega C-1/\omega L)}$$

$$|\boldsymbol{H}(j\omega)|=\frac{(\omega C-1/\omega L)}{\sqrt{1/R^2+(\omega C-1/\omega L)^2}}$$

(식 6-22)

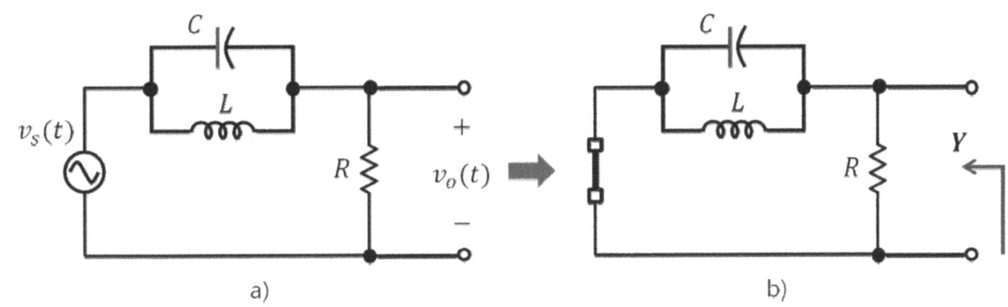

[그림 6-12] 병렬RLC BSF 구성

(식 6-22)로부터 주파수응답을 개략적으로 살펴보면 아래와 같이 BPF와는 정반대인 BSF 특성을 확인할 수 있다. 즉 입력 신호는 공진주파수에서 완전히 차단되고 공진주파수로부터 멀리 떨어질수록 잘 통과하므로, [그림 6-13]과 같이 뒤집힌 종 모양의 그래프를 얻을 수 있다.

1) 주파수 제로 : $\omega C=0,\ 1/\omega L=\infty \rightarrow |H(j\omega)|=\infty/\infty=1 \rightarrow v_o(t)=v_s(t)$

2) 주파수 무한대 : $\omega C=\infty,\ 1/\omega L=0 \rightarrow |H(j\omega)|=\infty/\infty=1 \rightarrow v_o(t)=v_s(t)$

3) 공진주파수 ω_0 : $\omega C=1/\omega L \rightarrow |H(j\omega)|=0 \rightarrow v_o(t)=0$

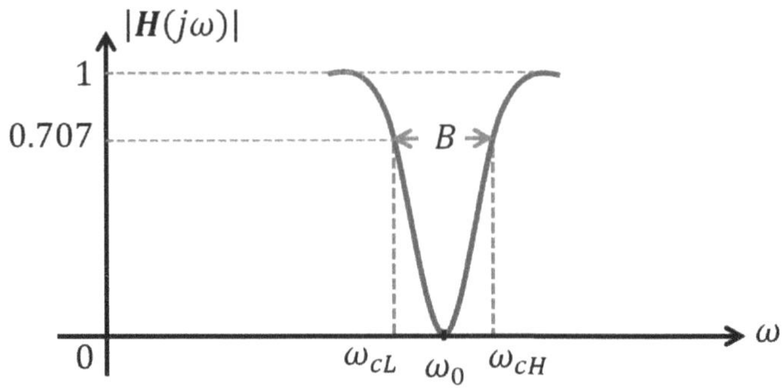

[그림 6-13] 병렬RLC BSF의 주파수응답

병렬RLC BSF의 대역폭은 (식 6-23)과 같이 구할 수 있는데, 그러고 보니 차단주파수의 하한선 ω_{cL}과 상한선 ω_{cH}을 구하는 수식은 병렬RLC BPF의 (식 6-17)과 완전히 동일하다. 즉 (식 6-18) (식 6-19) (식 6-20) 및 (식 6-21)에서 구한 병렬RLC BPF의 대역폭 및 선택도(Q)는 병렬RLC BSF의 대역폭 및 선택도(Q)와 완전히 동일하게 적용된다.

$$|\boldsymbol{H}(j\omega)| = \frac{(\omega C - 1/\omega L)}{\sqrt{1/R^2 + (\omega C - 1/\omega L)^2}} = \frac{1}{\sqrt{2}}$$
$$\rightarrow (\omega C - 1/\omega L)^2 = 1/R^2 \rightarrow \quad \omega C - 1/\omega L = \pm 1/R \qquad \text{(식 6-23)}$$

6-3 저역통과필터와 고역통과필터

RC 및 RL 1차회로의 주파수응답 특성을 이용하면 직류를 포함한 낮은 주파수만 선택적으로 잘 통과(pass)시키는 필터를 만들 수 있는데, 이를 Low Pass Filter (LPF)라고 하며, **저역통과여파기(低域通過濾波器)**로 번역한다. 한편 RC 및 RL LPF회로의 구성을 바꾸면 정반대로 높은 주파수만 통과시키는 필터를 만들 수도 있는데, 이를 High Pass Filter (HPF)라고 하며, **고역통과여파기(高域通過濾波器)**로 번역한다. 아래에서 각각의 회로 구성과 전달함수를 살펴보고, LPF 및 HPF를 통과하는 디지털신호가 겪는 흥미로운 파형의 변화에 대하여도 알아보자.

■ RC LPF

우리는 [그림 4-11]을 통하여 RC회로의 충전과 방전에 대한 과도현상을 살펴보았으며, RC

회로가 보이는 전압-전류의 시간함수 관계를 (식 4-17)로 유도한 바 있다. 또한 (식 5-14)를 통해 주파수에 따라 차별적으로 작용하는 캐패시터의 용량성리액턴스에 대하여도 살펴보았다. 따라서 이를 응용한다면 고주파 성분일수록 빠져나오기 어려운 LPF 회로를 만들 수 있을 것이다. [그림 6-14]는 RC회로에서 C를 출력단으로 잡은 RC LPF의 구성을 보여주고 있으며, 그 복소전달함수는 (식 6-24)와 같이 전압분배로 구해진다.

$$Ri(t) + \frac{1}{C}i(t) = \frac{dv_s(t)}{dt} \qquad \text{(식 4-17)}$$

$$\frac{\boldsymbol{V}_C}{\boldsymbol{I}_C} = \frac{1}{j\omega C} = \frac{-j}{\omega C} \quad X_C = \frac{1}{\omega C} = \frac{1}{2\pi f C} \qquad \text{(식 5-14)}$$

$$\boldsymbol{H}(j\omega) = \frac{\boldsymbol{V}_o}{\boldsymbol{V}_s} = \frac{\frac{1}{j\omega C}}{R + \frac{1}{j\omega C}} = \frac{1}{1 + j\omega RC}$$

$$|\boldsymbol{H}(j\omega)| = \left|\frac{1}{1 + j\omega RC}\right| = \frac{1}{\sqrt{1 + (\omega RC)^2}} \qquad \text{(식 6-24)}$$

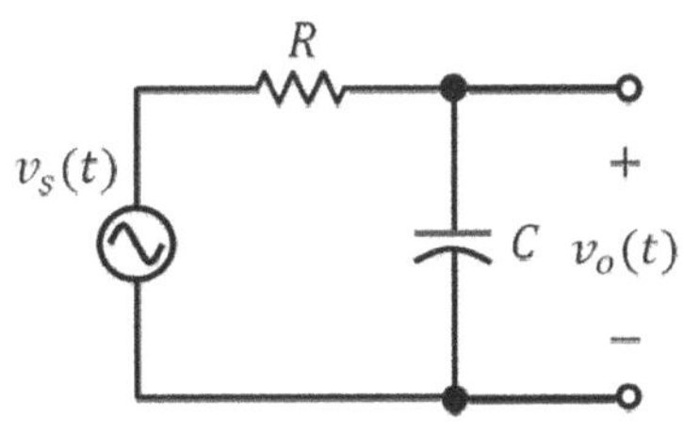

[그림 6-14] RC LPF회로의 구성

회로의 개략적인 주파수응답을 살펴보면 아래와 같다. 주파수 제로 즉 직류가 회로에 입력될 경우 캐패시터의 리액턴스는 무한대가 되므로 입력전압은 모두 캐패시터에 걸리면서 출력된다. 한편 주파수가 올라갈수록 캐패시터의 리액턴스는 작아지므로 출력전압은 점차 감소한다. 따라서 [그림 6-15]와 같이 미끄럼틀 모양의 주파수응답 곡선이 얻어진다.

1) 주파수 제로 : $\omega = 0,\ 1/\omega C = \infty \rightarrow |H(j\omega)| = 1/1 = 1 \rightarrow v_o(t) = v_s(t)$

2) 주파수 무한대 : $\omega = \infty,\ 1/\omega C = 0 \rightarrow |H(j\omega)| = 1/\infty = 0 \rightarrow v_o(t) = 0$

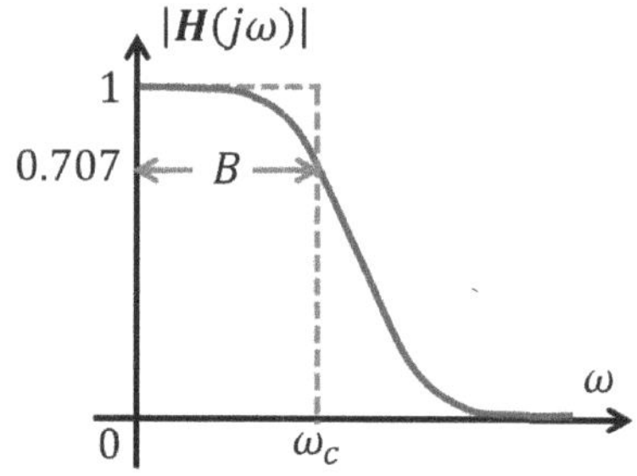

[그림 6-15] RC LPF회로의 주파수응답

LPF도 그 주파수가 가지는 전력의 절반(1/2, -3dB)이 통과하는 범위를 대역폭 B로 정의하며, 통과되는 주파수의 상한선인 차단주파수 ω_c는 (식 6-25)와 같이 구해진다. 여기에서 차단주파수를 시간함수로서의 회로방정식 측면에서 생각해보면 흥미로운 연관성을 발견할 수 있다. 즉 (식 6-25)에서 저항 R값은 회로를 흐르는 전류의 양을, 캐패시턴스 C값은 충전/방전량을 결정한다. 따라서 R값이 클수록, 그리고 C값이 클수록 출력에 걸리는 전압의 변화시간이 길어지므로 이 RC값을 **시정수(時整數, time constant)**라고 부른다. 차단주파수와 시정수는 (식 6-26)과 같이 역수관계를 가지게 된다.

$$|\boldsymbol{H}(j\omega)| = \frac{1}{\sqrt{1+(\omega_c RC)^2}} = \frac{1}{\sqrt{2}}$$

$$\rightarrow (\omega_c RC)^2 = 1 \quad \rightarrow \quad \omega_c = \frac{1}{RC} \quad \left(f_c = \frac{1}{2\pi RC}\right) \qquad \text{(식 6-25)}$$

$$time\ constant\ \tau = RC \quad \rightarrow \quad \omega_c = \frac{1}{\tau} \qquad \text{(식 6-26)}$$

■ RC HPF

RC회로에서 R을 출력단으로 잡으면 [그림 6-16]과 같이 LPF와 정반대의 특성을 가지는 RC HPF를 구성할 수 있는데, 그 복소전달함수는 (식 6-27)과 같이 전압분배로 구해진다.

$$H(j\omega) = \frac{V_o}{V_s} = \frac{R}{R + \frac{1}{j\omega C}} = \frac{j\omega RC}{1 + j\omega RC}$$

$$|H(j\omega)| = \left|\frac{j\omega RC}{1 + j\omega RC}\right| = \frac{\omega RC}{\sqrt{1 + (\omega RC)^2}}$$

(식 6-27)

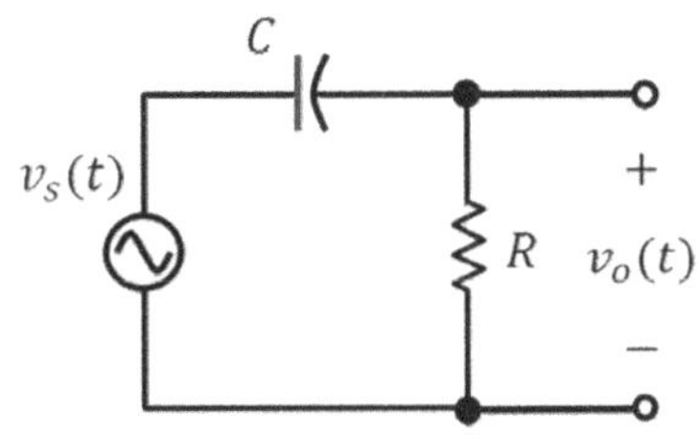

[그림 6-16] RC HPF회로의 구성

회로의 개략적인 주파수응답은 아래와 같이 RC LPF와 정반대로 나타나며 [그림 6-17]과 같은 곡선을 그린다.

1) 주파수 제로 : $\omega = 0,\ 1/\omega C = \infty \rightarrow |H(j\omega)| = 1/\infty = 0 \rightarrow v_o(t) = 0$

2) 주파수 무한대 : $\omega = \infty,\ 1/\omega C = 0 \rightarrow |H(j\omega)| = 1/1 = 1 \rightarrow v_o(t) = v_s(t)$

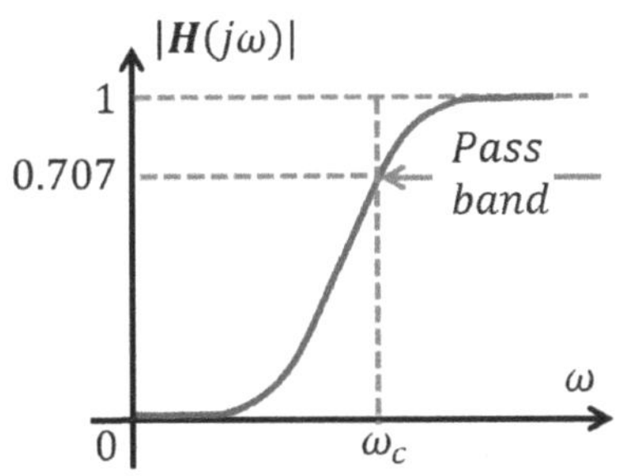

[그림 6-17] RC HPF회로의 주파수응답

RC HPF에서의 차단주파수도 전력의 절반(1/2, -3dB)이 통과하는 곳으로 정의하며, (식 6-28)과 같이 구해진다. 보다시피 RC HPF의 차단주파수는 RC LPF의 차단주파수와 완전히 동일하며, (식 6-29)의 시정수 역시 동일하다. HPF에서는 대역폭이라는 개념 대신, 차단주파수를 하한선으로 하여 그 이상의 주파수 대역을 통과대역(pass band)으로 정의한다.

$$|\boldsymbol{H}(j\omega)| = \frac{\omega RC}{\sqrt{1+(\omega_c RC)^2}} = \frac{1}{\sqrt{2}}$$

$$\rightarrow (\omega_c RC)^2 = 1 \quad \rightarrow \quad \omega_c = \frac{1}{RC} \quad \left(f_c = \frac{1}{2\pi RC}\right)$$ (식 6-28)

$$time\ constant\ \tau = RC \quad \rightarrow \quad \omega_c = \frac{1}{\tau}$$ (식 6-29)

■ RL LPF

우리는 [그림 4-12]를 통하여 RL회로의 유도전압에 대한 과도현상을 살펴보았으며, RL회로가 보이는 전압-전류의 시간함수 관계를 (식 4-18)로 유도한 바 있다. 또한 (식 5-17)을 통해 주파수에 따라 작용하는 인덕터의 유도성리액턴스에 대하여 살펴보았다. 따라서 이를 응용한다면 고주파 성분일수록 빠져나오기 어려운 LPF 회로를 만들 수 있을 것이다. [그림 6-18]은 RL회로에서 R을 출력단으로 잡은 RL LPF의 구성을 보여주고 있으며, 그 복소전달함수는 (식 6-30)과 같이 전압분배로 구해진다.

$$L\frac{di(t)}{dt} + Ri(t) = v_s(t)$$ (식 4-18)

$$\frac{\boldsymbol{V}_L}{\boldsymbol{I}_L} = j\omega L \quad X_L = \omega L = 2\pi f L$$ (식 5-17)

$$\boldsymbol{H}(j\omega) = \frac{\boldsymbol{V}_o}{\boldsymbol{V}_s} = \frac{R}{R+j\omega L} = \frac{1}{1+j\omega L/R}$$

$$|\boldsymbol{H}(j\omega)| = \left|\frac{1}{1+j\omega L/R}\right| = \frac{1}{\sqrt{1+(\omega L/R)^2}}$$ (식 6-30)

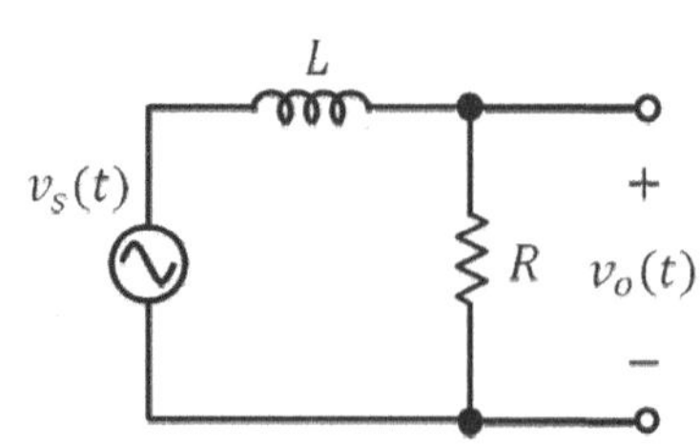

[그림 6-18] RL LPF회로의 구성

회로의 개략적인 주파수응답을 살펴보면 아래와 같다. 주파수 제로 즉 직류가 회로에 입력될 경우 인덕터의 리액턴스는 영이 되므로 입력전압은 모두 저항에 걸리면서 출력된다. 한편 주파수가 올라갈수록 인덕터의 리액턴스는 커지므로 저항에 걸리는 출력전압은 점차 감소한다. 따라서 [그림 6-19]와 같이 미끈한 모양의 주파수응답 곡선이 얻어진다.

1) 주파수 제로 : $\omega=0,\ \omega L=0 \rightarrow |H(j\omega)|=1/1=1 \rightarrow v_o(t)=v_s(t)$

2) 주파수 무한대 : $\omega=\infty,\ \omega L=\infty \rightarrow |H(j\omega)|=1/\infty=0 \rightarrow v_o(t)=0$

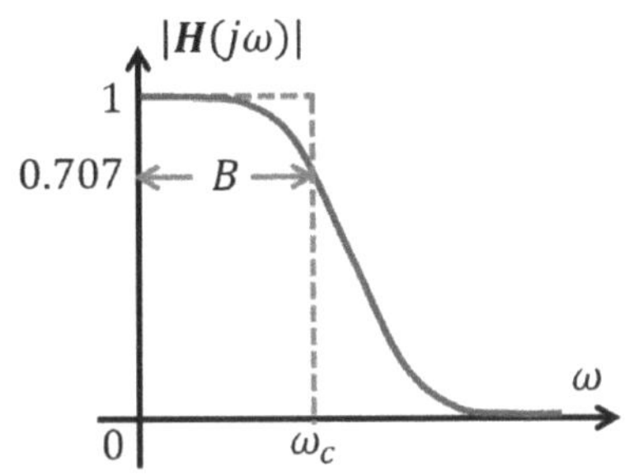

[그림 6-19] RL LPF회로의 주파수응답

RL LPF의 차단주파수 ω_c는 (식 6-31)으로, 또 시정수는 (식 6-32)와 같이 차단주파수의 역수로 구해진다. 시정수가 L에 비례하고 R에 반비례한다는 점에 대하여 RC회로와 비교하여 그 물리적 의미를 잘 생각해보자.

$$|\boldsymbol{H}(j\omega)| = \frac{1}{\sqrt{1+(\omega L/R)^2}} = \frac{1}{\sqrt{2}}$$

$$\rightarrow (\omega_c L/R)^2 = 1 \quad \rightarrow \quad \omega_c = \frac{R}{L} \quad \left(f_c = \frac{R}{2\pi L}\right) \tag{식 6-31}$$

$$time\ constant\ \tau = \frac{1}{\omega_c} = \frac{L}{R} \tag{식 6-32}$$

■ RL HPF

RL회로에서 L을 출력단으로 잡으면 [그림 6-20]과 같이 LPF와 정반대의 특성을 가지는 RL HPF를 구성할 수 있다. 복소전달함수는 (식 6-33)과 같이 전압분배로 구해진다.

$$\boldsymbol{H}(j\omega)=\frac{\boldsymbol{V}_o}{\boldsymbol{V}_s}=\frac{j\omega L}{R+j\omega L}=\frac{j\omega L/R}{1+j\omega L/R}$$

$$|\boldsymbol{H}(j\omega)|=\left|\frac{j\omega L/R}{1+j\omega L/R}\right|=\frac{\omega L/R}{\sqrt{1+(\omega L/R)^2}}$$

(식 6-33)

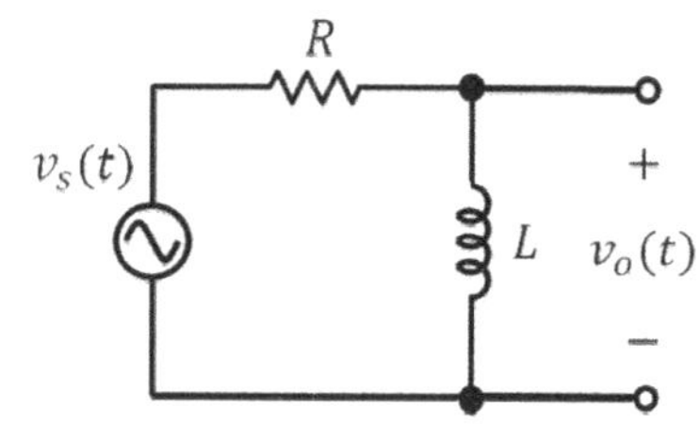

[그림 6-20] RL HPF회로의 구성

회로의 개략적인 주파수응답은 아래와 같이 RC LPF와 정반대로 나타나며 [그림 6-21]과 같은 곡선을 그린다.

1) 주파수 제로 : $\omega=0,\ \omega L=0\ \rightarrow |H(j\omega)|=1/\infty=0 \rightarrow v_o(t)=0$

2) 주파수 무한대 : $\omega=\infty,\ \omega L=0\ \rightarrow |H(j\omega)|=\infty/\infty=1 \rightarrow v_o(t)=v_s(t)$

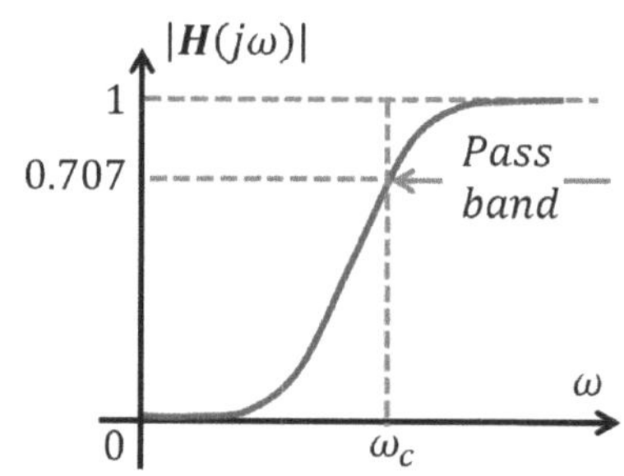

[그림 6-21] RL HPF회로의 주파수응답

RC HPF의 차단주파수와 시정수는 (식 6-34) 및 (식 6-35)와 같이 RC LPF와 동일하게 구해지며, 차단주파수를 하한선으로 하여 그 이상의 주파수 대역이 통과대역(pass band)으로 정의된다.

$$|\boldsymbol{H}(j\omega)| = \frac{\omega L/R}{\sqrt{1+(\omega L/R)^2}} = \frac{1}{\sqrt{2}}$$

$$\rightarrow (\omega L/R)^2 = 1 \quad \rightarrow \quad \omega_c = \frac{R}{L} \quad \left(f_c = \frac{R}{2\pi L}\right)$$ (식 6-34)

$$time\ constant\ \tau = \frac{1}{\omega_c} = \frac{L}{R}$$ (식 6-35)

■ BPF 고찰

6-2절에서 살펴본 BPF는 사실상 LPF와 HPF의 조합으로 구성되는 것으로 해석할 수도 있다. [그림 6-22]는 LPF와 HPF의 주파수응답의 합으로 BPF의 주파수응답을 구현할 수 있음을 보여주고 있다. 즉 BPF 차단주파수의 상한선 ω_{cH}을 LPF의 차단주파수로, 하한선 ω_{cL}을 HPF의 차단주파수로 맞추면 멋진 종모양의 BPF 특성을 얻을 수 있는 것이다. [그림 6-23]은 RL LPF와 RC HPF의 조합에 의한 직렬RLC BPF의 구성을, [그림 6-24]는 RC LPF와 RL HPF의 조합에 의한 병렬RLC BPF의 구성을 보여주고 있다.

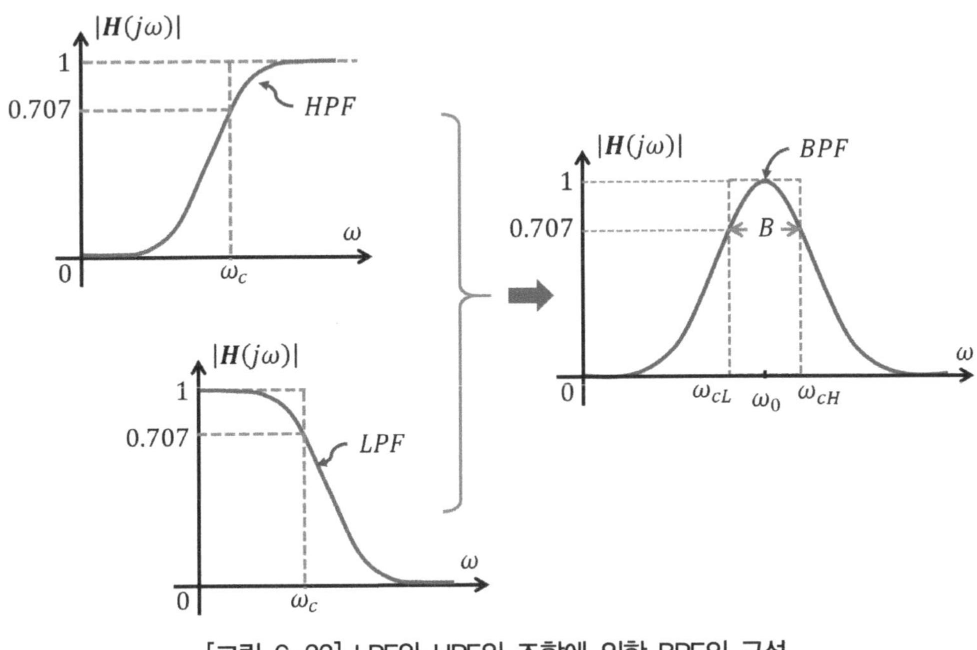

[그림 6-22] LPF와 HPF의 조합에 의한 BPF의 구성

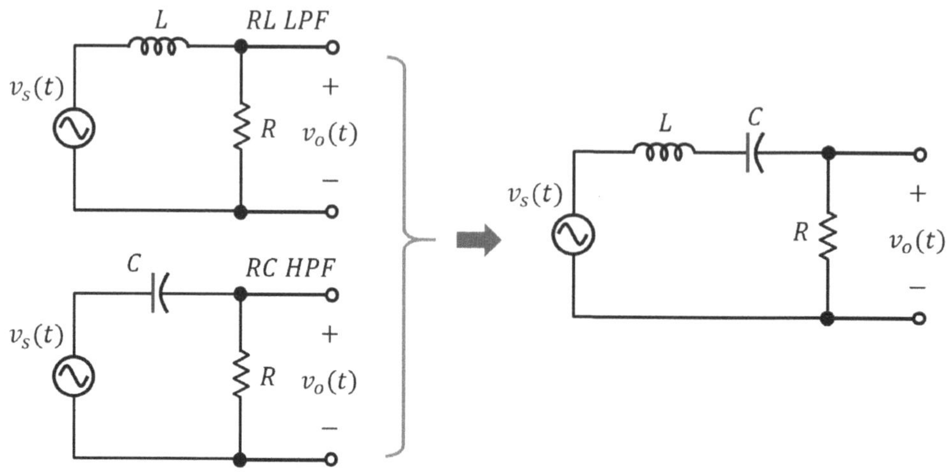

[그림 6-23] RL LPF와 RC HPF의 조합에 의한 직렬RLC BPF의 구성

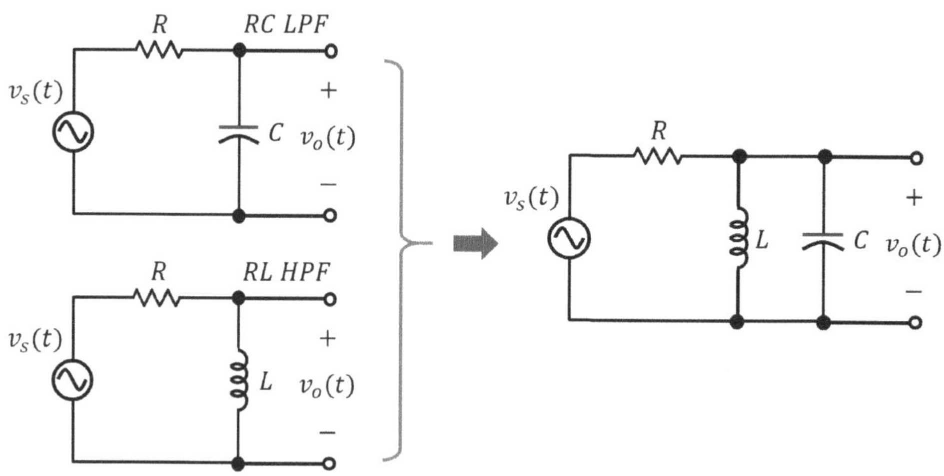

[그림 6-24] RC LPF와 RL HPF의 조합에 의한 병렬RLC BPF의 구성

■ 미분기와 적분기

LPF와 HPF는 주파수선택적(frequency selective) 회로로서, 입력되는 신호의 파형을 구성하는 수많은 주파수 가운데 고역 또는 저역의 주파수성분을 제거하는 역할을 한다. 이는 필연적으로 필터를 거쳐 나오는 신호의 파형에 상당한 변형을 초래할 것이다. 그런데 신호의 변화를 이해함에 있어서 주파수라는 개념적 관점보다는 신호 파형의 시간적 변화라는 관점이 훨씬 실감나지 않겠는가. 그런 의미에서 필터회로의 시간응답에 대하여도 살펴보자. 필터를 통과하는 파형의 가장 극적인 변화 형태는 디지털신호의 입력에서 관찰할 수 있다. [그림 6-25]는 대표적인 디지털신호 파형인 펄스파를 직렬 RC회로에 입력하는 경우이다.

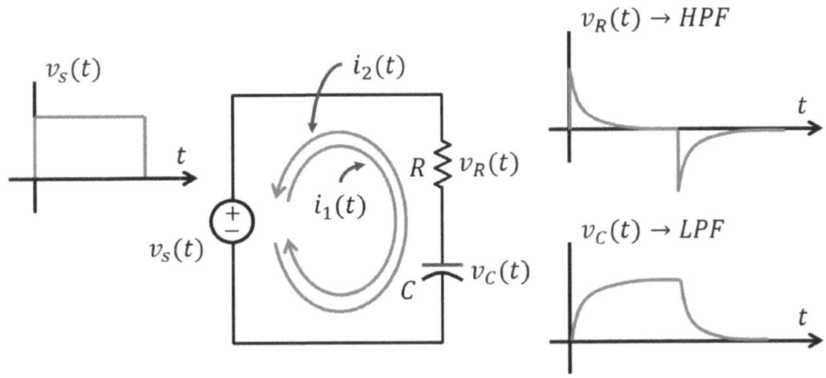

[그림 6-25] 펄스파 입력에 대한 직렬 RC회로의 응답

펄스파의 입력이란 달리 말하자면 직류전원을 넣어주고(switch ON), 끊어주는(OFF) 전원 스위치로 볼 수 있다. [그림 6-25]는 전압분배회로로서 $v_C(t)$를 출력으로 뽑아내면 RC LPF로, $v_R(t)$를 출력으로 뽑아내면 RC HPF로 대응된다. $v_R(t)$와 $v_C(t)$의 파형변화에 대하여 아래에서 단계별로 살펴보자.

1) 캐패시터 C는 기본적으로 직류에 대하여 개방이다. 하지만 전원이 들어가는 순간(OFF→ON)만큼은 (식 4-7)에서 살펴본대로 캐패시터를 충전하기 위한 전하의 흐름, 즉 회로전류 $i_1(t)$가 흐른다.
2) 캐패시터는 충전을 시작하지만 완전히 충전되기까지 과도기가 필요하므로 $v_C(t)$의 파형은 지수함수적으로 완만하게 꼬리를 끌면서 입력전압의 레벨 $v_s(t)$에 이른다. 이 때 꼬리를 끄는 시간은 시정수 RC로 결정된다.
3) 2)의 과정 동안 저항 R에는 전압분배에 의해 $v_R(t) = v_s(t) - v_C(t)$ 만큼의 전압이 걸리는데, 최초에는 $v_s(t)$가 다 걸리지만 곧바로 지수함수적으로 감소하여 최종적으로는 영으로 수렴한다. 캐패시터의 충전이 완료되고 나면 $v_R(t) = 0, v_C(t) = v_s(t)$인 상태가 유지되면서 출력파형은 더 이상 변화하지 않는다.
4) 한편 전원이 끊어지면(ON→OFF) 캐패시터 C는 방전을 시작하면서 반대 방향의 전류 $i_2(t)$가 저항 R을 통해 흐르기 시작한다. 캐패시터의 방전과정 역시 과도기가 필요하므로 $v_C(t)$의 파형은 지수함수적으로 감소하여 완만하게 꼬리를 끌면서 영으로 수렴한다.
5) 4)의 과정 동안 전원 전압이 영이므로 KVL에 의해 저항 R에는 $v_R(t) = -v_s(t)$의 전압이 순간적으로 걸리지만, 이내 $v_R(t)$은 지수함수적으로 감소하여 완만하게 꼬리를 끌면

서 영으로 수렴한다. 캐패시터의 방전이 완료되고 나면 회로는 전류도 전압도 영인 상태를 유지한다.

수학적으로 어떤 운동의 변화하는 정도, 즉 변화율을 따지는 도구는 미분이다. 위에서 살펴본대로 $v_R(t)$을 출력으로 하는 RC HPF는 펄스파의 가장 극적인 변화의 순간(ON/OFF)에 가장 강력한 출력 파형을 내놓는 전기회로이며, 이런 특성으로부터 RC HPF에는 **미분기**(differentiator)라는 별칭이 붙는다. 한편 $v_C(t)$를 출력으로 하는 RC LPF는 시간경과와 함께 증가하는 펄스파의 면적을 나타내는 파형을 내놓은 전기회로이며, 이런 특성으로부터 RC LPF에는 **적분기**(integrator)라는 별칭이 붙는다.

이제 동일한 개념으로 [그림 6-26]의 직렬 RL회로에 대하여도 알아보자.

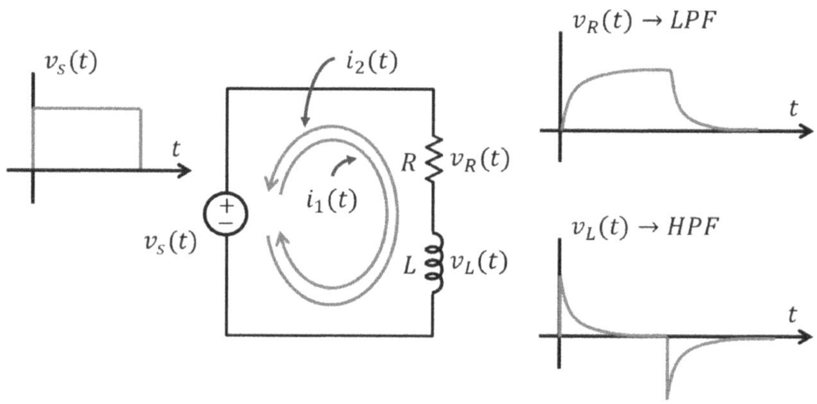

[그림 6-26] 펄스파 입력에 대한 직렬 RL회로의 응답

[그림 6-26] 역시 전압분배회로로서 $v_R(t)$을 출력으로 뽑아내면 RL LPF로, $v_L(t)$를 출력으로 뽑아내면 RL HPF로 대응된다. $v_R(t)$와 $v_L(t)$의 파형변화에 대하여 아래에서 단계별로 살펴보자.

1) 인덕터 L은 기본적으로 직류에 대하여 단락이다. 하지만 전원이 들어가는 순간(OFF→ON)만큼은 전류가 흐르지 않는 현 상태를 계속 유지하고자 한다. 즉 (식 4-9)에서 살펴본 대로 흘러들어오는 회로전류 $i_1(t)$에 대항하기 위하여 자체적으로 $v_L(t) = v_s(t)$만큼의 전압을 유도하여 반대 방향으로 전류 $i_2(t)$를 흘린다. 순간적으로 회로전류가 캔슬되므로 저항에 걸리는 전압 $v_R(t)$은 영이다.
2) 이후 유도전압 $v_L(t)$은 지수함수적으로 감소하여 완만하게 꼬리를 끌면서 영으로 수렴

한다. 이 때 꼬리를 끄는 시간은 시정수 L/R로 결정된다.

3) 2)의 과정 동안 저항 R에는 전압분배에 의해 $v_R(t)=v_s(t)-v_C(t)$ 만큼의 전압이 걸리므로 최초에는 영이지만 지수함수적으로 증가한 후 최종적으로는 $v_s(t)$로 수렴한다. 인덕터의 유도전압이 소진되고 나면 $v_L(t)=0, v_R(t)=v_s(t)$인 상태가 유지되면서 출력 파형은 더 이상 변화하지 않는다.

4) 한편 전원이 끊어지면(ON→OFF) 그 순간 인덕터는 전류가 흐르는 현 상태를 계속 유지하고자 한다. 즉 이번에는 $v_L(t)=-v_s(t)$만큼의 전압을 유도하여 $i_1(t)$의 흐름을 이어가지만, 그 순간이 지나면 $v_L(t)$의 파형은 지수함수적으로 감소하여 완만하게 꼬리를 끌면서 영으로 수렴한다.

5) 4)의 과정 동안 전원 전압이 영이므로 KVL에 의해 저항 R에는 $v_R(t)=v_s(t)$의 전압이 순간적으로 걸리지만, 이내 $v_R(t)$은 지수함수적으로 감소하여 완만하게 꼬리를 끌면서 영으로 수렴한다. 인덕터의 유도전압이 소멸하고 나면 회로는 전류도 전압도 영인 상태를 유지한다.

결론적으로 RL HPF 역시 **미분기**이며, RL LPF도 역시 **적분기**로 동작함을 확인할 수 있다. 위에서 살펴본대로 미분기든 적분기든 실제 출력파형은 수학적으로 완벽한 형태가 아니다. 이상적인 미분기라면 펄스파의 변화가 존재하는 펄스의 상승에지(rising edge, OFF→ON)와 하강에지(falling edge, ON→OFF)에서만 순간적인 무한대 출력만을 내놓아야 하며, 이상적인 적분기라면 펄스파의 지속기간동안 선형적으로 증가하는 삼각파를 내놓아야 할 것이다. 이상과 실제의 이러한 차이는 우리가 몸담고 있는 대자연이 결코 갑작스럽고 순간적이고 불연속적인 변화를 용납하지 않으며, 무슨 일이든 적절한 과도기를 거치게 한다는 점을 보여주고 있다. 즉 전기회로라는 수단으로는 결코 이상적인 미분기와 적분기를 만들어낼 수 없다는 점을 알아두자.

06

연습문제

1. BPF의 반대는 무엇인가?

2. 필터의 차단주파수란 입력전압이 절반으로 감소하는 주파수를 말한다. (O X)

3. LPF의 시정수와 차단주파수는 서로 역수관계이다. (O X)

4. RL LPF의 차단주파수는 (　　)이다.

5. LPF와 HPF는 기본적으로 전압분배회로이다. (O X)

6. 공진주파수에서 복소임피던스의 (　　)성분은 영으로 된다.

7. LC회로의 공진주파수는 LC의 제곱근의 역수이다. (O X)

8. LC공진회로는 일명 (　　)회로라고도 한다.

9. 직렬RLC BPF는 RC (　　)와 RL (　　)를 합한 형태이다.

10. RLC BPF의 Quality factor(Q값)는 필터의 대역폭 B에 비례 한다. (O X)

11. BSF의 별명은 (　　) 또는 (　　)이다.

12. 아래에 주어진 용어 중 나머지 4개와 전혀 상관이 없는 것은?
    1) BPF　2) resonance　3) BSF　4) root mean square　5) 共振

13. Bandwidth가 200Hz인 필터에 대하여 공진주파수가 1kHz 일 때와 1MHz 일 때의 Selectivity를 비교하면 몇 배의 차이가 나는가?

| 해답 |

1. BSF　2. X　3. O　4. R/L　5. O　6. 리액턴스　7. O　8. 탱크　9. HPF, LPF　10. X　11. notch filter, Trap　12. 4　13. 1000배

PART 2

전자회로

Electric and Electronic Circuits

07장 반도체

알기쉬운 전기및전자회로개론

■ 개요

우리는 1부 전기회로 편에서 저항, 캐패시터, 인덕터라는 3가지 회로소자가 전기적인 힘, 즉 전기력에 어떻게 반응하는지를 살펴보았다. 전기의 파동 속에서 엮어내는 이 배우들의 오묘한 드라마는 기본적인 물리법칙들로 해석되고 응용되어 전기에너지의 변환과 전송, 그리고 수많은 전기 기기(器機)의 실용화로 현대문명에 이바지하고 있다. 그런데 이들 RLC 회로소자들은 주어진 전기적 입력에 대하여 각각의 특성에 따라 정해지는 출력을 내놓을 뿐, 스스로 무언가를 만들어내지는 않는다는 뜻에서 수동소자(受動素子, passive device)라고 불린다.

한편 전기회로에 전원을 연결하거나 끊기 위해 쓰이는 스위치(switch)는 너무나 그 역할이 간단한 나머지, 하나의 독립된 회로소자로 대접받지도 못했다. 그렇지만 보잘것없어 보이는 스위치가 반도체라는 새로운 몸을 얻으면서 아날로그와 디지털을 아우르는 전자회로 기기들의 신세계를 창조한다. 반도체는 그 명칭 탓에 자칫 "반쯤 도체인 어떤 물질" 정도로 오해받기도 하지만, 전기전자회로의 진정한 주인공으로 등극한 기발하고도 신비한 발명품이다. 스스로 온갖 출력을 만들어낸다는 의미에서 능동소자(能動素子, active device)라는 이름으로 일컬어지는 반도체의 세계를 살펴보고, 증폭기와 고속 전자스위치로 대표되는 전자회로의 세계로 나아가 보자.

7-1 전자스위치

■ 교류-직류 변환

전기회로의 동력인 전원에는 직류와 교류라는 2가지 종류가 있고, 각각 고유의 쓰임새가 있다. 실제 발전기로 만들어지고 상용전기시스템을 통하여 공급되는 전기에너지는 거의 대부분 교류이다. 물론 전열과 전기조명에는 교류를 그대로 사용할 수 있으며, 고효율의 삼상교류 전동기 등 산업용과 민수용의 다양한 교류 전용 전기기기들이 훌륭하게 쓰이고 있다. 하지만 전기회로 및 전자회로를 구동하는 기본 전원은 반드시 직류이며, 이를 오로지 전지(battery)만으로 감당할 수는 없을 것이다. 즉 전기회로의 전원은 교류를 직류로 바꾸는 **정류(整流, rectification)** 과정을 필연적으로 포함하여야 한다. [그림 7-1]은 정현파교류를 정류하여 직류로 만드는 정류기의 기본적인 개념을 보여주고 있는데, 정류의 과정을 단계별로 살펴보면 아래와 같다.

1) 교류파형의 플러스 부분만 남기고 마이너스 부분은 제거한다.
2) 간격을 두고 봉우리 모양으로 존재하는 파형, 즉 맥류(脈流, pulse)를 반듯하게 펴 준다.
3) 완전히 평탄한 직류 성분을 제외한 나머지 변동성분을 제거한다.

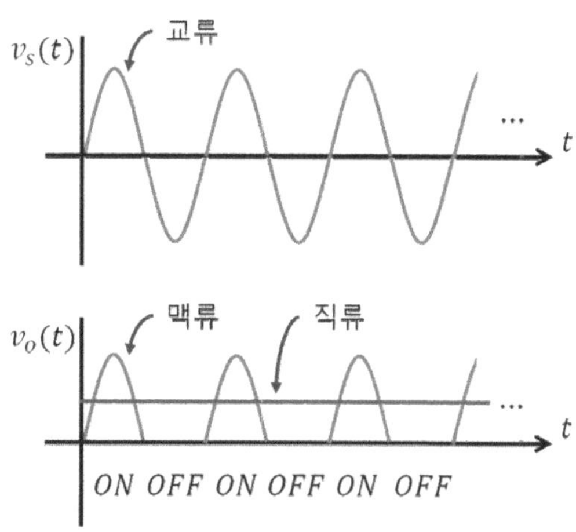

[그림 7-1] 정류의 개념

정류에서 핵심이 되는 것은 1)의 과정에서 플러스 파형만 통과시키고 마이너스 파형을 차단하는 스위치의 역할이다. 즉 교류의 파형이 플러스로 올라오는 순간 ON 되고, 마이너스로 내려가는 순간 OFF 되는 과정이 연속적으로 이어지는 스위칭(switching)이 필요하다. 그런데 우리에게 익숙한 도체 접점과 용수철로 만든 기계식 스위치로 60Hz 주파수의 스위칭을 해낼 수 있을까? 그리고 플러스와 마이너스의 변화는 또 어떻게 감지해낼 것인가? 정답은 플러스와 마이너스를 알아서 구분하고 이에 맞춰서 자동으로 ON/OFF 되는 회로소자 형태의 전자식 스위치를 만들어내는 것이다.

■ 전자스위치 1: 2극진공관

전자스위치를 다르게 표현하면 "오직 한 방향으로만 전류를 흘려주는 일방통행 소자"라고 말할 수 있다. 왜냐하면 교류의 파형이 마이너스로 내려 간다는 것은 전류의 방향이 180도 바뀜을 의미하기 때문이다. 한 방향으로만 전류가 흐르게 하는 한가지 방법은 공간(진공)에 자유전자를 풀어놓고 그 흐름을 제어하는 것이다. [그림 7-2]는 이러한 환경을 만들어 주는 **진공관(眞空管**, vacuum tube)이라는 소자의 구조를 보여주고 있다. 밀폐된 유리관(glass envelope) 내부에 삽입된 전극은 별도의 히터로 가열되어 자유전자를 방출하는데, 열에너지에 의해 공간에 방출된 이 자유전자들을 **열전자**라고 부른다. 가열된 전극이 타버리지 않도록 유리관 내부의 공기를 진공펌프로 모두 빼내므로 진공관이라는 명칭이 붙는다. 기본적으로 진공관은 에디슨이 발명한 전구의 원형으로서 가열된 전극이 내는 빛만을 이용하면 소위 백열전구(白熱電球, incandescent lamp)가 되지만, 방출된 열전자를 끌어들일 수 있는 전극을 하나 더 달아놓으면 아주 재미있는 일이 벌어진다.

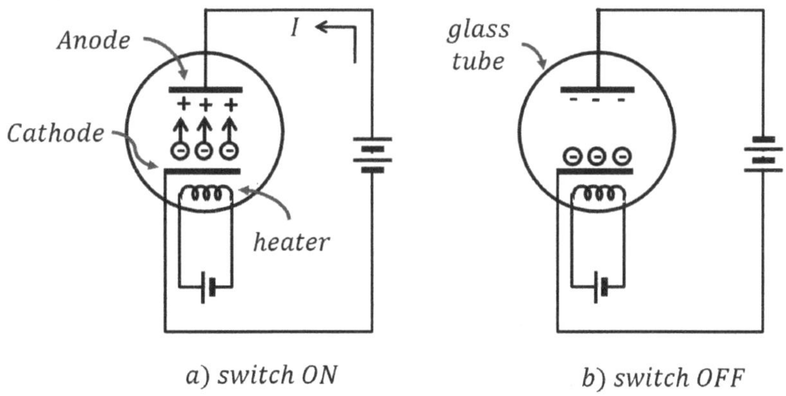

[그림 7-2] 전자스위치 1: 2극 진공관

그림에서 음전하인 전자를 방출하는 전극을 음극(陰極, Cathode, 일명 Filament)이라고 하며, 반대편에 설치된 또 하나의 전극을 양극(陽極, Anode, 일명 Plate)이라고 한다. 그 명칭으로부터 짐작할 수 있듯이, [그림 7-2] a)와 같이 양극에 플러스 전압이 걸리면 열전자는 양극으로 이끌려가고 음극은 전원으로부터 전자를 공급받으므로 회로는 전류가 흐르는 **도통**(導通,

ON) 상태로 된다. 그런데 반대로 [그림 7-2] b)와 같이 양극에 마이너스 전압이 걸리면 열전자는 양극과는 반발하고 플러스 상태인 음극에 묶이게 되므로 회로는 더 이상 전류가 흐르지 못하는 불통(不通, OFF) 상태로 된다. 이로써 오직 한 방향으로만 전류를 흘려주는 전자스위치가 탄생한 것이다! 이 신통한 물건은 극(ode)이 2개(di) 달려있는 진공관이라는 의미에서 Diode vacuum tube라는 명칭이 붙으며, 2극진공관으로 번역된다.

2극진공관은 그 확실한 성능을 바탕으로 정류기로서의 임무를 충실히 다하는 한편, 진화를 거듭하여 3극, 4극, 5극에 이르는 걸출한 전자회로 소자로 진화하여 현대 통신과 방송 및 민수용 전자기기, 심지어 초기 컴퓨터 제작에 이르기까지 활약한다. 그렇지만 유리와 금속으로 만들어지고 히터 구동을 위해 대전류가 쓰이는 관계로 크고, 무겁고, 깨지기 쉽고, 전기소모가 크고, 고열을 처리해야 하는 등 그 태생적 한계도 매우 분명했다. 작으면서 튼튼하고 효율도 좋은 고체(solid state), 즉 돌멩이 형태의 다이오드를 만들 수는 없을까? 좀 엉뚱한 아이디어였지만, 2극 진공관과 흡사한 동작을 하는 재료를 이리저리 찾던 중 게르마늄(Germanium)이라는 유력한 후보가 떠오른다. 차츰 고체물리학적으로 그 정체가 밝혀지면서 소위 반도체라는 이름을 얻게 되는 이 재료는 어떤 원리로 정류기용 전자스위치가 되었을까?

■ 반도체 재료

2극진공관처럼 전기를 가하면 전자가 쉽게 튀어나오는 딱딱한 원소를 찾기 위해서는 우선 원소(元素, element)의 원자 구조에 대하여 자세히 살펴보아야 할 것이다. 원자는 양성자와 중성자로 이루어진 원자핵과 원자핵의 주위를 에워싸고 도는 전자로 구성된다. 각각의 전자는 정교한 법칙에 따라 결정되는 고유의 궤도를 따라 분포하는데, 마치 원자핵을 겹겹이 감싸는 껍질처럼 보인다는 뜻에서 각(殼, sphere)이라고 부른다. 각은 다시 여러 개의 에너지준위(準位, level)로 구성되며, 특정한 각이 수용하는 에너지준위의 개수와 그 에너지준위에 소속될 수 있는 전자의 개수는 경이로운 수학적 법칙에 따라 결정된다.

흥미로운 점은 어떤 원소든 제일 바깥쪽 각, 즉 최외각(最外殼)의 전자의 개수는 8개를 넘기지 않는다는 것이며, 최외각 전자의 개수가 그 원소의 성격을 대부분 결정한다는 것이다. 즉 어떤 원소의 형태(고체, 액체, 기체) 및 화학적 반응성 등은 원소번호(전자의 개수)와 상관없이 이 최외각 전자들이 좌우한다는 뜻이다. 이에 그 중요성을 반영하여 최외각 전자들은 가전자(價電子, valence electron)라는 명칭을 부여받으며, n개의 가전자를 가지는 원소를 n가 원소라고 부른다.

이제 정류용 소자로 사용할 수 있는 재료에 대하여 생각해보자. 전기 스위치에 관한 이야기이므로 재료의 도전율이 핵심 요소가 될 듯 하지만, 이 재료는 완전한 도체(導體, conductor)도 아니요, 그렇다고 부도체(不導體, insulator)도 아니다. 2극진공관에서 살펴본 대로, 이 재료는 입력되는 "전압의 극성에 따라 도체로 작용하여 ON 되기도 하고, 부도체로 작용하여 OFF 되기도 해야 하는" 희한한 이중성이 필요하다. 그러다 보니 도전율이 도체와 부도체의 사이쯤에 있는 재료들이 그 후보로 될 수밖에 없고, 이들에게는 **반도체**(半導體, semiconductor)라는 어정쩡한 이름이 붙었다. 도체와 반도체, 그리고 부도체의 물리적인 구분은 [그림 7-3]과 같이 **가전자대**(價電子帶, valence band)에 갇혀있던 가전자가 얼마나 쉽게 에너지준위 사이의 에너지 갭인 **금지대**(禁止帶, forbidden band)를 뛰어넘어 **전도대**(傳導帶, conduction band)로 넘어가 자유전자로 되느냐의 정도에 따른다.

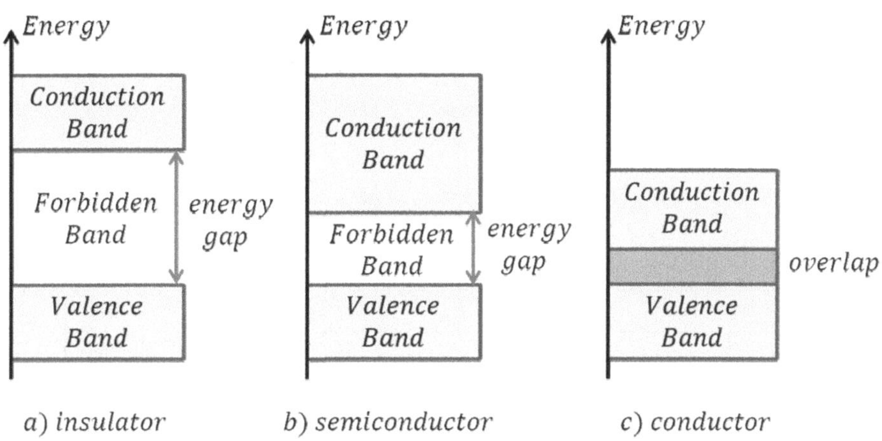

[그림 7-3] 에너지준위와 도체, 반도체, 부도체의 구분

도체는 그림과 같이 전도대와 가전자대가 겹치고 있다. 따라서 별도의 에너지 공급 없이도 가전자가 쉽게 전도대로 튀쳐나와 자유전자로 될 수 있으므로 언제든 전류를 흘릴 수 있다. 이에 비해 부도체는 상당한 에너지를 가해주어야만 가전자가 에너지 갭을 뛰어넘을 수 있다. 그리고 이렇게 금지대가 무너지면서 절연파괴라는 현상이 발생하므로 다시는 부도체로 돌아가지 못한다. 즉 부도체에 한도를 넘어서는 전압이 걸리면 물성 자체가 변해버리고 만다. 반도체는 그 중간의 특성으로서 상온 정도의 열에너지로도 어느 정도 자유전자를 내놓는 특성을 가진다.

그런데 반도체라는 단어가 의미하는 "도전율이 좀 떨어지는 도체" 정도의 특성만으로는 전류의 일방통행이라는 기능을 요구하는 전자스위치에 이르기에는 한참 요원해 보인다. 어떻게든 이놈을 주물러서 전압의 극성에 따라 도체가 되기도 하고 부도체가 되기도 하는 물건으로 만들어야 하며, 이 일에 적합한 특별한 반도체 재료를 찾아내야 하는 난제가 남아있다. 여기에서 핵심적으로 고려되어야 하는 사항이 바로 원소가 서로 결합하여 고체를 이루는 결정구조이다. 이쯤에서 다시 원소 이야기로 되돌아가 보자.

지구상에 존재하는 원소들을 살펴보면 신기하게도 원자번호가 다름에도 불구하고 유사한 성질을 가지는 원소들의 그룹들이 존재한다. 이것은 다름 아닌 가전자가 원소의 성질을 결정하기 때문이다. 원소들을 원자번호 순으로 배열해보면 유사한 성질의 원소들이 일정한 주기를 두고 반복적으로 나타나는 주기율(週期律, periodic)을 발견할 수 있는데, 이를 이용하여 원소들을 도표로 정리한 것이 **주기율표**(週期律表, periodic table)이다. [그림 7-4]는 가전자의 개수만으로 아주 간략하게 그린 주기율표이다. 각 원소에 표시된 숫자는 원자번호, 즉 전자(혹은 양성자)의 개수를 의미한다. 주기율표에서 유사한 성질을 가지는 원소의 그룹, 즉 동일한 개수의 가전자를 가지는 원소들은 세로로 배치된다. 여기에서 우리가 주목해야 할 것들은 음영으로 표시된 부분으로서 반도체의 재료가 되는 원소들이다. 즉 4가의 실리콘(규소, Si), 게르마늄(Ge) 등은 반도체의 주연으로, 3가의 갈륨(Ga), 인듐(In) 등과 5가의 인(P), 비소(As) 등은 소중한 조연으로 활약한다.

→ 가전자 개수

↓ 주기

	1	2	3	4	5	6	7	8
1	^{1}H							^{2}He
2	^{3}Li	^{4}Be	^{5}B	^{6}C	^{7}N	^{8}O	^{9}F	^{10}Ne
3	^{11}Na	^{12}Mg	^{13}Al	^{14}Si	^{15}P	^{16}S	^{17}Cl	^{18}Ar
4			^{31}Ga	^{32}Ge	^{33}As			
5			^{49}In	^{50}Sn	^{51}Sb			
6								
7								

[그림 7-4] 간략한 주기율표와 반도체 재료

■ 공유결합

원소들이 우주 공간에서 저 홀로 존재할 수 있을까? 원소들이 모두 저 홀로 고고하게 머물러 있다면 우리 눈에 보이는 우주의 삼라만상(森羅萬象)은 결코 존재할 수 없을 것이다. 원소들은 반드시 자기들끼리 혹은 다른 원소와 결합하여 분자(分子, molecule)를 이루고, 물질의 형태를 갖춘다. 원소의 결합에는 이온결합(ionic bond), 금속결합(metallic bond), 공유결합(共有結合, covalent bond) 등이 존재하며, 그 결합력의 크기에 따라 고체로, 액체로, 또 기체의 형태를 가진다. 그런데 이 원소 결합의 원동력은 무엇일까?

원자가 원자를 끌어들이는 요인은 바로 가전자의 작용이다. 원자는 최외각의 가전자가 8개 모일 때 가장 안정된다. 따라서 모든 원소들은 가전자 궤도를 8개의 전자로 가득 채우고자 하는 경향을 가진다. 8개의 가전자는 일종의 완전수(完全數)로서 네온(Ne), 아르곤(Ar) 등 8가 원소들은 스스로 안정되어 있으므로 타 원소들과 결합하지 않고 홀로 고고하게(noble) 기체(gas) 상태로 떠돌기 때문에 불활성기체(不活性氣體)라는 이름을 가진다.

가전자가 1개인 1가 원소는 최외각에 1개의 전자를 외로이 남겨두느니 차라리 내버리고 바로 아래 궤도의 8개 전자로 안정화를 이루고자 하는 열망이 매우 강하다. 한편 가전자가 7개인 7가 원소는 어떻게든 1개의 전자를 가져와서 최외각을 8개를 채우고자 하는 열망이 매우 강하다. 따라서 1가 원소와 7가 원소는 서로의 이해관계가 절묘하게 맞아떨어지는 찰떡궁합이다. [그림 7-5]는 딱 하나의 최외각 전자를 가지는 나트륨(Na)이, 딱 하나의 빈 자리를 가지는 염소(Cl)에게 전자를 넘겨줌으로써 염화나트륨(NaCl, 소금)이라는 분자가 만들어지는 형상을 보여주고 있다. 이 경우 전자를 잃은 나트륨은 양전하로, 전자를 얻은 염소는 음전하로 되어 두 원자는 전기적 인력으로 단단하게 결합하는데, 다른 원소끼리의 이런 결합방식을 이온결합이라고 한다.

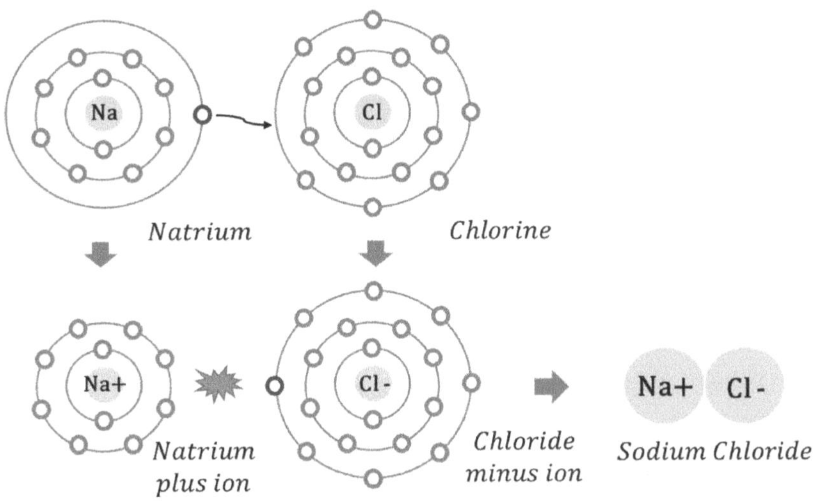

[그림 7–5] 나트륨(Na)과 염소(Cl) 원자, 그리고 염화나트륨(NaCl)

그렇다면 4가 원소들은 어떨까? 이들 역시 최외각을 8개로 채우고 싶어 하지만, 이온결합과는 조금 다른 전략을 구사한다. 즉 하나의 전자를 두 원자핵이 공유(共有)함으로써 모두가 동등한 자격으로 연합군을 형성하는데, 이를 공유결합이라고 한다. [그림 7-6] a)는 실리콘 원자 하나가 상하좌우에 표시된 4개의 실리콘 원자와 하나씩의 전자를 공유함으로서 최외각을 8개로 채우는 공유결합을 보여주고 있다. (원자번호 14의 실리콘은 14개의 전자를 가지지만 편의상 4개의 가전자만을 2차원 그림으로 표시하였다). 한편 상하좌우의 실리콘 원자 역시 각자 3개씩의 실리콘 원자를 끌어모아 공유결합을 이루어나가면서 [그림 7-6] b)와 같이 점점 더 큰 덩어리를 형성하게 될 것이다.

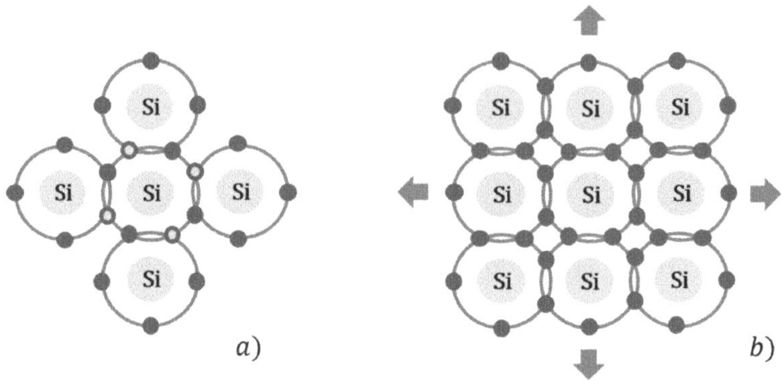

[그림 7-6] 4가 원소 실리콘의 공유결합

실리콘의 공유결합은 단일 원소끼리의 순수한 단결정(單結晶, Monocrystalline)을 이루는데, 이는 3차원의 그물구조로서 매우 단단한 다이아몬드형 결합구조를 보여준다. 아울러 동일한 4가 원소인 탄소(C)와 게르마늄(Ge) 등도 유사한 원리로 질서정연한 공유결합을 이룬다. 결론적으로 이러한 4가 원소의 단결정이야말로 고체 다이오드를 얻을 수 있는 반도체 재료가 되며, 이러한 의미에서 **진성반도체**(眞性, Intrinsic Semiconductor)라는 이름을 얻는다.

■ 진성반도체

사실 실리콘이라는 원소는 지구의 단단한 지각을 구성하는 암석의 주성분으로서 매우 흔한 물질이다. 다만 대부분 산소와 결합하여 이산화규소(SiO_2)라는 산화물의 형태로 존재하며, 석영(石英, quartz) 또는 수정(水晶)이라는 이름으로 알려져 있다. 따라서 위에서 살펴본 순수 실리콘의 단결정인 진성반도체는 실리콘 화합물을 특별한 공정으로 정제(精製, refine)하여야 만들어질 수 있다. 즉 이산화규소를 일단 미세한 단결정들이 무작위적으로 결합 된 다결정실리콘(polysilicon)으로 가공한다. 이어서 다결정실리콘을 녹여 액체 상태로 만든 후, 여기에 단결정 실리콘 종자(seed)를 담그고 천천히 끌어올리면서 성장시켜 커다란 단결정 덩어리인 **잉곳**(ingot)을 만들어낸다. 이러한 결정성장법(crystal growth process)으로 만들어진 잉곳은 거의 완벽한 순도를 가져야 하는데, 통상 "nine nines purity (99.9999999%) 혹은 "eleven nines purity (99.999999999%)의 기준을 만족해야 한다. 잉곳은 다시 얇게 커팅 되고 원판 형태의 웨이퍼(wafer)로 가공되어 실제 반도체 소자들을 구워내는 기판(基板, plate)으로 쓰인다. 웨이퍼 사이즈는 초기의 직경 2인치에서 출발하여 점점 커지고 있는데, 현재는 12인치(300mm)가 주로 쓰이며, 400mm 및 450mm로 점차 대형화되고 있다.

다시 본론으로 돌아와서, 진성반도체의 전기적 물성에 대하여 살펴보자. 진성반도체는 [그림 7-6]과 같이 최외각에 8개의 전자들이 배치되는 정연한 결정구조로서, 전자들이 빠져나갈 빈틈이 보이지 않는다. 그렇지만 상온(常溫, 25도) 정도의 열에너지의 공급으로도 힘을 받은 일부 전자가 튀쳐나와 자유전자(free electron)를 생성할 수 있다. 이때 전자가 빠져나간 빈자리를 **정공**(正孔, hole)이라고 부르는데, 이 명칭은 음전하인 전자의 이탈 결과 그곳이 양전하로 취급됨을 의미한다. 물론 자유전자는 자유로이 이동할 수 있는 전하이지만, 정공은 결정구조에 묶인 붙박이 전하라는 차이점은 존재한다.

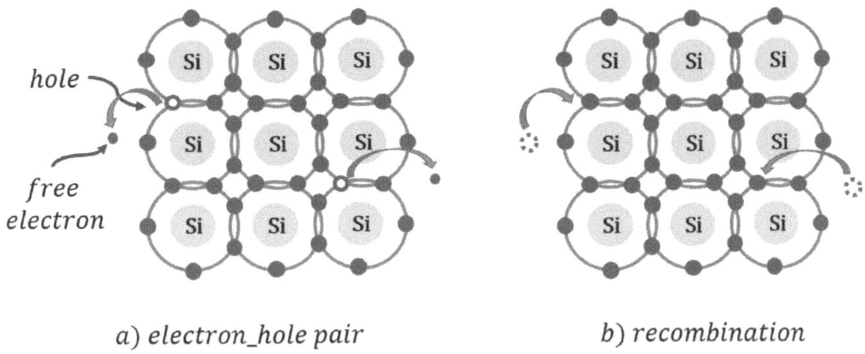

[그림 7-7] 자유전자-정공 쌍의 생성과 재결합

결정구조 사이를 떠돌던 자유전자는 일정한 시간 경과 후 전기적 인력에 의해 인근의 정공으로 끌려 들어가 8개의 가전자 궤도를 다시 채우게 되는데, 이를 **재결합**(再結合, recombination)이라고 한다. 특정 온도에서 자유전자-정공 쌍의 생성율과 재결합율이 같아지면 자유전자가 일정한 농도를 유지하게 되며, 이를 열적 평형이라고 한다. 자유전자-정공 쌍의 농도는 당연히 온도에 비례하여 증가한다. 한편 분자의 운동이 모두 정지하는 절대영도 ($0^\circ K, -273^\circ C$)에서는 자유전자-정공 쌍의 생성이 완전히 멈추고 진성반도체는 부도체화 한다.

아무튼 진성반도체는 상온에서 미약하나마 자유전자와 정공이 1:1 대응관계로 생성되어 약간의 도전성을 띠게 된다. 진성반도체에 [그림 7-8]과 같이 전압을 가해주면 자유전자가 전지의 양극 방향으로 이끌려가면서 회로전류를 형성한다. 흥미로운 점은 자유전자는 이동하면서 마치 징검다리를 건너뛰듯 정공과의 재결합과 생성을 거듭한다는 점이다. 즉 진성반도체에서의 전류란 반드시 자유전자와 정공이 함께 빚어내는 작품이다. 그런데 이렇게 되면 [그림 7-8]에 보인 것처럼 좌측으로 자유전자가 이동함에 따라 붙박이 정공이 마치 우측으로 이동한 것처럼 보이는데, 정공이 실제로 이동하는 것처럼 다루어도 해석상 문제는 없다. 즉 전지의 양극에서는 정공을, 음극에서는 전자를 펌프질해 준다고 보아도 무방하다. 따라서 진성반도체에서의 전류는 자유전자의 이동으로 정의할 수도 있지만, 정공의 이동으로 정의할 수도 있다. 이처럼 진성반도체에서 자유전자와 정공은 동등한 자격으로 전류의 매개체를 이룬다는 의미에서 캐리어(Carrier)라는 이름이 붙는다.

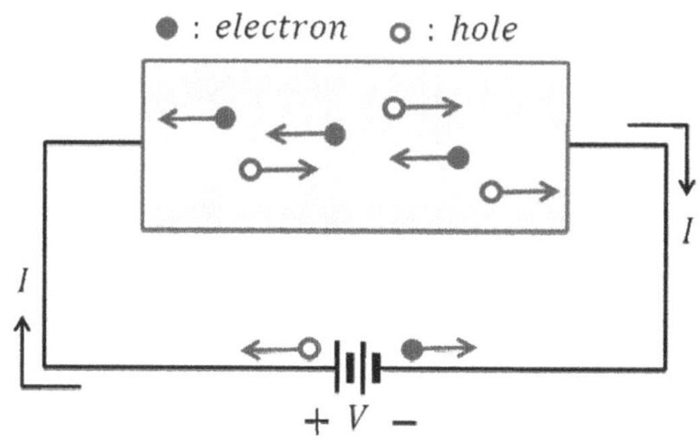

[그림 7-8] 진성반도체의 전류 전도

7-2 반도체 다이오드

■ 불순물반도체

진성반도체에서의 자연스러운 캐리어 생성만으로는 그 도전율이 너무도 낮다. 풍부한 자유전자를 자랑하는 금속 도체의 도전율에는 비할 바가 아니지만, 그래도 스위치 노릇을 하자면 ON 상태에서 상당한 수준의 도전율이 보장되어야 할 것이다. 정연한 공유결합을 유지하면서, 진성반도체의 도전율을 올리기 위한 꼼수는 없을까? 여기에는 4가 실리콘의 정연한 결정구조 속에서 일부 원자를 5가 원소로 슬쩍 끼워 넣는 방법이 있다. 매우 고난도의 기술이지만 공유결합의 틈새로 다른 원자를 스며들게 하는 이 공법을 도핑(doping)이라고 한다.

도핑된 반도체는 진성반도체(intrinsic simiconcuctor)와 구분하여 **외인성반도체**(extrinsic semiconductor)라고 부른다. 일명 **불순물반도체**라는 이름이 더 많이 쓰이는데, 도핑하는 원소를 불순물이라고 번역한 탓인 듯하다. 틀린 말은 아니지만, 도핑의 놀라운 효과와 반도체 다이오드의 탄생이라는 공로를 생각하면 별로 좋은 어감이 아닌 것도 사실이다. 그렇지만 이미 통칭으로 굳어져 버린 용어라 그대로 쓰기로 한다.

[그림 7-9]는 실리콘 진성반도체에 5가인 비소(As) 원자 하나가 도핑된 불순물반도체의 결정구조이다. 도핑되는 5가 원소는 4개의 최외각 전자로 4가 원소와의 공유결합을 이루지만, 나머지 1개의 최외각 전자는 궤도에 홀로 남는다. 이 전자는 8개로 안정화된 궤도 밖에서 매우 느슨하게 묶여 있으므로 가볍게 이탈하여 자유전자로 되기 쉽다. 이러한 형태의 불순물반

도체는 음전하인 전자를 여분으로 가진 반도체라는 의미에서 N형반도체(negative semiconductor)라고 부른다. 또한 쉽게 전자를 내놓는다는 의미에서 도너(doner)라는 별명도 가진다. 그런데 N형반도체라도 어디까지나 전기적으로는 중성임을 주의하자. 도핑되는 5가 원소도 진성반도체도 모두 전기적으로는 중성이기 때문이다. 따라서 N형반도체가 전자를 내보내고 나면, 자신은 도리어 양전하인 양이온으로 바뀌고 만다.

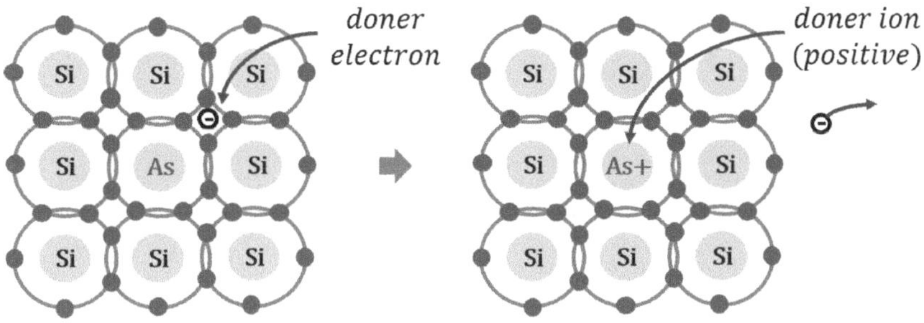

[그림 7-9] 불순물반도체 1: N형반도체

[그림 7-10]은 N형반도체의 전류 전도 메커니즘을 보여주고 있다. N형반도체의 자유전자는 진성반도체의 자유전자-정공 쌍과는 근본적으로 족보가 다른 여분의 전자이다. 즉 정공이라는 짝이 없는 그야말로 자유전자로서 도전율 향상에 크게 기여하게 된다. 또한 기본 바탕이 진성반도체이기도 하므로 자유전자-정공 쌍의 생성과 재결합에 의한 전류도 함께 존재한다. 이에 따라 개수가 압도적으로 많아진 자유전자를 **다수캐리어**(majority carrier)로, 소수의 정공을 **소수캐리어**(minority carrier)로 부른다. 통상 다수캐리어의 농도는 소수캐리어의 수백만배 이상이며, 불순물반도체는 상당한 수준으로 도체화 된다. 그런데 이렇게 획기적인 효과를 내려면 도핑은 어느 정도의 농도로 해야 할까? 놀랍게도 진성반도체에 도핑되는 불순물의 비율은 게르마늄의 경우 10^8:1, 실리콘의 경우 10^{13}:1에 불과하다. 마이크로의 세계는 그저 경이로울 따름이다.

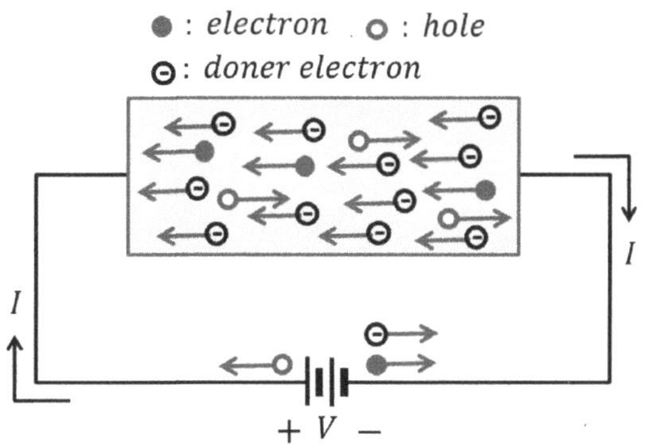

[그림 7-10] N형반도체의 전류 전도

불순물반도체를 만드는 방법에는 하나가 더 있다. 그것은 진성반도체에 3가 원소를 도핑하는 것이다. [그림 7-11]은 실리콘 진성반도체에 3가인 인듐(In) 원자 하나가 도핑된 불순물반도체의 결정구조이다. 도핑되는 3가 원소는 3개의 최외각 전자로 4가 원소와의 공유결합을 이루고자 하지만 1개의 전자가 모자라므로 그 자리는 정공으로 남는다. 이러한 형태의 불순물반도체는 양전하인 정공을 여분으로 가진 반도체라는 의미에서 **P형반도체**(positive semiconductor)라고 부른다. 또한 어떻게든 전자를 끌어들여 정공을 메꾸고자 한다는 의미에서 **억셉터**(acceptor)라는 별명도 가진다. P형반도체 역시 어디까지나 전기적으로는 중성임을 주의하자. 도핑되는 3가 원소도 진성반도체도 모두 전기적으로는 중성이기 때문이다. 따라서 P형반도체가 전자를 받아들여 정공을 메꾸고 나면, 자신은 도리어 음전하인 음이온으로 바뀌고 만다.

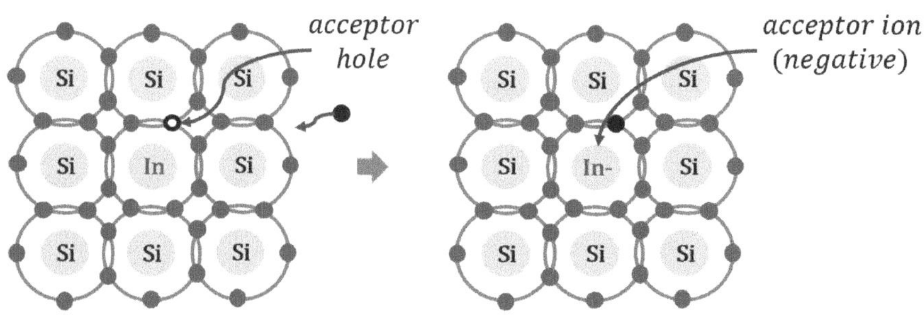

[그림 7-11] 불순물반도체 2: P형반도체

[그림 7-12]는 P형반도체의 전류 전도 메커니즘을 보여주고 있다. P형반도체의 정공은 진성반도체의 자유전자-정공 쌍과는 근본적으로 족보가 다른 여분의 정공이다. 즉 외부로부터 자유전자를 마음껏 받아들일 수 있으므로 도전율 향상에 크게 기여하게 된다. 또한 기본 바탕이 진성반도체이기도 하므로 자유전자-정공 쌍의 생성과 재결합에 의한 전류도 함께 존재한다. 이에 따라 이번에는 압도적으로 개수가 많아진 정공이 **다수캐리어**(majority carrier)로, 소수의 자유전자가 **소수캐리어**(minority carrier)로 된다.

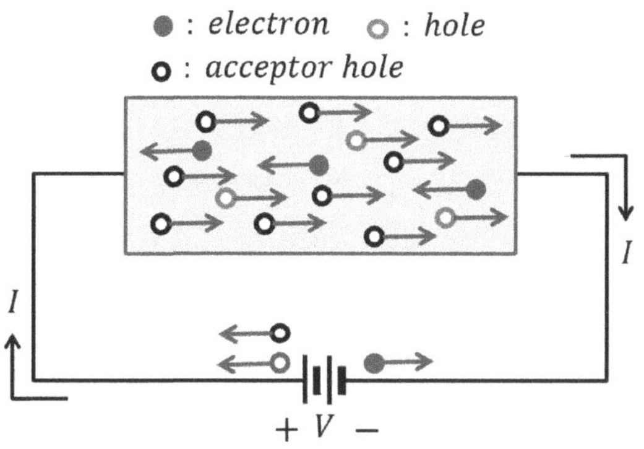

[그림 7-12] P형반도체의 전류 전도

■ PN접합

N형반도체와 P형반도체를 얻고 보니 드디어 2극진공관과 뭔가 통하는 느낌이 들지 않는가? 2극진공관(Diode Tube)의 음극(Cathode)은 열전자를 내놓은 역할을 하는데, 자유전자를 다수캐리어로 가지는 N형반도체가 이 일을 할 수 있을 것이다. 한편 2극진공관의 양극(Anode)은 전자를 끌어들이는 역할을 하는데, 정공을 다수캐리어로 가지는 P형반도체야말로 이 일에 적격이다. 결론은? [그림 7-13]과 같이 P형반도체와 N형반도체를 하나로 이어붙여서 PN접합(接合, PN junction)으로 만드는 것이다(그림에서 소수캐리어는 무시한다). 이렇게 되면 2극진공관과 개념적으로 동일한 모양새가 되는데, 이를 PN접합 다이오드라고 한다. 진공관처럼 열을 가하지 않고도 동작하며 작고 가볍고 깨지지 않는 고체 다이오드의 탄생이다.

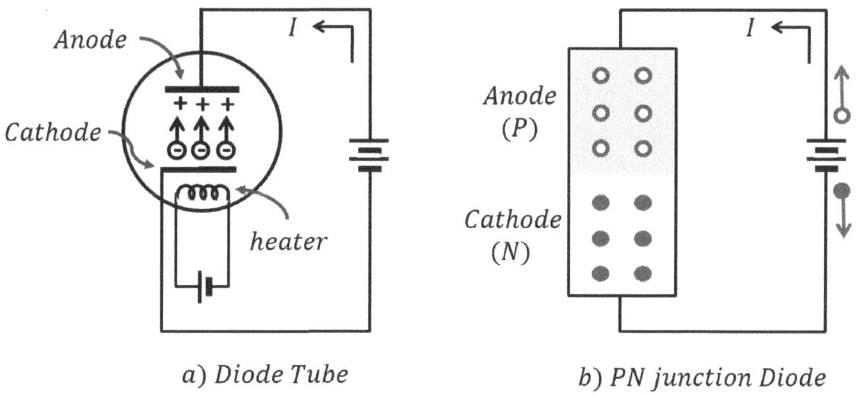

[그림 7-13] 2극진공관과 PN접합 다이오드의 비교

그런데 반도체에서의 전류 전도는 단결정의 원자 구조를 통한 전자와 정공의 이동에 기초한다. 따라서 별개의 P형반도체와 N형반도체를 용접 등으로 그냥 이어붙여서는 이러한 물리적 조건을 충족시킬 수 없다. 즉 PN접합의 경계면은 반드시 한 덩어리의 단결정 속에서 만들어져야만 한다. 결국 완전한 PN접합을 만들기 위해서는 [그림 7-14]와 같이 한 덩어리의 진성반도체를 대상으로 양 측면에서 도핑하는 방법을 사용하는 수밖에 없다.

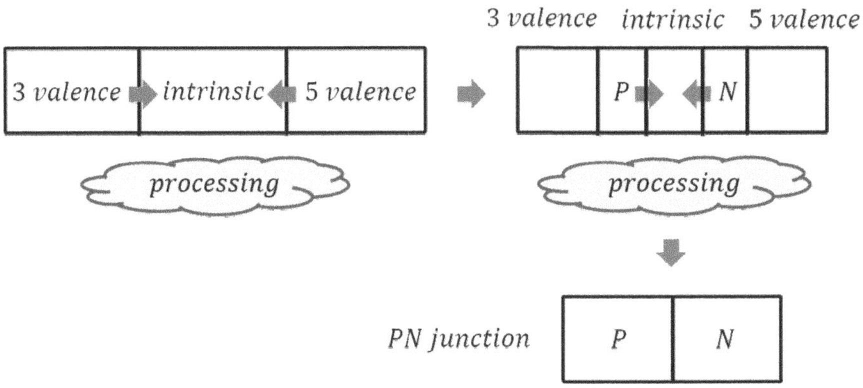

[그림 7-14] PN접합의 제조

[그림 7-14]의 공정(processing)을 통해 P와 N이 만나 경계면이 형성되는 순간, 어떤 일이 벌어지는지 [그림 7-15]를 통해 살펴보자. 일단 경계면과 인접한 N영역의 자유전자가 P영역의 정공에 이끌려 경계면을 넘어가면서 자유전자-정공의 재결합이 시작될 것이다. 이런 사태가 이어지면 자유전자와 정공은 모두 재결합으로 모두 소멸할 듯하다. 그러나, 여기에는 재미있는 반전이 있다. 아래에서 단계별로 추적해보자.

1) 경계선을 중심으로 자유전자-정공 재결합 시작. [그림 7-15] a)
2) 자유전자가 떠난 자리는 부동(不動)의 양이온으로, 자유전자로 메꾸어진 정공은 부동의 음이온으로 변신
3) 재결합의 진행과 함께 양이온과 음이온의 층이 점차 두꺼워짐
4) 자유전자는 양이온층의 반발력으로 더 이상 P로 이동하기 어려워짐
5) 정공 역시 음이온층의 반발력으로 더 이상 N으로 이동하기 어려워짐
6) 최종적으로 PN접합 경계면에는 캐리어가 소진된 양이온과 음이온의 장벽만 남고, 캐리어의 자발적인 이동은 더 이상 불가능함. [그림 7-15] b)

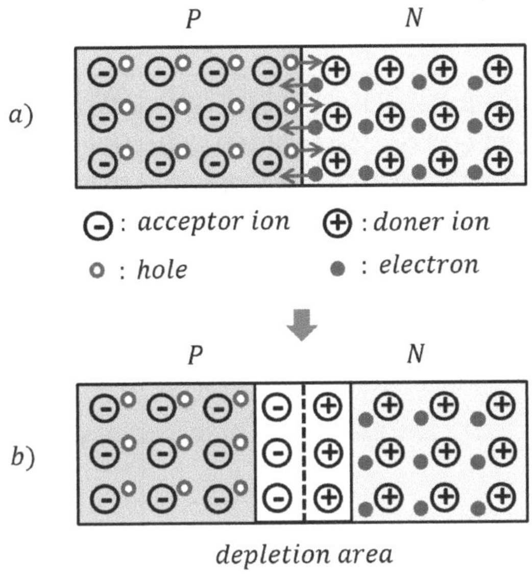

[그림 7-15] PN접합 경계면의 물리 현상

이렇게 경계면에 형성된 양이온과 음이온의 층을 Depletion Area 라고 하며, **공핍층**(空乏層), 결핍층(缺乏層), 또는 **공간전하영역**(空間電荷領域)으로 번역되어 있다. 이온층의 반발력은 전기적 위치에너지, 즉 전위(電位)의 개념으로 표현되므로 이를 **전위장벽**(電位障壁, Barrier Potential)이라고 한다. [그림 7-16]은 자유전자와 정공의 입장에서 바라본 전위장벽으로서, 캐리어가 전위장벽을 거슬러 올라가지 못함을 보여주고 있다. 전위장벽의 크기는 게르마늄 반도체의 경우 약 0.3V, 실리콘 반도체의 경우 약 0.7V로 알려져 있다. 전위장벽은 **문턱전압**(threshold voltage)이라고도 하며 V_T로 표시한다.

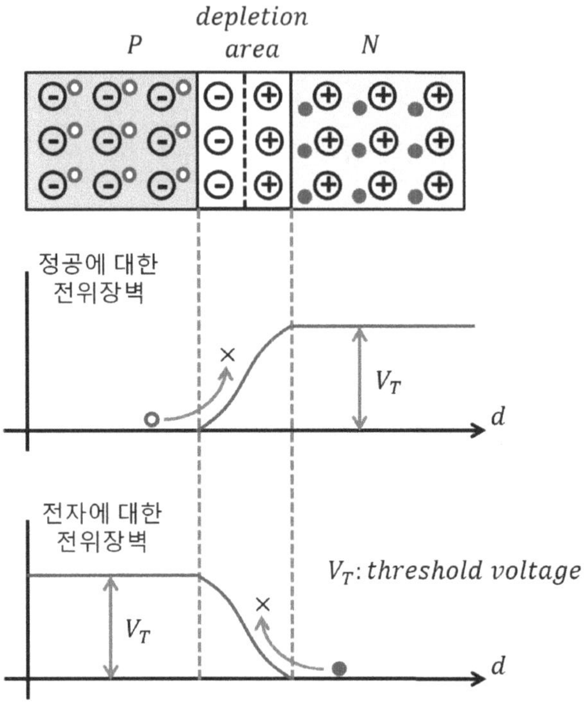

[그림 7-16] 공간전하영역과 전위장벽

■ **전자스위치 2: 다이오드**

이제 PN접합 다이오드(이하 다이오드로 통칭한다)가 실제로 스위칭이 되는지 [그림 7-17]을 통해 살펴보자(편의상 움직이지 않는 도너와 억셉터 이온은 그림에서 생략하고 캐리어인 자유전자와 정공만 표시함). 다이오드가 도통(導通, ON) 상태로 되려면 캐리어가 전위장벽을 뛰어넘을 수 있어야 한다. 따라서 실리콘 반도체의 경우 [그림 7-17] 과 같이 문턱전압 $V_T = 0.7\,V$를 넘는 플러스 전압을 P측에 가해주면 공핍층은 쪼그라들고 자유전자와 정공은 PN접합을 가로질러 재결합하기 시작한다. 그리고 전지로부터 주입(注入, injection)되는 전자는 회로를 순환하면서 P측에서 N측으로 향하는 연속적인 전류의 흐름을 만들어낸다. 즉 다이오드는 스위치 ON 된 것이다. 이처럼 다이오드의 P측에 플러스 전압을 걸어주어 ON 상태로 만드는 것을 **순방향바이어스**(順方向, forward bias)라고 한다.

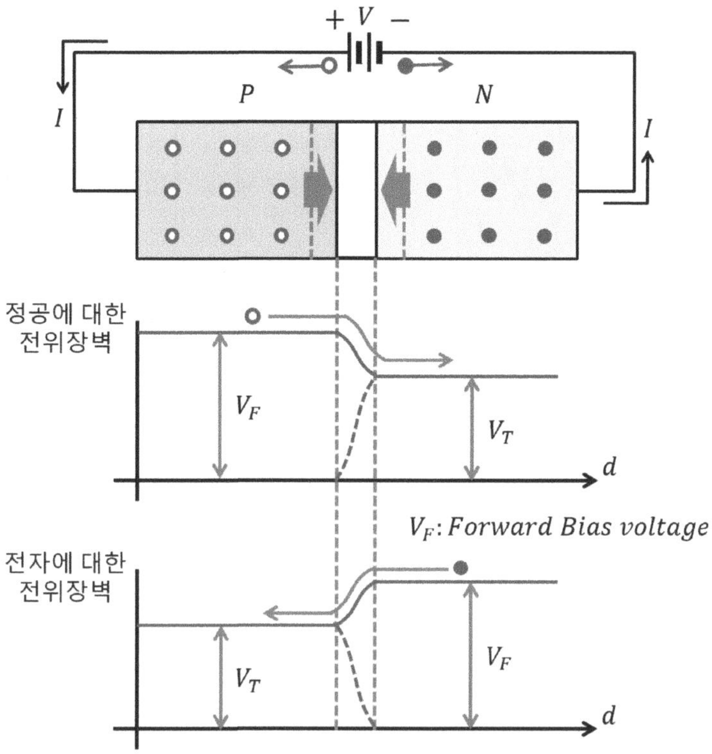

[그림 7-17] 다이오드의 순방향바이어스

한편 [그림 7-18]과 같이 전지의 양극을 N측에, 음극을 P측에 연결하면 전위장벽은 그만큼 더 높아지고 공핍층은 더 두터워진다. 즉 다이오드는 불통(不通, OFF) 상태를 더 확실하게 유지하게 되는데, 이런 상태를 **역방향바이어스**(逆方向, reverse bias)라고 한다. 이로써 우리는 다이오드가 2극진공관과 마찬가지로 오직 한 방향으로만 전류를 흘려주는 전자스위치 노릇을 해냄을 확인할 수 있다.

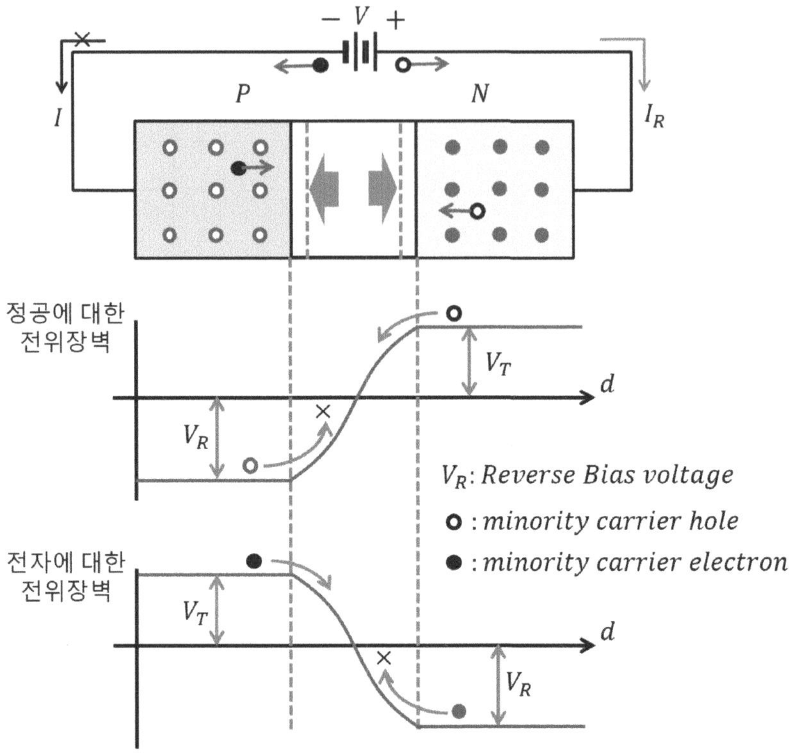

[그림 7-18] 다이오드의 역방향바이어스

그런데 실제 다이오드에서는 역방향바이어스에서도 **누설전류**(leakage current)라고 하는 미세한 전류의 흐름이 존재한다. 이는 반도체 다이오드 특유의 현상으로서 불순물반도체에 포함된 소수캐리어의 작용 때문이다. P영역을 살펴보면 정공이 다수캐리어이긴 하지만, 진성반도체의 특성인 자유전자-정공 생성에 의한 자유전자가 소수캐리어로 존재한다. 따라서 P영역에 있는 소수캐리어 자유전자의 입장에서 보면 전위장벽은 [그림 7-18]에서 보인대로 신나게 내려가는 미끄럼틀이다! 한편 동일한 원리로 N영역에서도 소수캐리어 정공이 존재하는데, 이 역시 전위장벽은 내려가는 미끄럼틀이다. 즉 소수캐리어 입장에서 보면 역방향바이어스가 도리어 강력한 순방향바이어스 역할을 해주므로 약하기는 하지만 역방향의 전류가 형성되는 것이다.

다이오드의 회로 심볼은 [그림 7-19]와 같이 P측에서 N측으로 향하는 화살표 모양으로 그리며, P측을 양극(Anode, A), N측을 음극(Cathode, K)으로 부른다. 한편 다이오드는 매우 편리한 전자스위치이긴 하지만, 문턱전압과 누설전류의 예에서 느낌이 오듯, 깔끔한 ON/OFF 스위치로 쓰이기에는 뭔가 시원치 않을 것이라는 예감이 뇌리를 스친다. [그림 7-19]는 다이오드의 특성곡선으로서, 다이오드에 걸리는 전압과 전류의 관계를 그래프로 나타낸 것이다. 다이오드의 어쩔 수 없는 태생적 한계를 이상적인 스위치와 비교하여 정리하면 아래와 같다.

1) 늑장 :
- ON이 되기 위해서는 문턱전압을 넘어서야 한다.
- 이상적인 스위치라면 0V를 기점으로 즉시 ON 되어야 한다.

2) 누설 :
- OFF 상태에서도 새어 나가는 누설전류가 있다.
- 이상적인 스위치라면 OFF 상태에서는 어떠한 전압에 대해서도 절대로 전류가 흐르지 않는다.

3) 저항 :
- 문턱전압 전후에서 지수함수적으로 전류가 증가한다.
- 문턱전압을 넘어서도 다이오드는 전류와 전압이 비선형적으로 비례하는 일종의 가변 저항처럼 작용한다. 오락가락하는 이 저항을 **동저항**(動, dynamic resistance)이라고 한다.
- 이상적인 스위치의 자체 저항은 영이다. 따라서 어떠한 전류변동에 대해서도 전압강하는 영이다.

4) 민감 :
- 주위의 온도에 따라 문턱전압이 수시로 변화한다.

5) 항복 :
- 역방향바이어스 전압이 일정 한계를 넘으면 공핍층으로 자유전자가 쏟아져 들어오는 **항복**(降伏, break down) 현상이 발생한다.
- 이렇게 되면 다이오드는 도체로 변해버리고 무한의 전류를 흘리는 역방향 ON 상태로 된다.
- 도핑의 농도가 높을수록 항복전압 V_{BD}의 크기는 낮아진다.

6) 약골 :
- ON 상태에서 전류가 일정 한계를 넘으면 다이오드는 발열로 소손(燒損)된다.
- 다이오드는 반드시 전류제한용 저항을 직렬로 결합하여 사용하여야 한다.

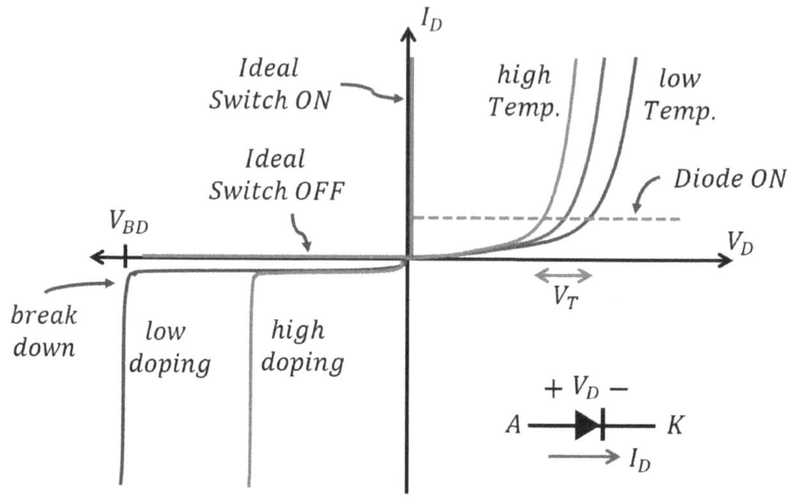

[그림 7-19] 다이오드의 회로 심볼과 특성곡선

사실상 반도체 다이오드의 원형은 금속접점(metla contact) 이라는 형태로 2극진공관과 거의 동시대에 만들어졌지만, 너무나 떨어지는 성능과 내구성 등의 문제로 널리 쓰이지는 못한다. 이후 반도체이론에 관한 고체물리적 이해가 진척되면서 PN접합 다이오드가 완성되는 한편, 트랜지스터 증폭기의 등장과 함께 반도체 전성시대를 열어가게 된다.

■ 클리퍼

다이오드의 스위치 작용을 응용하는 재미있는 회로를 하나 살펴보면서 다이오드의 특성을 좀 더 깊이 이해하도록 해보자. [그림 7-20]은 클리퍼(clipper)라는 회로로서 부하에 일정 진폭 이상의 전압이 걸리지 않도록 해주는 역할을 한다. [그림 7-20] a) 회로에서 다이오드의 음극은 접지되어 있으므로 항상 0V이며, 다이오드가 순방향바이어스 되려면 양극에 $V_T = 0.7V$ 이상의 전압이 걸려야 한다. 정현파교류 입력에 대하여 회로는 0.7V 이상의 파형을 잘라내는 클리퍼로 동작하는데, 구체적인 회로의 응답을 살펴보면 아래와 같다.

1) 입력전압 0~0.7V :
   - 다이오드는 역방향바이어스 되어 OFF.
   - 전류는 $i_1(t)$의 경로로 흐름.
   - 전압은 R_s와 R_L에 의해 전압분배 됨.
   - 부하저항 R_L로 출력되는 파형은 입력 파형과 동일.

2) 입력전압 0.7V 이상의 플러스 반주기 :

- 다이오드는 순방향바이어스 되어 ON.
- 전류는 R_L 대신 다이오드로 바이패스 되어 $i_2(t)$의 경로로 흐름.
- 부하저항 R_L에서 관찰되는 출력은 0.7V를 넘지 못함.

(다이오드는 등가적으로 0.7V의 전압원으로 취급 가능)

3) 입력전압 0.7V 이하~마이너스 반주기 :

- 다이오드는 역방향바이어스 되어 OFF.
- 전류는 $i_1(t)$의 경로로 흐름.
- 전압은 R_s와 R_L에 의해 전압분배 됨.
- 부하저항 R_L로 출력되는 파형은 입력 파형과 동일.

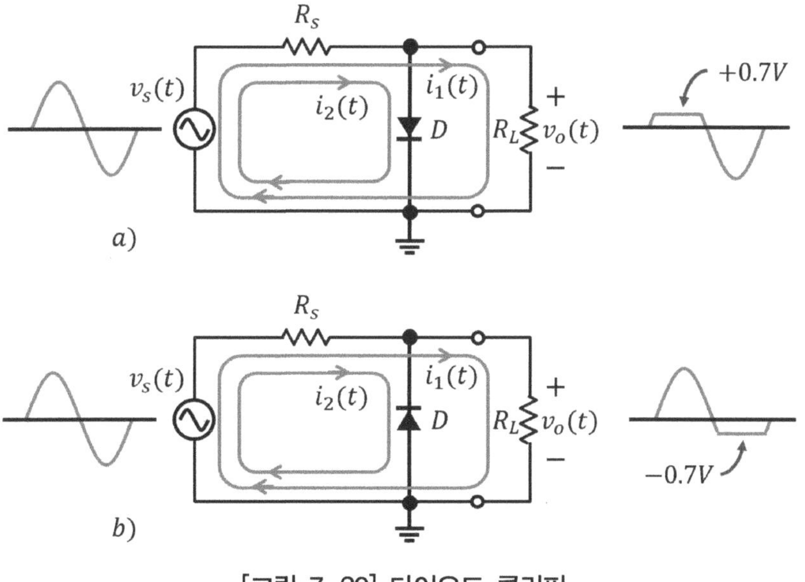

[그림 7-20] 다이오드 클리퍼

[그림 7-20] b)는 다이오드를 뒤집어 연결한 회로로서 동일한 원리로 -0.7V 이하의 파형이 모두 잘려 나간다. 다이오드의 양극은 접지되어 있으므로 항상 0V이다. 따라서 다이오드가 순방향바이어스 되려면 음극에 -0.7V 이하의 전압이 걸려야 한다. 구체적인 회로의 응답을 살펴보면 아래와 같다.

1) 입력전압 플러스 반주기 및 0~-0.7V :
   - 다이오드는 역방향바이어스 되어 OFF.
   - 전류는 $i_1(t)$의 경로로 흐름.
   - 전압은 R_s와 R_L에 의해 전압분배 됨.
   - 부하저항 R_L로 출력되는 파형은 입력 파형과 동일.

2) 입력전압 -0.7V 이하의 마이너스 반주기 :
   - 다이오드는 순방향바이어스 되어 ON.
   - 전류는 R_L 대신 다이오드로 바이패스 되어 $i_2(t)$의 경로로 흐름.
   - 부하저항 R_L에서 관찰되는 출력은 -0.7V를 넘지 못함.
     (다이오드는 등가적으로 -0.7V의 전압원으로 취급 가능)

4) 입력전압 -0.7~0V :
   - 다이오드는 역방향바이어스 되어 OFF.
   - 전류는 $i_1(t)$의 경로로 흐름.
   - 전압은 R_s와 R_L에 의해 전압분배 됨.
   - 부하저항 R_L로 출력되는 파형은 입력 파형과 동일.

다이오드는 이처럼 부하저항과 병렬로 연결되어 출력전압의 크기를 제한하는 용도로도 멋지게 쓰인다. [그림 7-20]에서 제한전압의 상한선과 하한선은 문턱전압 $V_T = 0.7\,V$으로 고정되었지만, 이를 임의로 조정하려면 [그림 7-21]과 같이 전지를 추가하면 된다. 즉 다이오드를 0.7V 전압원으로 취급할 수 있으므로 여기에 전지를 연결하면 클리퍼 전압을 마음대로 설정할 수 있다.

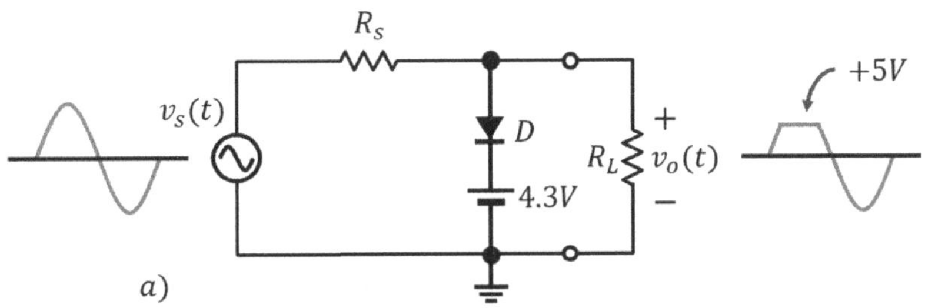

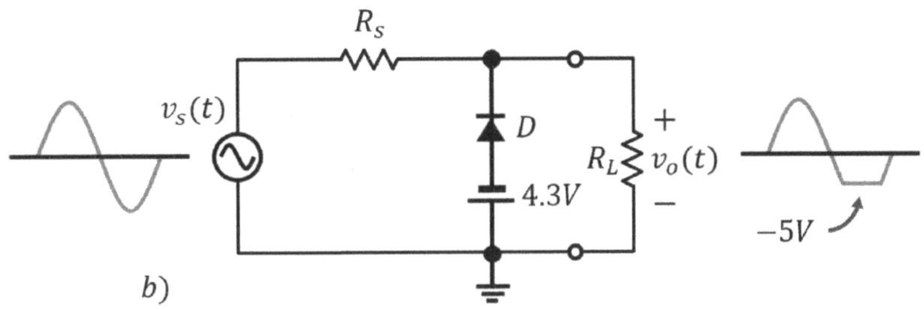

[그림 7-21] 다이오드 클리퍼의 제한전압 조정

예제 7-1

아래의 클리퍼회로에서 정현파 입력에 대한 출력파형을 그리시오.

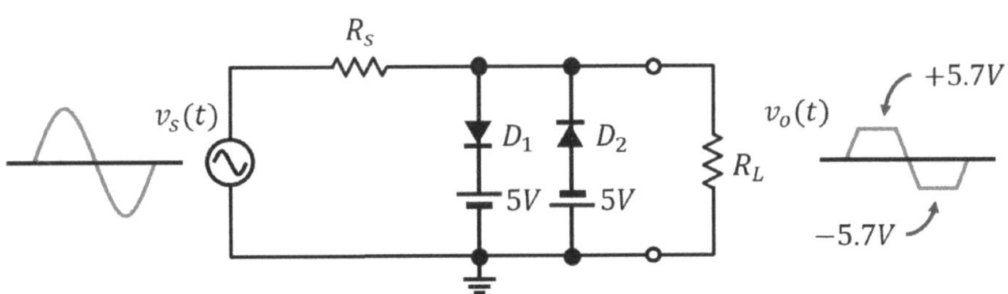

해설

다이오드 D_1의 음극은 항상 5V이므로 순방향바이어스 되려면 양극에 5+0.7V 이상의 전압이 걸려야 한다. 한편 다이오드 D_2의 양극은 항상 -5V이므로 순방향바이어스 되려면 음극에 −5-0.7V 이하 전압이 걸려야 한다. 입력전압의 크기가 어느 쪽이든 ON 상태로 만들면 입력은 다이오드로 바이패스 되고 그 이상의 파형은 잘려나간다.

■ 제너다이오드

전지를 사용하지 않고도 클리퍼를 만들 수 없을까? [그림 7-19]의 다이오드 특성곡선을 다시 살펴보자. 역방향 항복전압 V_{BD}에서 다이오드가 ON되는 특성을 의도적으로 이용한다면 항복전압 V_{BD}를 마치 순방향바이어스의 문턱전압 V_T처럼 구사하여 클리퍼회로를 만들 수 있을 것이다. 다만 역방향전압에서 항복이 일어나더라도 다이오드의 공핍층이 파괴되지 않도록 특수하게 다이오드를 만들어야 하는데, 이렇게 설계된 다이오드가 바로 **제너다이오드**(Zener diode)이다. 제너다이오드의 특성곡선은 [그림 7-22]와 같으며, 제너다이오드의 항복전압 V_Z는 매우 넓은 범위에서 조정이 가능하다. 또한 제너다이오드는 매우 넓은 전류변동의 범위에 대하여 일정한 전압 V_Z를 꿋꿋하게 유지해주는 이상적인 스위치의 특성을 가지고 있다. 그림에 표시된 제너다이오드의 회로 심볼은 순방향과 역방향으로 모두 ON/OFF 스위치 작용을 한다는 의미를 나타내고 있다.

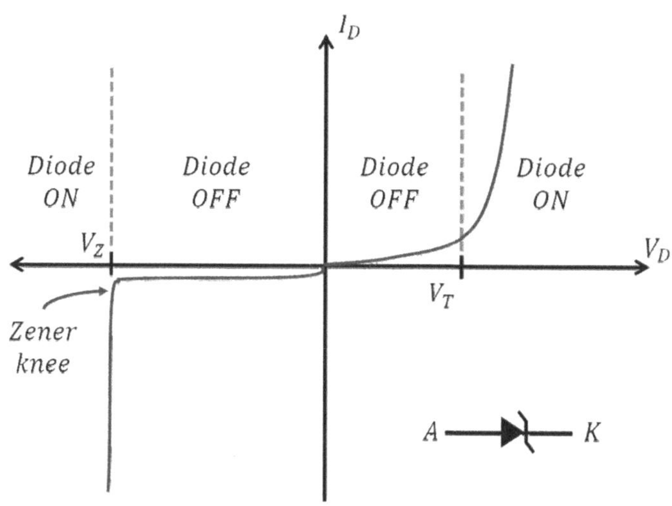

[그림 7-22] 제너다이오드의 특성곡선과 회로 심볼

[그림 7-23]은 제너다이오드의 양방향 스위치 특성을 이용한 클리퍼 회로이다. 정현파 교류입력에 대한 [그림 7-23] a) 회로의 출력을 살펴보면 아래와 같으며, [그림 7-23] b) 회로의 출력은 [그림 7-23] a) 회로와 정반대의 특성을 보인다.

1) 입력전압 $+V_T$ 이하 또는 $-V_Z$ 이상
   - 제너다이오드는 OFF. 입력전압은 모두 부하저항에 걸림.
   - 입력 파형은 변함없이 그대로 출력.

2) 입력전압 $+V_T$ 이상 또는 $-V_Z$ 이하

- 제너다이오드는 ON. 입력은 모두 제너다이오드로 바이패스.
- 출력 파형은 상한선 $+V_T$ 및 하한선 $-V_Z$ 을 넘지 못함

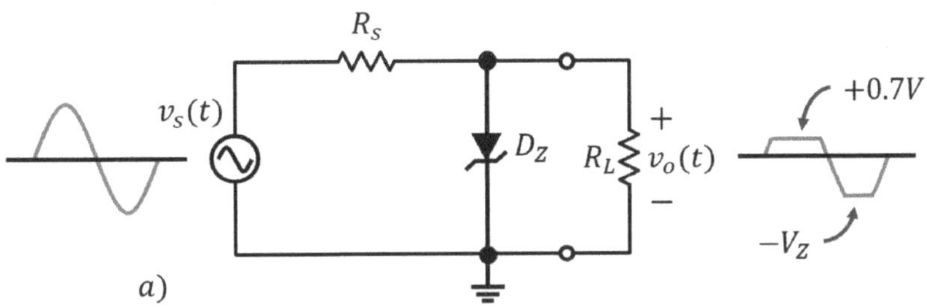

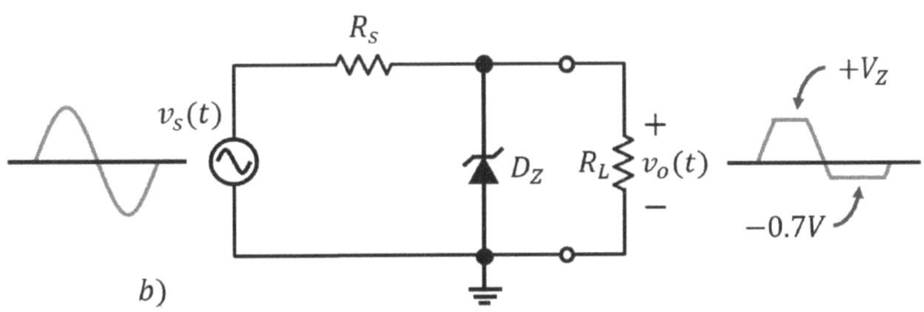

[그림 7–23] 제너다이오드를 이용한 클리퍼 회로

예제 7-2

아래의 클리퍼회로에서 정현파 입력에 대한 출력파형을 그리시오.

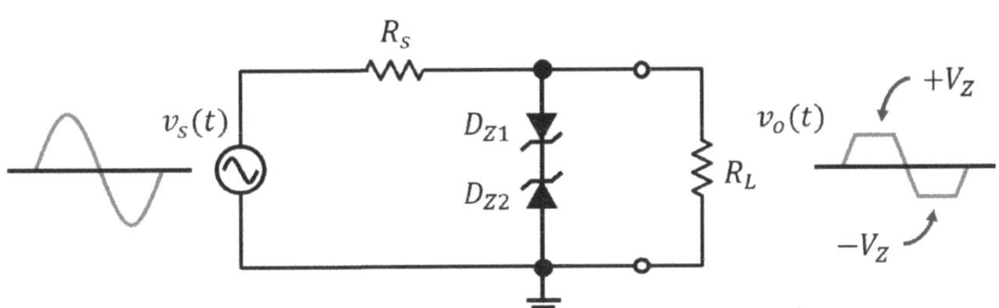

해설

입력전압 $+V_Z$ 이상과 $-V_Z$ 이하에서 D_{Z1}과 D_{Z2}가 모두 ON 되며, 이 구간에서 입력은 다이오드로 바이패스 되고 그 이상의 파형은 잘려나간다.

7-3 정류기

■ 반파정류기

다이오드를 이용한 본격적인 교류-직류 변환기, 즉 정류기(rectifier)를 만들어 보자. 정류기는 직류전원장치(Power Supply), 어댑터(AC adaptor), 또는 컨버터(converter) 등 여러 가지 이름을 가지고 있다. 다이오드 정류기의 가장 기본적인 원리를 [그림 7-24]에 보인 **반파정류기**(半波, Half wave rectifier)를 통해 살펴보자. 반파정류기는 정현파교류 1주기 중 양의 주기만 사용하여 직류로 변환하는 회로이다. 반파정류를 단계별로 살펴보면 아래와 같다.

1) 원하는 직류값 얻기 위해서는 우선 변압기로 적절한 교류 전압값을 맞추어 준다.
2) 다이오드의 스위치 작용으로 양의 반주기만 남아서 맥류(脈流)로 된다. 문턱전압으로 인해 사실은 0.7V 이상의 전압만 통과한다.

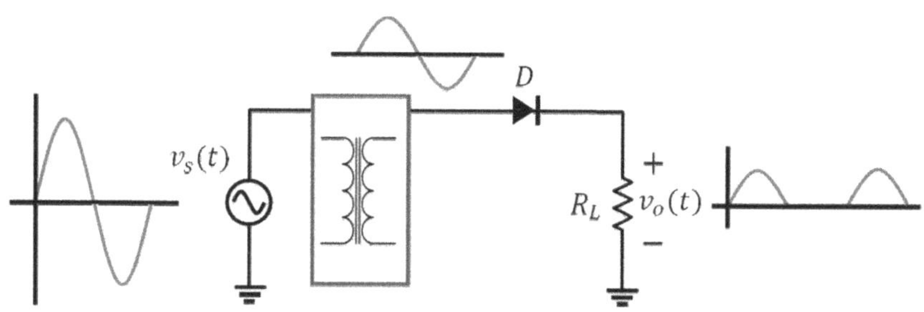

[그림 7-24] 반파정류기

■ 전파정류기

정현파교류는 양의 반주기든 음의 반주기든 동일한 전력을 전달한다. 따라서 반파정류기가 음의 반주기를 통째로 버리는 것은 매우 아까운 일이 아닐 수 없다. 음의 반주기를 건지는 방법은 간단하다. 즉 음의 반주기 파형을 뒤집어서 양으로 만들면 되는데, 이 일은 중간탭변압기(center-tapped transformer)로 해치울 수 있다. [그림 7-25]는 반파정류기 2개를 중간탭변압기에 연결한 **전파정류기**(全波, Full wave Rectifier)를 보여주고 있다.

중간탭 접지에서 쳐다보았을 때, 변압기 위쪽으로 유도되는 파형의 위상은 입력 파형과 꼭 같은 동상(同相)이다(입력과 출력의 접지가 둘 다 발바닥에 있음). 이에 반해 변압기 아래쪽으로 유도되는 파형의 위상은 입력 파형이 뒤집혀 나오는 역상(逆相)이다(입력의 접지는 발바닥인데, 출력의 접지는 머리끝에 있음). 음의 반주기를 살려내는 전파정류를 단계별로 살펴보면 아래와 같다. 편의상 문턱전압은 무시한다.

1) 원하는 직류값 얻기 위해 우선 변압기로 적절한 교류 전압값을 맞추어 준다.
2) 양의 반주기 동안 D_1에는 입력과 동일한 위상, 즉 동상(同相)의 변압기 출력이 걸리며, 반파정류 되어 양의 반주기가 출력된다.
3) 음의 반주기 동안 D_2에는 입력과 정반대 위상, 즉 역상(逆相)의 변압기 출력이 걸리며, 반파정류 되어 뒤집힌 음의 반주기가 출력된다.
4) 부하저항에는 정현파 음의 반주기가 양으로 접혀 올라온 맥류가 출력된다.

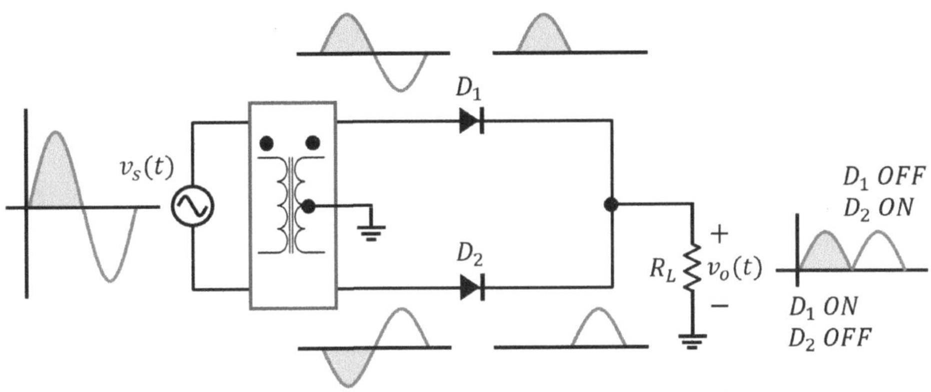

[그림 7-25] 전파정류기

■ 브리지 정류기

비싼 중간탭변압기를 사용하지 않고도 전파정류를 할 수 없을까? [그림 7-26]은 다이오드 4개를 교묘히 배치한 **브리지정류기**(Bridge rectifier) 회로이다. 간단하고 효율적인 구성으로 널리 사용되며 다이오드 4개를 하나의 패키지로 제조한 정류기 다이오드로도 상품화되어 있다. 브리지정류기의 동작을 단계별로 살펴보면 아래와 같다.

1) 원하는 직류값 얻기 위해 우선 변압기로 적절한 교류 전압값을 맞추어 준다.
2) 양의 반주기 동안 A점에서 볼 때 D_1 ON, D_2 OFF 이므로 전류는 B점을 거쳐 부하저항으로 흘러 출력전압을 생성한다.
3) C점에서 볼 때 D_2 OFF 이므로 전류는 D_3를 거쳐 변압기로 되돌아간다.
4) 음의 반주기 동안 A점에서 볼 때 D_1 OFF, D_2 ON 이므로 전류는 C점을 거쳐 부하저항으로 흐른다. 부하저항에는 2)와는 반대방향으로 전류가 흐르므로 출력전압은 양으로 반전된다.
5) B점에서 볼 때 D_1 OFF 이므로 전류는 D_4를 거쳐 변압기로 되돌아간다.

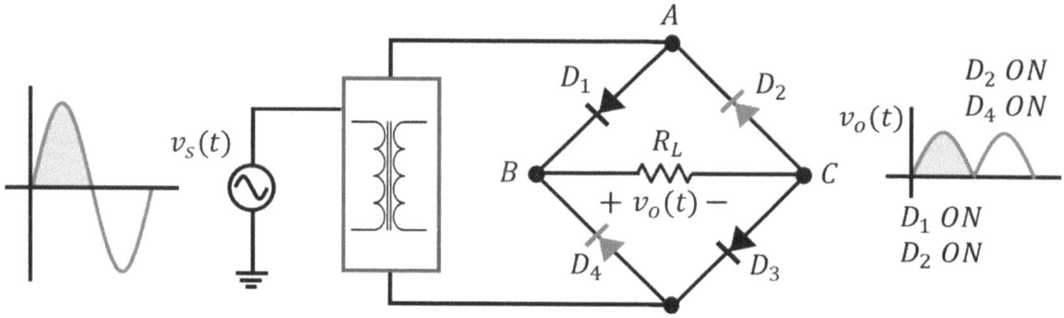

[그림 7-26] 브리지정류기

■ 정류필터와 전압조정기

이제 정류의 다음 단계로서 맥류로부터 직류를 뽑아내는 과정이 필요하다. 맥류가 직류 비슷해지려면 어떻게든 맥류의 피크 전압 v_p를 유지해야 하는데, 이 일은 캐패시터의 충전기능으로 간단히 해결된다. [그림 7-27]은 반파정류기에 캐패시터 C를 집어넣은 회로이다. 회로의 동작을 단계별로 살펴보면 아래와 같다.

1) 다이오드 ON 이후 최초로 v_p에 도달할 때까지 전압 출력과 동시에 캐패시터가 충전된다.
2) 캐패시터가 v_p까지 충전된 상태에서 입력전압이 감소하기 시작하면 다이오드는 역방향 바이어스 되어 OFF 된다. 캐패시터는 부하저항을 통해 방전하기 시작하고 출력전압은 시정수에 따라 서서히 감소한다.
3) 방전으로 감소하던 충전전압이 다시 증가하는 입력전압보다 작아지면 다이오드는 다시 ON 되고 1)의 과정이 반복된다.
4) 캐패시터가 v_p까지 충전되고 나면 다시 2)의 과정이 반복된다.

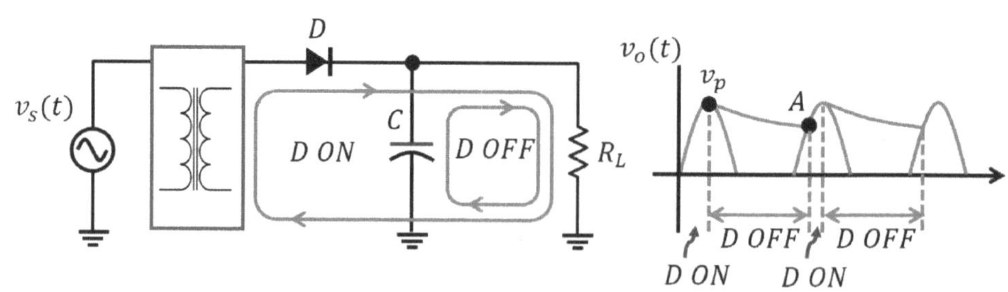

[그림 7-27] 반파정류의 평활회로

이처럼 다이오드의 스위칭과, 캐패시터와 부하저항의 충/방전이 협력하여 맥류는 상당히 평평해지는데, 이 회로를 **정류필터**(Smoothing Filter) 또는 **평활회로**(平滑, smoothing circuit)라고 한다. [그림 7-28]은 평활회로가 포함된 브리지정류기이며, 전파정류이므로 반파정류에 비해 좀더 매끈한 평활출력이 관찰된다.

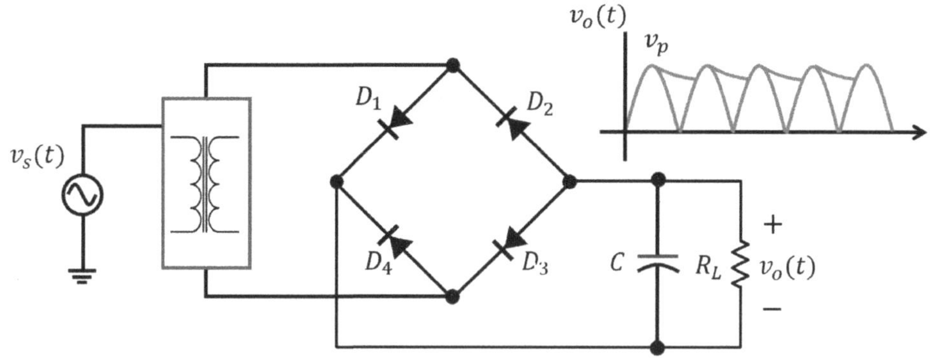

[그림 7-28] 브리지정류기의 평활회로

맥류는 평활회로를 거치면서 그런대로 매끈해지기는 하지만, 아직도 울퉁불퉁한 리플(ripple)이 남아있어 완전한 직류에는 미치지 못한다. 직류전원장치(Power Supply)로서 온전한 기능을 보장하려면 최종적으로 **전압조정기**(voltage regulator)의 결정적인 도움이 필요하다. 전압조정기의 역할은 아래와 같다.

1) 평활회로 출력에 포함된 리플 및 정류 과정에서 생성된 고주파 잡음의 제거
2) 부하에 흘려주는 전류의 변화와 상관없이 일정한 전압을 유지해주는 정전압원(定電壓源, constant voltage source)

[그림 7-29]는 전압조정기를 포함하는 전원장치의 예로서, $V_Z = 15V$ 인 제너다이오드를 사용하고 있다. C_1은 충전용 캐패시터로서 평활작용을 하며, R_1과 C_2는 LPF로서 고주파 잡음을 잡는다. 리플을 포함하는 평활회로 출력의 최대치는 25V인데, 여기에서 넉넉하게 10V를 깎아내어 안정된 15V 직류를 공급한다. R_2와 D_Z는 바로 [그림 7-23]에서 보인 제너다이오드 클리퍼 회로로서 이 역할을 완벽하게 해낸다.

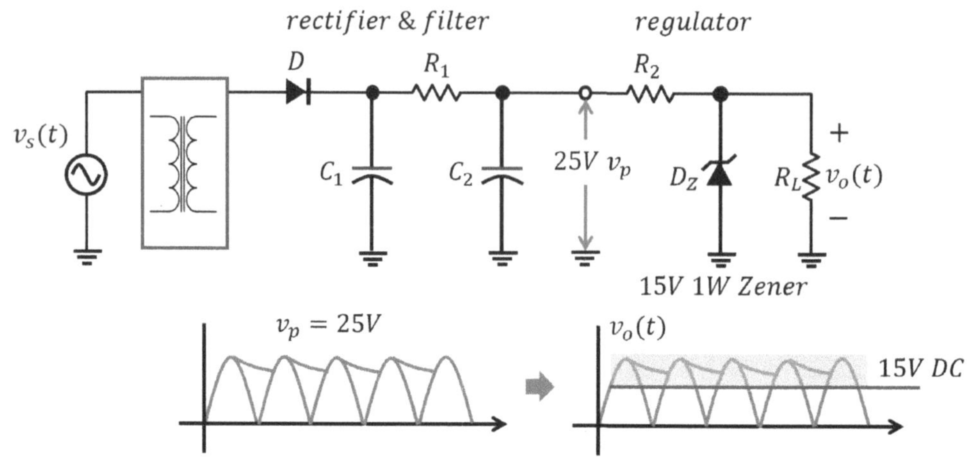

[그림 7-29] 전압조정기를 포함하는 전원장치의 예

■ 컨버터와 인버터

위에서 다룬 직류전원장치는 교류를 직류로 바꾸는 정류기(Recrifier)라는 이름을 가지고 있지만, AC/DC Converter 로 불리기도 하며, 통상 컨버터라는 명칭으로 통용된다. 반대로 직류를 교류로 바꾸는 전원장치는 DC/AC Inverter 로서, 통상 인버터라는 명칭으로 통용된다. 한편 회로 구성의 필요에 따라 직류의 전압을 바꾸어 줄 필요도 있는데, 이 때 쓰이는 것이 DC/DC Converter 이다. 그런데 이러한 전원변환장치들은 함께 쓰이면서 여러 가지 형태로 요긴하게 응용되는데, 그 예를 [그림 7-30]에 보인다. 그림에서 60Hz 상용교류는 일단 직류로 변환된 다음, 다시 교류로 변환되어 전동기에 공급되는데, 이렇게 새로이 만들어지는 교류는 부하의 상태에 따른 최적의 주파수로 제어되어 유도전동기를 구동한다. 그 외에도 태양열발전 등 신재생에너지의 저장장치, 고효율 조명시스템 등에 컨버터와 인버터들이 폭넓게 응용되고 있다.

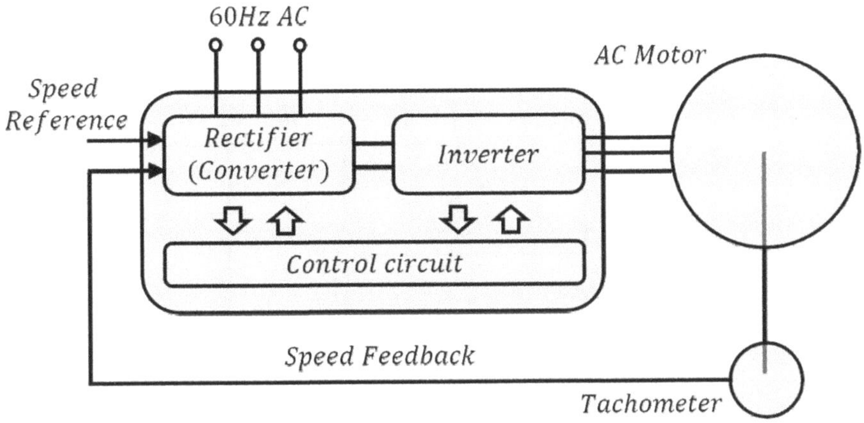

[그림 7-30] 컨버터와 인버터를 이용한 유도전동기 제어

7-4 특수다이오드

■ 배랙터

PN접합의 공핍층은 문턱전압이라는 전위장벽을 사이에 두고, P측에 정공, N측에 자유전자라는 캐리어가 더 이상 움직이지 못하고 대치하고 있는 곳이다. 그러고 보니 이 상황은 두 극판에 전압이 걸린 캐패시터와 완전히 동일하다. 그런데 PN접합에 역방향바이어스를 가하면 공핍층이 더욱 두꺼워지면서 더 큰 정전용량의 캐패시터로 변한다. 즉 역방향바이어스 된 다이오드는 일종의 캐패시터로 취급할 수 있으며, 더욱이 역방향바이어스 전압을 조정하면 캐패시터의 정전용량을 마음대로 조정할 수도 있다. 이처럼 다이오드는 "전자적으로 제어 가능한 캐패시터 (electronically variable capacitor)"로 사용할 수 있는데, 이런 목적으로 특별히 제조되는 다이오드를 이름하여 배랙터(Varactor)라고 한다. 배랙터를 이용하여 공진주파수를 제어하는 BPF회로의 예를 [그림 7-31]에 보인다.

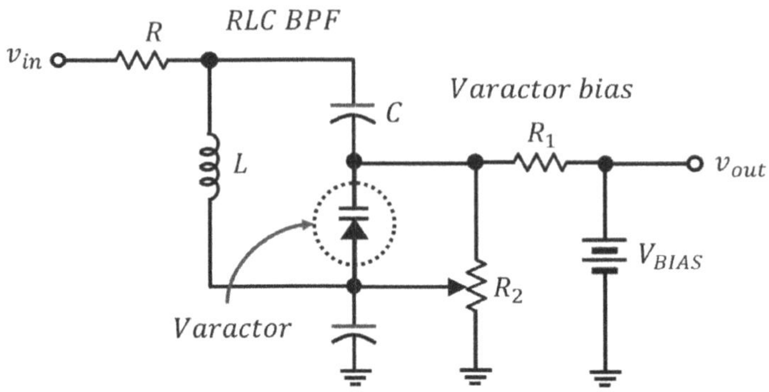

[그림 7-31] 배랙터를 이용한 가변 공진주파수BPF

그림에서 RLC BPF는 특정 공진주파수로 설정되어 있는데, 캐패시터에 직렬로 배랙터를 접속함으써 공진주파수 값을 가감할 수 있다. 배랙터에 가해지는 역방향바이어스 전압은 가변저항을 통해 외부에서 조절할 수 있다.

■ 발광다이오드

순방향바이어스 상태의 다이오드에서는 전위장벽을 극복하고 캐리어가 이동함으로써 정공과 전자의 재결합과 더불어 스위치 ON 상태로 된다. 그런데 여기에는 재미있는 물리 현상이 수반된다. 즉 자유전자와 정공의 재결합이란 떠돌던 자유전자가 양이온의 낮은 에너지준위 궤도로 되돌아간다는 의미로서, 이때 자유전자는 남아도는 에너지를 방출하게 된다. 방출되는 에너지는 통상 열의 형태로 발산되는데, 반도체의 재료에 따라 빛의 형태로 발산되기도 한다. 이처럼 순방향바이어스의 PN접합에서 빛을 내뿜는 다이오드를 **발광다이오드**(發光, Light Emitting Diode, LED)라고 한다. [그림 7-32]는 LED의 단면도로서 빛이 외부로 빠져나올 수 있는 투명창을 설치하고 있으며, 빛을 모으는 렌즈를 부착하기도 한다.

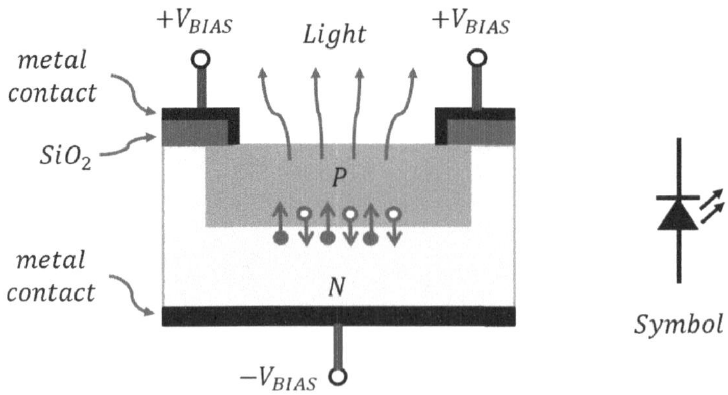

[그림 7-32] 발광다이오드(LED)의 구조

LED는 **전자발광**(Electroluminescence, EL)의 일종으로서 반도체를 이용하는 기술로 분류되고 있다. LED가 방출하는 빛은 그 파장에 따라 적외선, 가시광선, 자외선 영역으로 분포한다. 파장이 짧을수록 반도체의 에너지갭이 크며 제조하기가 까다롭다. 일반적인 실리콘반도체에서 정공-전자 재결합으로 방출되는 에너지는 대부분 열 또는 적외선의 형태로서, 이들보다 훨씬 짧은 파장의 가시광선(可視光線, Visible Light, 빛) 방출은 매우 어렵다. LED로 가시광선을 얻으려면 갈륨(Galllium), 비소(Arsenide), 인(Phosphide), 질소(Nitride) 등의 다양한 재료들이 쓰이는 **화합물반도체**(Compound Semiconductor)가 필요하다.

장파장의 적색(Red) LED는 이미 1960년대부터 실용화되어 7-segment display 등 전자제품의 발광 표시용 소자로 사용되기 시작한다. 그렇지만 그 이후 황색(Yellow), 녹색(Green)을 거쳐 단파장의 청색(Blue) LED가 발견되기까지는 1990년대에 이르는 수많은 시행착오와 끈질긴 연구를 필요로 하였다. 이처럼 오랫동안 기다리던 청색광(Blue Ray)의 출현으로 인하여 비로소 총천연색 LED 디스플레이 제작을 위한 빛의 3원색 Red, Green, Blue가 갖춰지게 된다. [그림 7-33]은 발광다이오드의 파장별 분류와 화합물반도체 재료를 보여주고 있다.

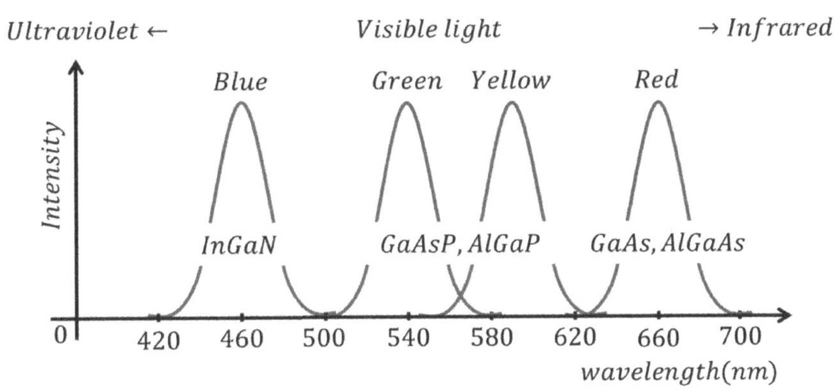

[그림 7-33] 발광다이오드(LED)의 파장별 분류와 재료

LED는 표시용 발광소자로 출발하여 대형 디스플레이로 진화하는 한편, 긴 수명과 높은 에너지 효율, 그리고 풍부한 색 선택의 자유도 덕분에 실내외조명, 산업용 조명, 자동차 조명, 심지어 농업용(Smart Farming) 인공조명에 이르기까지 그 영역을 급속히 넓히고 있다. 또한 LED 출력을 단일파장의 집중된 빛으로 집속(集束)하면 **레이저**(RASER, Lightwave Amplification by Stimulated Emission of Radiation)라는 직진성이 강한 강력한 광선을 만들 수 있으며, 광통신의 핵심소자로 쓰인다.

■ 광다이오드

LED와 정반대의 원리로 빛으로부터 전기를 얻는(photo-voltaic device) 다이오드를 만들 수도 있는데, 이를 **광다이오드**(光, Photodiode)라고 한다. 다이오드는 P형과 N형으로 도핑이 되기는 했지만, 사실상 실리콘 진성반도체가 그 기본을 이루고 있으므로 상온에서 미약하나마 자유전자-정공 쌍을 생성한다(다이오드 역방향 누설전류의 정체). 이는 열의 형태로 전달되는 외부에너지가 궤도 전자에 흡수되면서 자유전자가 떨어져 나오는 현상인데, 빛으로 전달되는 외부에너지에 대해서도 동일한 원리로 정공-전자쌍이 생성된다. [그림 7-34]는 광다이오드의 기본 구조로서 PN접합 부분에 빛을 모으기 위한 렌즈가 부착되어 있다. 광다이오드는 구조상 LED와 크게 다를 바 없지만, PN접합에서 생성되는 정공과 전자를 외부로 끌어내어 회로전류로 만들기 위해 역방향바이어스를 걸어주는 점이 LED와 정반대이다.

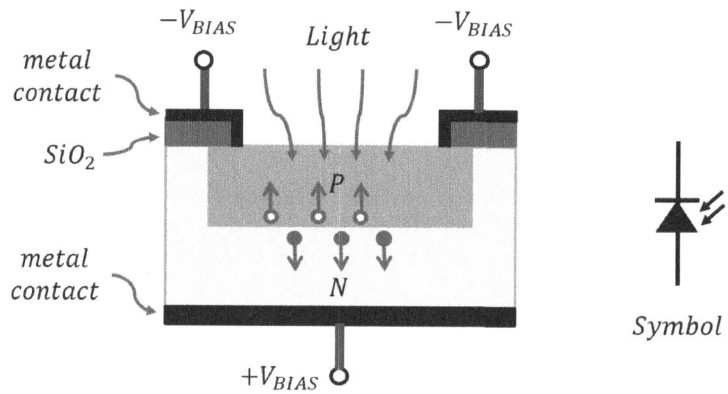

[그림 7-34] 광다이오드(Photodiode)의 구조

이처럼 광다이오드의 PN접합은 전하를 생성하는 일종의 우물 역할을 하는데, 캐리의 생성 효율을 좀 더 올리려면 이 부분을 두툼하게 만들 필요가 있다. 이를 위하여 PN접합의 사이에 진성반도체를 삽입하기도 하는데, 이를 **핀다이오드**(PIN diode)라고 한다. 광다이오드 하나하나의 전류는 미약하지만, 왕창 모으면 태양광 발전이 가능한 태양전지(Solar Cell)로 사용할 수도 있다.

광다이오드의 가장 큰 응용은 바로 광센서이다. 2차원 평면으로 배열된 광다이오드에 렌즈로 영상을 비추면 각각의 광다이오드에는 영상의 각 화소(畫素, pixel)에 해당하는 전하가 축적된다. 이 전하를 차례대로(serial) 읽어내면 영상을 전기신호로 변환할 수 있는데, 이렇게 만든 소자를 CCD(Charge Coupled Device, 전하결합소자)라고 하며, 가시광선뿐만 아니라 적외선, 자외선 영역까지도 커버하는 고성능 이미지센서로 널리 쓰이고 있다. 최근에는 여기에 CMOS 기술이 접목된 CMOS Image Sensor가 새로운 대세로 자리 잡고 있다.

한편 레이저(발광다이오드)와 광다이오드를 함께 사용하면 CD나 DVD에 기록된 디지털신호를 복원하는 CD/DVD플레이어를 만들 수 있다. LED와 광다이오드를 [그림 7-35]와 같이 하나의 패키지로 결합한 **포토커플러**(photo coupler)라는 기발한 소자도 있는데, 입력신호를 빛으로 변환하여 전달함으로써 전기적 성격이 전혀 다른 두 전기회로를 안정적으로 접속해 준다. 그림에서 입력 전류는 LED를 통하여 빛으로 변환되고, 출력단 트랜지스터(8장 참조)의 에미터-베이스 PN접합이 광다이오드로 작동하면서 다시 전류로 변환된다. 이로써 LED와 트랜지스터와의 사이는 아무런 전기적 결합 없이 완전히 절연된다. Opto coupler 또는 Opto isolator로도 불리는 이 소자는 서로 다른 전원을 사용하는 회로, 또는 심각한 임피던스정합 문제가 발생하는 회로 등의 결합에 매우 유용하게 쓰인다.

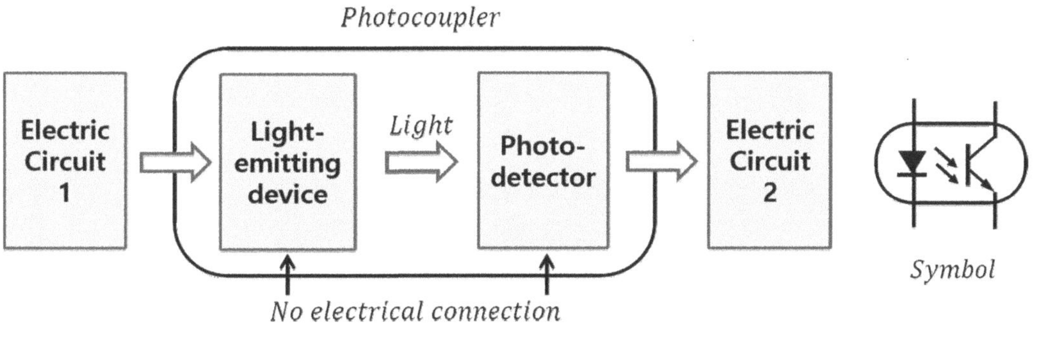

[그림 7-35] 포토커플러의 구조

07

연습문제

1. 아래의 용어 중 동일한 의미가 아닌 것은?
   1) rectifier 2) AC adapter 3) converter 4)vacuum tube

2. 2극 진공관의 cathode는 열전자를 방출하는 곳이다. (O X)

3. 원소의 성질을 결정하는 것은 최외각을 도는 ( )이다.

4. 원자량이란 양성자와 전자의 개수를 합한 것이다. (O X)

5. polysilicon으로부터 monocrystaline silicon으로 성장시킨 덩어리의 이름은?

6. N형 반도체는 전기적으로 음성(-)이다. (O X)

7. P형 반도체의 majority carrier는 hole 이다. (O X)

8. PN junction은 P형 반도체와 N형 반도체를 용접으로 붙인 것이다.(O X)

9. reverse bias 된 PN접합에서는 어떠한 전류의 흐름도 없다. (O X)

10. 도통 상태의 다이오드는 완전한 무저항의 성질을 가진다. (O X)

11. 클리퍼란 일정 레벨 이상 혹은 이하의 전압이 걸리지 않도록 제한해주는 다이오드 응용회로이다. (O X)

12. CT-Transformer는 同相과 逆相의 출력을 제공한다. (O X)

13. 브리지정류기에서 4개의 다이오드는 동시에 ON 되거나 OFF 된다. (O X)

14. regulator에 사용되는 특수다이오드의 이름은?

15. Inverter는 DC를 AC로 바꾸는 회로는 말한다. (O X)

16. RLC BPF의 공진주파수를 조정할 수 있는 특수다이오드는?

17. LED용 화합물반도체의 재료가 아닌 것은?
   1) Gallium 2) Arsenide 3) Phosphide
   4) Aluminium 5) Potassium

18. Photo diode는 역방향바이어스에서 동작한다. (O X)

19. PIN diode의 I는 무엇을 나타내는가?

20. PN접합의 N형 부분은 2극진공관의 Cathode, P형 부분은 2극진공관의 Anode에 해당한다. (O X)

21. Photodiode의 효율을 높이기 위해서는 공핍층이 되도록 좁아야 한다. (O X)

| 해답 |

1. 4 2. O 3. 가전자 4. X 5. 잉곳, ingot 6. X 7. O 8. X 9. X 10. X 11. O 12. O 13. X 14. 제너다이오드 15. O 16. Varactor 17. 5 18. O 19. Intrinsic Semiconductor 20. O 21. X

08장 트랜지스터 1 : BJT

알기쉬운 전기및전자회로개론

■ 개요

1947년 벨연구소의 연구원 쇼클리(Shockley), 바딘(Bardeen), 그리고 브래튼(Brattain)에 의해 트랜지스터가 발명된다. 그 중 연구팀장으로 반도체 증폭의 획기적 이론을 제시한 쇼클리는 고체물리학 분야의 선구적 연구자로서 그가 저술한 "반도체의 전자와 정공 이론"은 전자공학의 바이블로 대접받는다. 한편 바딘과 브래튼은 금속접촉 및 고체 표면에 관한 연구로 쇼클리의 아이디어를 획기적으로 발전시켜 트랜지스터의 탄생에 기여한다. 세 사람은 나란히 노벨물리상을 수상하지만, BJT와 FET라는 두 종류의 트랜지스터의 원형을 창안해 낸 쇼클리의 공적은 영원하다 할 것이다.

트랜지스터는 진공관을 완벽하게 대체하여 증폭기를 비롯한 수많은 소형, 저가의 아날로그 전자기기들을 만들어내면서 전자기기의 상용화 시대를 연다. 그뿐만 아니라, 곧바로 초소형 저전력의 집적회로(IC)로 진화하면서 디지털 메모리, 마이크로프로세서, 개인용컴퓨터 등의 기본 소자로 쓰이면서 화려한 디지털 전자공학의 시대를 이끈다. 트랜지스터의 원조 쇼클리는 과학 이외에도 다방면 걸쳐 천재적 소양을 지녔지만, 강한 성격으로서 잇단 독선과 동료와의 불화로 벨연구소를 떠나 캘리포니아에 정착한다. 그리고 이곳에서 그가 창립한 반도체 회사들과 여기서 훈련된 엔지니어들은 페어차일드, 인텔, AMD 등 실리콘밸리의 기라성 같은 IT산업의 출발점이 된다.

8-1 증폭기

■ 전자증폭기 1: 3극진공관

전자공학의 알파요 오메가는 바로 증폭기(增幅器, Amplifier)이다. 소리의 원거리 전달은 유사 이래 인간들의 오랜 숙원이었지만, 획기적인 돌파구가 열린 시점은 불과 100여년 전에 불과하다. 그것은 바로 전기 및 전자회로를 이용한 증폭기와 통신기기, 그리고 저장매체의 실용화를 기다려야 했기 때문이다. 최초의 증폭기는 2극진공관을 발전시킨 3극진공관으로서, 현재는 그 왕좌를 반도체에 넘겨주었지만 프리미엄급 오디오 등 일부 분야에서는 여전히 대체불가의 지위를 누리고 있기도 하다.

3극진공관의 탄생에는 또 다시 발명왕 에디슨이 등장한다. 에디슨은 전구 발명의 과정에서 진공관 속에 필라멘트를 하나 더 추가하는 것이 혹시 전구 수명의 연장에 도움이 되지 않을까 생각한다. 실험 결과 전구의 수명에는 그다지 기여하지 못하지만, 한쪽 필라멘트가 다른 필라멘트의 전류 흐름에 영향을 미친다는 점을 발견하고, 에디슨효과라는 이름으로 특허를 낸다. 비록 그 용도에 이르기까지 에디슨의 생각이 미치지는 못했지만, 에디슨효과는 증폭기라는 엄청난 발명의 기초가 된다.

3극진공관(Triode Tube)란 2극진공관(Diode Tube)의 애노드(Anode)와 캐소드(Cathode) 사이에 제3의 전극인 그리드(Grid)를 추가한 것이다. 이 그리드에 전압을 걸어주면 캐소드에서 애노드로 끌려가는 전자들의 진행을 제어할 수 있다. 즉 그리드에 약간의 양 또는 음의 전압이 걸리면 캐소드 전자의 흐름이 가속되거나 저지되는 효과가 나는데, 이에 의해 그리드의 미세한 전압변동이 애노드 전류의 대폭적인 증폭(增幅, Amplification)으로 나타난다. 증폭의 원리는 마치 문경새재나 명량과 같이 험난한 요충지를 지키는 소수의 병력이 대군의 진격을 상대해내는 일에 비유할 수 있다. [그림 8-1]에 3극진공관의 구조와 증폭의 원리를 보인다.

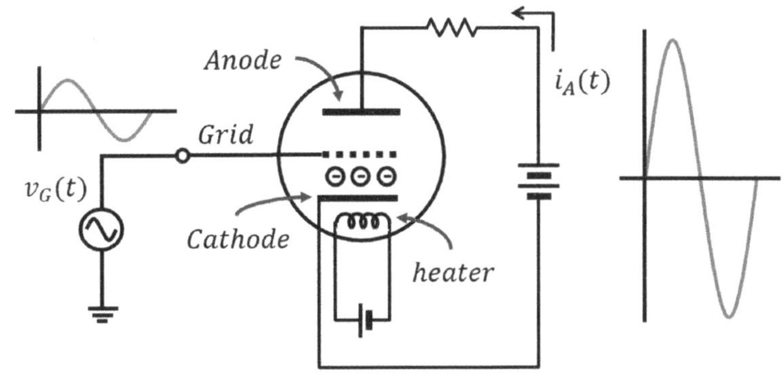

[그림 8-1] 3극진공관의 구조와 증폭의 원리

■ 전자증폭기 2: 트랜지스터

3극진공관은 훌륭한 증폭기 소자로 활약하지만, 2극진공관과 마찬가지로 이유로 반도체로의 대체를 모색하게 된다. 벨연구소의 쇼클리(Shockley), 바딘(Bardeen), 그리고 브래튼(Brattain)은 초보적인 반도체 증폭기의 원형을 만들어낸다. 이들은 숱한 실패와 연구 끝에, 자신들의 발명품이 입력 전류의 크기에 따라 도전율(저항)이 변화하며, 이에 따라 출력전류의 진폭이 더 크게 변동하는 효과, 즉 증폭 기능이 있음을 입증한다. 이들은 이 신통한 물건이 "변동하는(trans) 저항(resistor)" 특성을 가진다는 뜻에서 "trans+resistor=Transistor(트랜지스터)"라는 이름을 지어준다.

트랜지스터의 아이디어 자체는 비교적 간단하다. 풍부한 캐리어를 가진 N형 또는 P반도체 덩어리의 중간에 뭔가 캐리어의 이동을 제어할 수 있는 층을 넣으면 될 듯하지 않은가? 그런데 캐리어가 함부로 넘어가지 못하게 하려면 전위장벽을 만들면 될 것이고, 그것은 바로 PN접합이다. 즉 [그림 8-2]와 같이 N형반도체의 허리 부분을 P형으로 도핑하거나, P형반도체의 허리 부분을 N형으로 도핑하면 2개의 PN접합을 가지는 기본적인 구조가 완성되는데, 각각을 NPN 트랜지스터, PNP 트랜지스터로 부른다.

[그림 8-2] 트랜지스터의 구조

이 트랜지스터는 그 구조상 2개의 PN접합을 가지게 되며, 에미터(Emitter), 베이스(Base), 콜렉터(Collector)라는 3개의 단자를 붙여서 증폭기 소자로 사용한다. [그림 8-3]은 3극진공관과 트랜지스터 단자의 대응 관계를 보여주고 있다. 트랜지스터의 회로 심볼은 베이스와 에미터 사이의 PN접합에 대하여 순방향바이어스 방향을 화살표로 표시함으로써 NPN과 PNP를 구분한다.

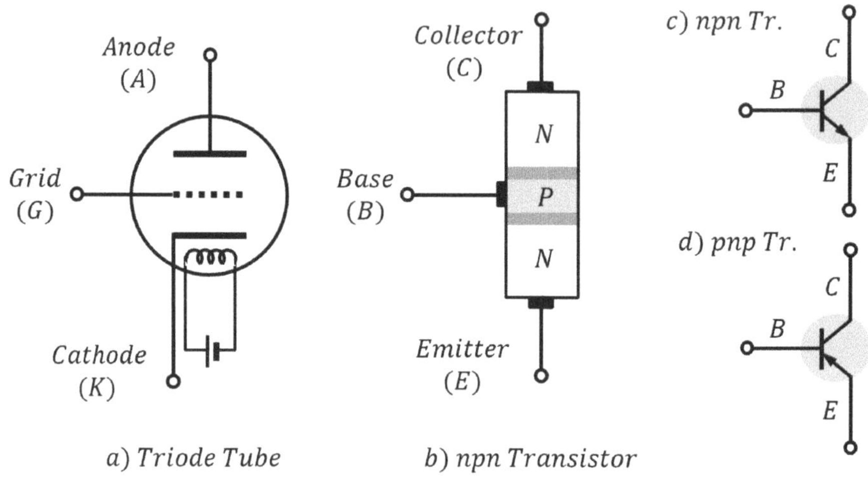

[그림 8-3] 3극진공관과 트랜지스터

트랜지스터에서 전류는 콜렉터에서 에미터로 흐른다. PN접합(junction)을 넘어 전류가 흐르려면 전자와 정공의 재결합이 일어나야 한다. 즉 트랜지스터의 활성화를 위해서는 두(bi) 종류(polar, 음과 양)의 캐리어가 모두 동원되어야 하는데, 이런 의미에서 [그림 8-2]와 같은 형태의 트랜지스터는 **쌍극접합트랜지스터**(雙極接合, Bipolar Junction Transistors, BJT) 라는 명칭을 얻는다. BJT의 동작 원리에 대해서는 8-2절에서 상세히 다루도록 한다.

■ 전계효과트랜지스터

트랜지스터에 굳이 BJT라는 기다란 수식어가 붙는 이유는 전혀 다른 형태의 트랜지스터가 하나 더 있기 때문인데, 그것은 바로 **전계효과트랜지스터**(電界效果, Field Effect Transistor, FET)라는 소자이다. [그림 8-4]와 같이 FET도 BJT와 마찬가지로 N형반도체의 허리 부분을 P형으로 도핑하거나, P형반도체의 허리 부분을 N형으로 도핑한다. 그렇지만 PN접합이 완전히 하나의 층(layer)으로 끼어드는 BJT와는 달리, FET의 PN접합면은 둥그런 반지(ring) 모양으로 허리를 감쌀 뿐, 중심 부분까지는 도핑이 미치지 못한다. PN접합으로 둘러싸인 중심 부분은 캐리어가 자유로이 출입할 수 있는 통로의 구실을 하므로 채널(channel)이라고 부른다. 기본 재료가 N형인 FET를 n-채널 FET로, 원재료가 P형인 FET를 p-채널 FET로 구분한다.

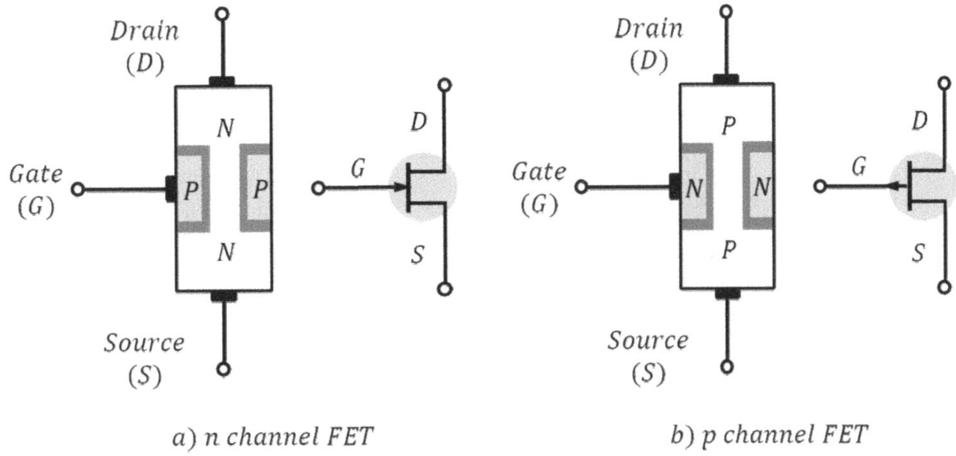

[그림 8-4] 전계효과트랜지스터(FET)

캐리어가 통과할 수 없는 공핍층은 강력한 전기적 에너지의 대치 상황으로서, 전기의 영향력이 지배하는 영역이라는 뜻에서 전계(電界, Electric Field)라는 용어가 사용된다. FET라는 이름은 바로 이 전계의 힘을 이용한다는 의미를 담고 있다. FET의 핵심 원리는 이 공핍층의 전계가 PN접합에 걸리는 바이어스의 크기에 따라 변동함으로써 채널을 통과하는 캐리어의 흐름을 제어할 수 있다는 것이다. FET에서 전류는 드레인에서 소스로 흐르는데, n-채널 FET의 경우에는 전자가, p-채널 FET의 경우에는 정공이 다수캐리어로서 전류의 흐름을 주도한다. 이것이 BJT와 결정적으로 다른 점으로서, 이런 의미를 담아 FET를 **단극(單極, Unipolar) 트랜지스터** 라고 부르기도 한다.

BJT와의 단자와 대응되는 FET의 단자 이름은 소스(Source), 게이트(Gate), 드레인(Drain)으로 명명되며, 각각 BJT의 에미터, 베이스, 콜렉터에 해당한다. FET의 회로 심볼은 게이트와 채널 사이의 PN접합에 대하여 순방향바이어스 방향을 화살표로 표시함으로써 n-채널과 p-채널을 구분한다. FET 증폭기에 대해서는 9장에서 상세히 다루도록 한다.

8-2 BJT 개요

■ BJT의 구조

[그림 8-5]는 일반적인 BJT의 제조법인 Epitaxial Planar 구조로서 NPN 또는 PNP를 한 층씩 도핑하여 쌓아 올라가는 방식이다. NPN형 BJT를 만드는 과정은 아래와 같은 절차를 따른다. PNP형 BJT는 정반대로 도핑한다.

1) 실리콘 진성반도체를 기판(基板, substrate)으로 준비한다.
2) 기판 윗면을 5가 원소로 도핑하여 N형반도체로 만든다. 이 부분은 콜렉터로 쓰인다.
3) N형반도체 위를 3가 원소로 도핑한다. 정공의 개수가 증가하면서 N형반도체는 P형반도체로 변한다. 이 부분은 베이스로 쓰인다.
4) P형반도체 위를 5가 원소로 도핑한다. 전자의 개수가 증가하면서 P형반도체는 N형반도체로 변한다. 이 부분은 에미터로 쓰인다.
5) 에미터, 베이스, 콜렉터에 금속(알루미늄) 전극을 부착하고, 나머지 부분은 S_iO_2박막으로 절연한다.

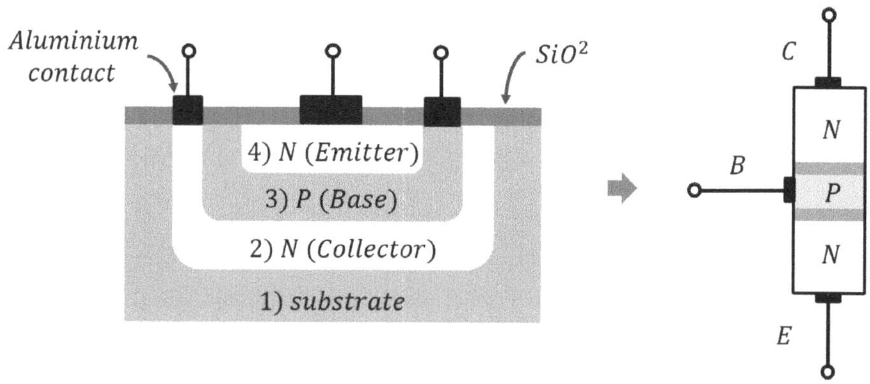

[그림 8-5] epitaxial planar NPN형 BJT의 제조

BJT의 절묘한 증폭 기능의 비밀은 각 층의 도핑 농도에 달려있다. 에미터는 말 그대로 캐리어를 내놓는(emit) 역할을 해야 하므로 이 영역은 가장 진하게 도핑된다. 콜렉터 영역은 에미터와 동일한 극성이지만 에미터 보다는 살짝 약하게 도핑하여 에미터와 구분한다. 베이스는 아주 약하게 도핑되는데, 베이스의 폭은 BJT 전체의 1/150 정도에 불과하다. [그림 8-6]은 NPN형 BJT의 다수캐리어인 전자의 농도 분포와 전위장벽의 관계를 보여주고 있다. 에미터 영역에 포진한 전자의 압력이 콜렉터 영역보다 더 높으므로 에미터 쪽의 공핍층이 더 좁게 형성된다.

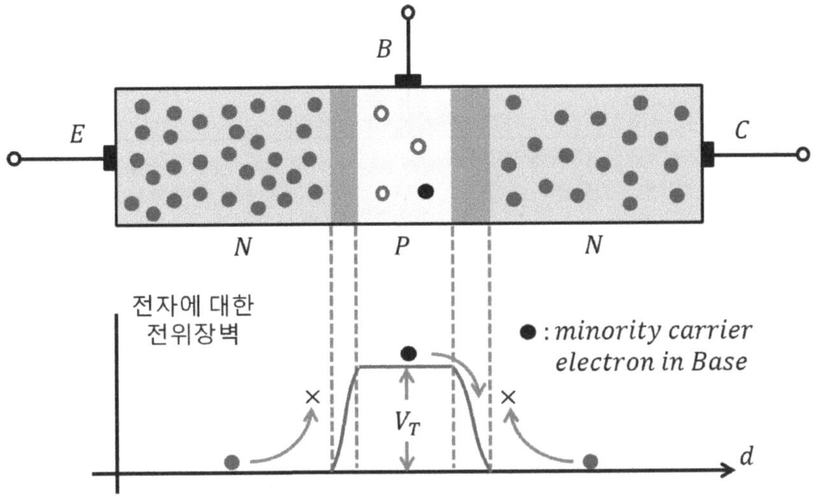

[그림 8-6] NPN형 BJT의 다수캐리어 농도와 전위장벽

■ BJT의 활성화

누구든 든든히 배를 채워야 열심히 일을 할 수 있는 법이다. 트랜지스터도 일을 하기 위해서는 밥을 먹어야 하는데, 이를 트랜지스터의 활성화라고 하며, 외부적으로 전원을 연결해주는 소위 바이어스 작업을 말한다. [그림 8-7]은 NPN형 BJT의 활성화를 위한 바이어스 방식이다. 베이스를 접지하여 전압의 기준으로 삼는다. (이하에서 다루는 모든 BJT에 관한 설명은 NPN형을 대상으로 한다.)

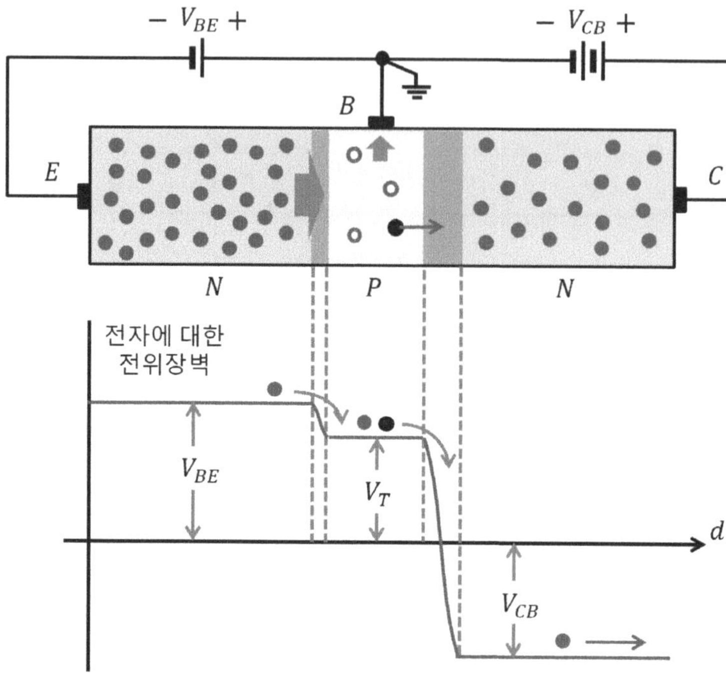

[그림 8-7] NPN형 BJT의 활성화를 위한 바이어스

트랜지스터의 바이어스란 기본적으로 소자 내부로 전류를 흘려주는 것이다. 따라서 에미터-베이스 PN접합은 당연히 순방향바이어스 되어야 한다. [그림 8-7]에서 접지된 베이스에는 0 *V*가, 에미터에는 $-V_{BE}$가 걸리므로 에미터-베이스 PN접합은 순방향으로 바이어스된다. 문턱전압만 살짝 넘으면 되므로 V_{BE}는 그리 높지 않아도 무방하다.

그렇다면 베이스-콜렉터 PN접합도 순방향바이어스 하여야 할 것인가? 아니다! 베이스-콜렉터 PN접합에는 역방향바이어스 V_{CB}가 걸린다. 이게 어떻게 돌아가는 일인지 [그림 8-8]을 통해 아래와 같이 단계적으로 살펴보자. [그림 8-8]은 바이어스된 NPN형 BJT에서 캐리어들의 이동과 이에 따른 전류의 흐름을 나타낸 것이다.

1) 에미터 영역의 다수캐리어인 전자는 에미터-베이스 PN접합의 전위장벽을 극복하고 베이스로 쇄도한다(주입(注入, injection)이라는 용어를 사용한다). 전지의 음극으로부터 에미터로 전자가 보급되므로 에미터 단자로 흘러나오는 큰 전류 I_E가 관찰된다. 에미터(Emitter)라는 명칭은 베이스로 전자를 쏘아(emit) 보낸다는 뜻을 가진다.
2) 베이스로 넘어온 전자는 베이스의 다수캐리어 정공과 재결합한다. 그렇지만 베이스 정공의 농도가 너무 낮은 탓에 극히 일부(1~5%)의 전자만이 정공을 만나는 행운을 누리며,

이에 따라 베이스 단자로 흘러들어오는 약간의 전류 I_B가 관찰된다. 베이스(Base)라는 이름은 최초의 BJT 시제품에서 이 부분이 제일 밑바닥(Base)이었던 형상에서 유래한다.

3) 베이스의 다수캐리어인 정공은 2)단계에서 금새 고갈되어 버리고, 베이스에는 짝(정공)을 찾지 못한 95~99%의 싱글족 전자들만 넘치는 상태이다. P형인 베이스에서 전자란 원래 소수캐리어 신세로서, [그림 7-18]에서 살펴본 대로 역방향바이어스에서 미세한 누설전류를 형성할 뿐이다. 그렇지만 이런 상황이라면 갈 곳 없는 전자들이 마치 소수캐리어처럼 전위장벽을 미끄러져 내려와 몽땅 콜렉터 영역으로 굴러떨어진다(확산(擴散, diffusion)이라는 용어를 사용한다).
4) 이 전자들은 콜렉터에 걸린 양의 전압 V_{CB}에 이끌려 나가므로, 콜렉터 단자로 흘러들어오는 큰 전류 I_C가 관찰된다. 콜렉터(Collector)라는 이름은 이처럼 전자를 거두어들인다는 의미로 지어졌다.

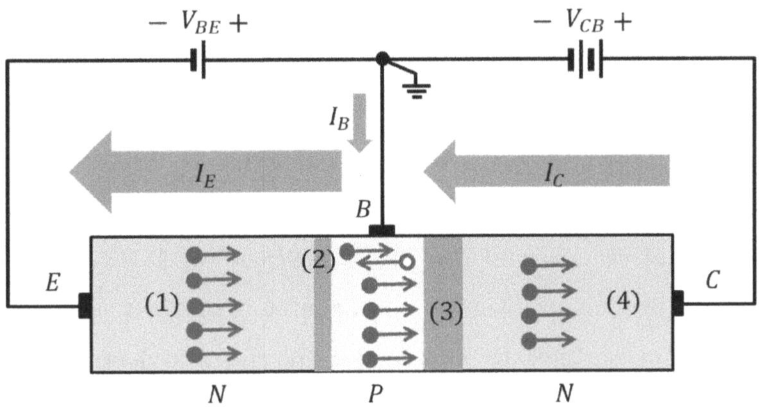

[그림 8-8] 바이어스된 NPN형 BJT에서의 전류

■ BJT의 전류증폭율

트랜지스터의 증폭 기능은 에미터와 베이스에서의 도핑 농도의 극심한 불균형으로부터 기인한다. [그림 8-8]에서 살펴본 대로 바이어스가 잡힌 BJT에서는 2개의 PN접합을 경유하는 오묘한 전자의 흐름이 완성되며, BJT의 세 단자를 흐르는 전류는 (식 8-1)과 같이 정리된다. 베이스를 흐르는 전류 I_B가 워낙 작다보니 I_E와 I_C는 별 차이 없어 보이고 BJT는 콜렉터에서 에미터로 그럭저럭 전류가 관통하는 파이프처럼 보인다. 그렇지만, 여기에는 놀라운 트릭이 숨어 있다.

$$I_E = I_B + I_C \quad \text{(식 8-1)}$$

베이스에서 정공과 재결합을 하지 못하고 콜렉터로 떨어지는 전자의 비율을 α 로 놓고 정리하면 (식 8-2)와 같이 I_C와 I_B의 비율인 β 를 구할 수 있으며, (식 8-3)과 같이 I_C와 I_E를 β 의 수식으로 표기할 수 있다. 그런데 여기서 주목할 것은 β 의 의미이다.

$$I_C = \alpha I_E \quad I_B = (1-\alpha)I_E$$
$$\frac{I_C}{I_B} = \frac{\alpha I_E}{(1-\alpha)I_E} = \frac{\alpha}{1-\alpha} = \beta \quad \text{(식 8-2)}$$

$$I_C = \beta I_B$$
$$I_E = I_B + I_C = (\beta+1)I_B \quad \text{(식 8-3)}$$

만약 에미터와 베이스 도핑 농도의 비율이 100:1이라면 에미터에서 다수캐리어 전자 100개가 만들어질 때 베이스의 다수캐리인 정공은 1개 만들어질 것이다. 베이스로 주입되는 100개의 전자 중 단 하나만이 정공과 재결합하여 I_B를 형성하고, 나머지 99개는 콜렉터로 확산하여 I_C를 형성한다. 이 때 $\alpha = 0.99, \beta = 99$로 계산되는데, 이게 무슨 뜻일까?

에미터-베이스 PN접합의 순방향바이어스 전압이 좀 더 올라가면서 베이스에서 정공이 2개 발생했다고 하자. 그러면 에미터에서는 비율에 따라 200개의 전자가 베이스로 주입될 것이고, 재결합하는 2개를 뺀 나머지 198개의 전자가 콜렉터로 확산 될 것이다. 즉 I_B의 **2배 변동이 198−99=99배의 I_C 변동을 초래한다**. 이같이 $\beta = 99$라는 수치는 I_B가 99배로 뻥튀기되어 I_C로 나타난다는 의미로서, β 를 BJT의 **전류증폭율**(電流增幅率)이라고 부른다. I_B는 큰 흐름인 I_E와 I_C의 틈바구니에서 보잘것없어 보이지만, I_B야 말로 BJT를 흐르는 전체 전류량은 좌지우지하는 숨은 실력자였던 것이다.

이상의 해석을 바탕으로 BJT의 등가회로를 그려보면 [그림 8-9]와 같다. PNP형 BJT는 정공이 다수캐리어로 되며, NPN과 전류 방향만 반대로 그리면 된다. 베이스-에미터 사이는 순방향바이어스 다이오드로 그리면 오케이. 베이스에서 콜렉터로는 아예 전류가 흐르지 않으므로 개방. 콜렉터에는 β 만큼 증폭된 I_B가 흐르므로 일종의 전류원으로 간주할 수 있는데, I_C는 오로지 I_B에만 좌우되므로 종속전류원(dependent current source)으로 그린다. 이처럼 BJT의 입/출력은 모두 전류를 주인공으로 증폭을 수행하므로 BJT는 **전류제어−전류증폭소자**임을 기억하자.

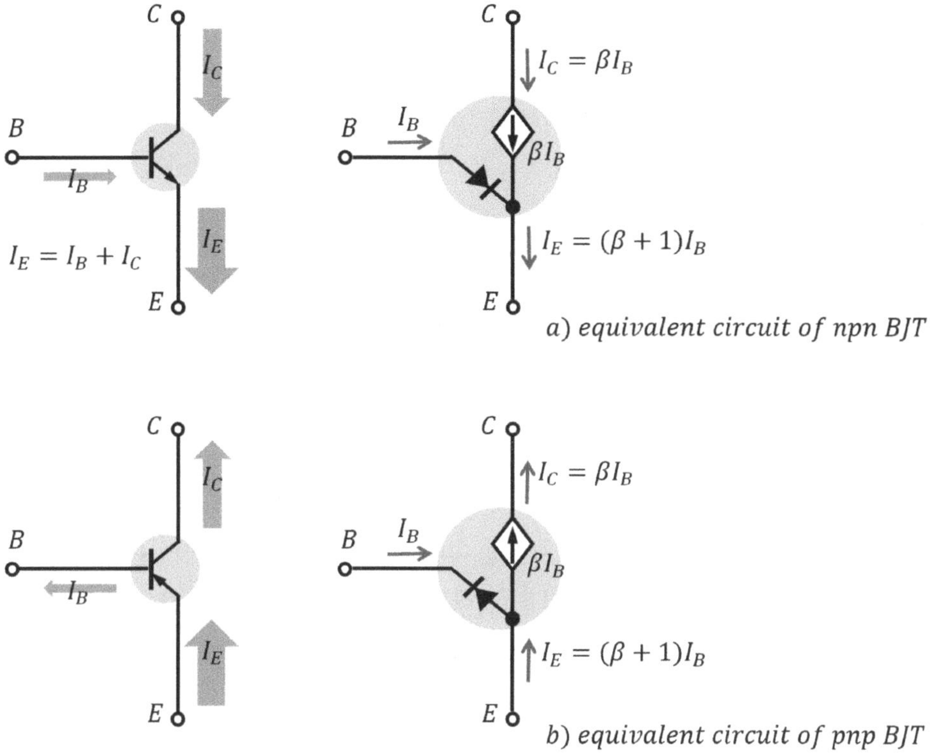

[그림 8-9] BJT의 등가회로

■ 부하방정식과 부하선

BJT의 바이어스와 작동원리는 [그림 8-7]로 충분히 설명된다. 베이스를 접지하여 전압 기준으로 삼고 2개의 전지로 순방향과 역방향의 바이어스를 잡아주는 것이 BJT 바이어스의 핵심적인 개념이다. 그런데 증폭 대상 신호가 베이스로 흘러 들어가는 전류 I_B인 경우, 정작 베이스 단자가 접지된 상태라면 다루기가 상당히 거북해진다. 그리고 증폭된 신호를 뽑아내야 하는 콜렉터 단자 역시 접지점으로 잡기 곤란하다 보니 남은 곳은 에미터 단자밖에 없다. [그림 8-10] a)는 BJT 증폭기에서 가장 일반적으로 쓰이는 에미터-접지(CE, Common Emitter) 바이어스 회로를 보여주고 있다. BJT를 과도한 전류로부터 보호하는 한편, 적절한 I_B와 I_C 값을 정해주기 위해 베이스와 콜렉터에 저항 R_B와 R_C를 달아준다. 접지점이 바뀌었지만, V_{BB}는 에미터-베이스 사이를 변함없이 순방향바이어스로 잡아주고 있으며, $V_{CC} \gg V_{BB}$의 조건에 의해 V_{CC}가 베이스-콜렉터 사이를 역방향으로 바이어스 해주고 있으므로 상황은 [그림 8-7]과 다름이 없다.

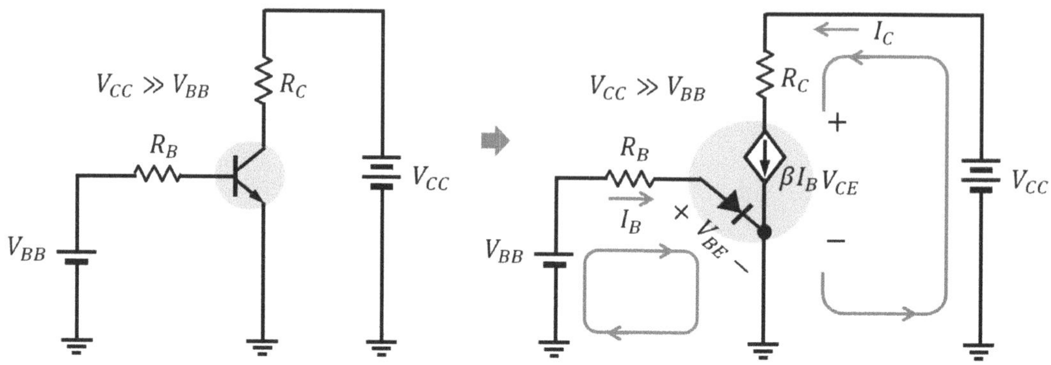

a) Common Emitter Biased npn BJT　　b) CE equivalent circuit of npn BJT

[그림 8-10] 에미터-접지 바이어스 회로

[그림 8-10] b)의 등가회로는 2개의 루프로 구성되는데, 두 루프는 접지만 공유할 뿐 완전히 별개의 회로이다. 좌측 증폭기 입력단을 입력루프, 우측 증폭기 출력단을 출력루프라고 하자. 우선 입력루프에 KVL을 적용하여 입력전류 I_B를 구하면 (식 8-4)와 같다. 입력루프에서 다이오드는 순방향바이어스이므로 베이스-에미터 사이의 전압 V_{BE}는 다이오드의 문턱전압인 $V_T = 0.7\,V$로 취급한다. 증폭의 대상이 되는 I_B는 매우 작은 값으로 조정되어야 하므로 V_{BB}는 V_{CC}에 비해 매우 낮은 값으로 잡는다.

$$V_{BB} = R_B I_B + V_{BE}$$

$$I_B = \frac{V_{BB} - V_{BE}}{R_B} = \frac{V_{BB} - 0.7}{R_B} \qquad \text{(식 8-4)}$$

이어서 출력루프에 KVL을 적용하면 (식 8-5)가 간단히 구해진다. 여기서 V_{CE}는 콜렉터와 에미터 사이에 걸리는 전압으로서, I_C가 커질수록 R_C에서의 전압강하도 커지므로 V_{CE}는 감소한다. 그런데 여기에서 V_{CE}의 **크기가 I_C에 아무런 영향을 주지 않는다는** 점을 꼭 기억하자. 즉 V_{CE}는 베이스-콜렉터 사이의 역방향바이어스로 작용하기는 하지만, 베이스에서 남아도는 전자들이 몽땅 콜렉터로 굴러떨어지는 현상과 V_{CE}의 크기와는 아무런 상관이 없다! 이는 폭포의 높이가 높든 낮든 떨어지는 물의 양은 마찬가지라는 사실에 비유할 수 있다([그림 8-8]

참조). V_{CE}가 I_C에 영향을 미치지 않는 이러한 융통성이야말로 BJT에서 $I_C = \beta I_B$ 라는 전류증폭이 보장되는 결정적인 요인이다. V_{CC}는 강한 출력전류 I_C를 만들어 주어야 하므로 V_{BB}에 비해 상당히 큰 값으로 잡는다 ($V_{CC} \gg V_{BB}$).

$$V_{CC} = R_C I_C + V_{CE} \qquad \text{(식 8-5)}$$

(식 8-5)는 부하가 물리는 출력단의 전압-전류 특성을 나타낸다는 의미에서 부하방정식(負荷方程式)이라고 부른다. (식 8-5)를 (식 8-6)과 같이 살짝 변형하면 [그림 8-11]과 같이 I_C와 V_{CE}를 좌표축으로 하는 1차함수의 그래프로 나타낼 수 있다. 증폭의 주역이 전류이므로 I_C를 세로축에 배치한다. 그래프의 직선은 부하선(負荷線, load line)이라는 이름을 가지는데, 이는 BJT에 걸리는 전압 V_{CE}와 전류 I_C라는 짐(load)의 무게가 이 직선을 따라가며 결정된다는 의미이다.

$$I_C = -\frac{1}{R_C} V_{CE} + \frac{V_{CC}}{R_C}$$
$$I_{C(max)} = V_{CC}/R_C \quad \leftarrow \quad V_{CE} = 0 \quad (saturation) \qquad \text{(식 8-6)}$$
$$V_{CE(max)} = V_{CC} \quad \leftarrow \quad I_C = 0 \quad (cut\ off)$$

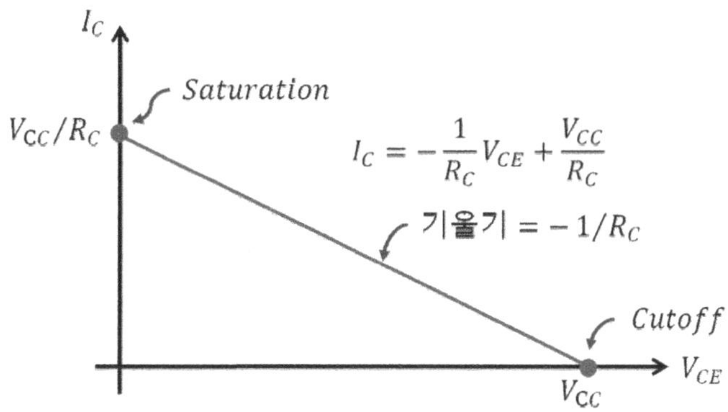

[그림 8-11] BJT의 부하방정식과 부하선

부하방정식에서 V_{CE}의 상한선은 당연히 전원의 크기인 V_{CC}이다. [그림 8-11]에 표시된

V_{CC}점을 **차단점**(遮斷, Cutoff point)이라고 하는데, 이는 BJT에 더 이상 전류가 흐르지 않는 $I_C = 0$인 점이기 때문이다. 또한 차단점은 $I_B = 0$ 상태이기도 하다. 베이스에 I_B가 흐르기 시작하면 I_C가 흐르고 V_{CE}는 감소한다. 그렇다면 V_{CE}의 하한선은 어디까지 갈까? V_{CE}의 임무는 무슨 일이 있어도 베이스-콜렉터 사이에 역방향바이어스를 걸어주는 것이다. 따라서 정상적인 BJT 바이어스를 유지하려면 V_{CE}는 반드시 영보다는 커야 한다. [그림 8-11]에서 $V_{CE} = 0$인 점은 I_C의 최댓값이 나온다는 뜻에서 **포화점**(飽和, saturation point)이라고 한다. 즉 포화점 이상의 I_B가 입력되더라도 더 이상의 증폭은 이루어지지 않는다.

■ BJT의 출력 특성과 동작점

증폭기 입력신호는 영을 기준으로 양과 음으로 진동하는 순수 교류신호이다. 직류를 굳이 증폭할 필요는 없으므로 증폭회로에서는 통상적으로 사전에 직류성분(평균치)을 철저히 제거한다. 그런데 NPN형 BJT는 내부적으로 모두 양으로 바이어스되어 있다. 따라서 **부하선을 따라가며 적절한 곳에 증폭의 기준점으로 만들어 주어야** 양과 음으로 진동하는 증폭기 출력을 모두 커버할 수 있다. 즉 증폭기 출력에는 엄청난 크기의 직류 성분이 포함되며, 이는 부하에 전달되기 전에 적절하게 제거되어야 한다.

증폭기 입/출력의 기준점을 **동작점**(動作點)이라고 하며, Q점(Quiescent Point)이라는 별칭도 가지는데, 이는 어떤 상황이든 흔들림 없이(quiescent) 확고한 바이어스를 유지한다는 의미이다. 동작점은 당연히 부하선을 따라가면서 정해지는데, (식 8-3)에 따라 I_C는 오로지 I_B에 의해서만 결정되므로, 특정한 I_B가 주어지면 (식 8-5)에 따라 V_{CE}도 덩달아 결정된다. 다시 정리하자면 **"출력전류 I_C는 BJT 자체에 걸리는 전압 V_{CE}와는 무관하게 오로지 입력전류 I_B에 의해서만 결정된다."** 이러한 BJT의 독특한 **출력 특성**은 [그림 8-12]와 같이 나타낼 수 있는데, [그림 8-11]의 부하선 그래프 위에 I_B를 가로축과 평행한 직선으로 표시함으로써 세 변수 I_C V_{CE} 그리고 I_B의 관계를 일목요연하게 정리한 것이다.

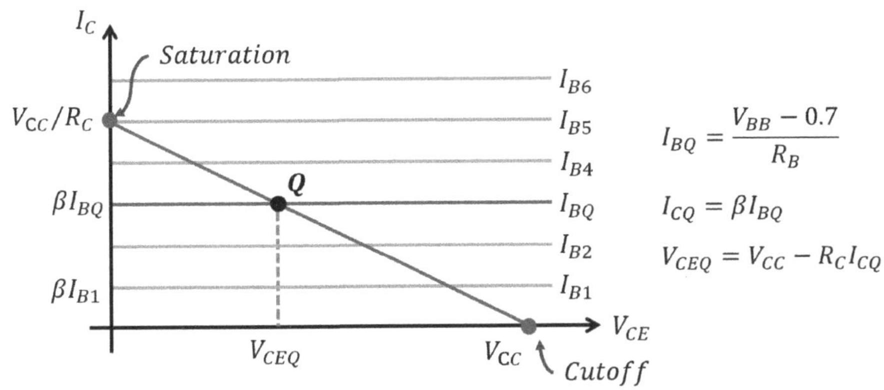

[그림 8-12] BJT의 출력특성과 동작점의 결정

그림에서 I_B 직선과 부하선과의 교점(交點)이 바로 I_C와 V_{CE}를 동시에 만족하는 점으로써 부하방정식의 해가 된다. 그림에서 Q점은 활성영역 I_B의 범위 중 한가운데 위치하고 있으며, 3가지의 값 I_{BQ} $I_{CQ} = \beta I_{BQ}$ $V_{CEQ} = V_{CC} - R_C I_{CQ}$를 결정한다. [그림 8-13]은 직류전원으로 바이어스가 잡힌 BJT에 교류신호 $v_s(t)$가 입력되어 Q점을 중심으로 증폭되는 모양을 보여주고 있다.

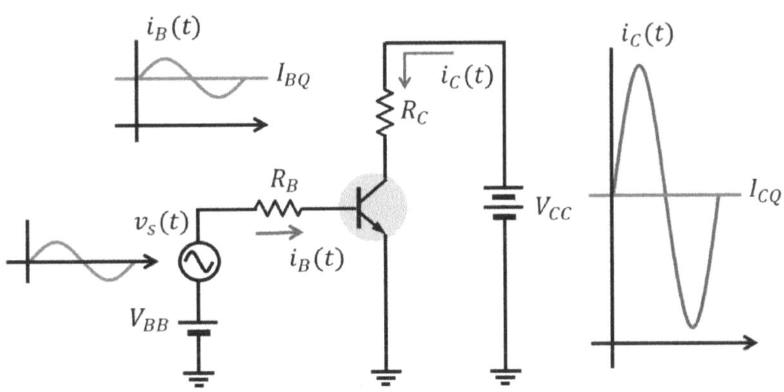

[그림 8-13] BJT 증폭기의 바이어스와 Q점의 역할

이같이 증폭된 파형이 포화점이나 차단점에 걸리지 않는 범위 내에서 최대한의 증폭 범위를 잡아주는 것이 Q점의 역할이다. [그림 8-14]는 포화점이나 차단점 방향으로 치우친 Q점으로 인해 출력 파형에 왜곡이 생기는 상황을 보여주고 있다.

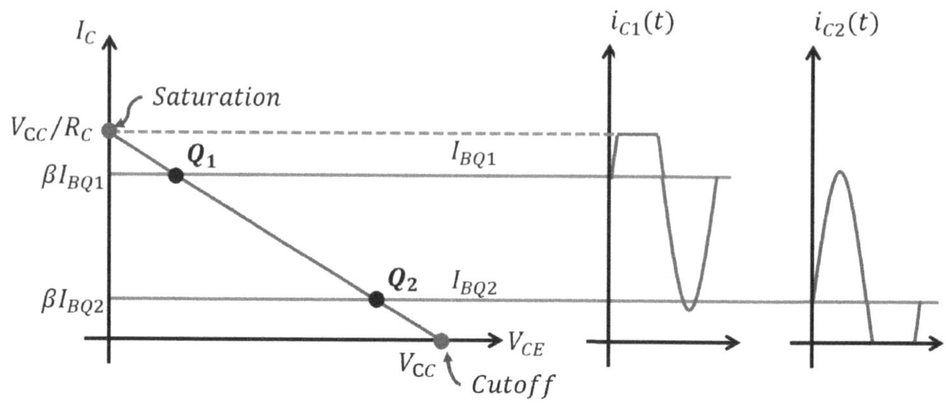

[그림 8-14] 치우친 Q점 설정으로 인한 출력의 왜곡

■ 콜렉터특성곡선

BJT의 입력-출력 특성에 관한 [그림 8-12]의 설명은 문턱전압을 무시하는 등 매우 이상적인 가정들을 바탕으로 단순화 한 것이다. [그림 7-19]를 통해 반도체 PN접합의 각종 비선형적 특성을 알아보았듯이, PN접합 2개를 안고 있는 BJT의 거동 역시 상당한 비선형성을 가질 것이다. 따라서 [그림 8-12]의 반듯반듯한 직선들은 이러한 현실을 반영하여 수정되어야 한다. [그림 8-15]는 수정된 BJT의 실제 출력특성으로서, **콜렉터특성곡선**(Collector Characteristic Curve)이라고 부른다. 그림의 각 영역별 특성에 대하여 살펴보면 아래와 같다.

(1 영역) V_{CE}가 문턱전압 이하라면 베이스-콜렉터 사이는 순방향바이어스. I_C와 V_{CE}는 비례한다. 따라서 이 영역은 증폭기로 사용할 수 없으며, **포화영역**(飽和, Saturation Region)이라 부른다. V_{CE}가 문턱전압을 넘는 순간 본격적으로 증폭된 I_C가 흐르기 시작하면서 활성영역으로 진입한다. 실제 포화점도 부하선을 따라 활성영역 안쪽으로 이동한다.

(2 영역) V_{CE}는 넓은 범위에 걸쳐서 베이스-콜렉터 사이의 역방향바이어스로 작용한다. 이상적이라면 $I_B=0$에서 이 $I_C=0$라야 하지만, 소수캐리어인 정공이 베이스로 끌려가면서 누설전류를 형성한다. 약간의 역방향 누설전류를 포함하는 $I_B=0$ 이하의 영역을 **차단영역**(遮斷, Cutoff Region)이라고 한다. 실제 차단점도 부하선을 따라 활성영역 안쪽으로 이동한다.

(3 영역) V_{CE}가 계속 증가하여 베이스-콜렉터 사이의 역방향바이어스가 한계에 달하면 PN 접합의 항복이 일어나고 BJT는 그 기능을 상실한다. **항복영역**(降伏, Breakdown Region)이라고 하며, V_{CC}는 이 한계 이내에서 설정되어야 한다.

(4 영역) 포화, 차단, 항복영역을 제외한 가운데 토막이 BJT가 정상적으로 증폭 기능을 발휘하는 영역으로서 **활성영역**(活性, Active Region)이라고 한다. [그림 8-12]의 이상적인 출력 특성이라면 I_C는 오로지 I_B에만 비례해야 하지만, 실제로는 V_{CE}의 증가에 따라 I_C도 약간씩 증가하므로(아무래도 전자가 가속되는 효과는 있다) 특성곡선이 위쪽으로 살짝 휘어진다. 이처럼 최대한의 활성영역 확보와 Q점의 결정은 적절한 V_{BB}와 V_{CC}, R_B와 R_C, 그리고 β의 미묘한 조화를 요구하는 작업이다.

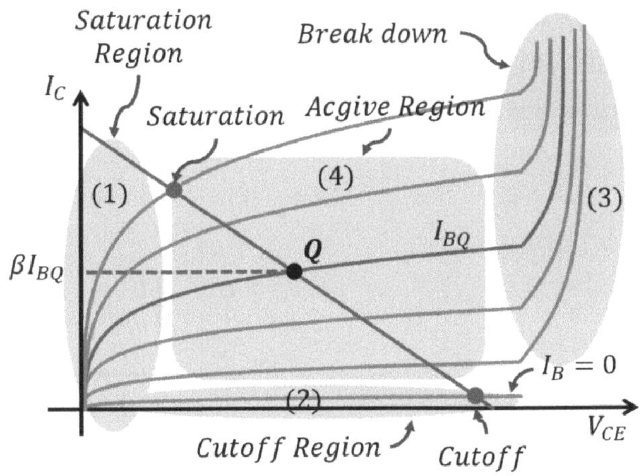

[그림 8-15] BJT의 콜렉터 특성 곡선

■ BJT 스위치

증폭기로 쓰이는 BJT는 대표적인 아날로그 소자로서, 활성영역에 적절하게 설정된 Q점을 중심으로 왜곡 없이 충실하게 파형 증폭을 해내는 것이 그 본연의 임무이다. 그런데 포화점과 차단점이라는 두 한계점을 사용하는 극단적인 BJT 운용기법도 있는데, 이것이 바로 BJT 스위치이다. 즉 [그림 8-16] a)와 같이 베이스에 고전압을 가해 최대의 I_B로 베이스를 포화시키면 BJT는 전압 영, 전류 최대의 단락(switch ON) 상태로 된다. 한편 [그림 8-16] b)와 같이 베이스를 접지시켜 I_B를 끊어버리면 전류 영, 전압 최대의 개방(switch OFF) 상태로 된다.

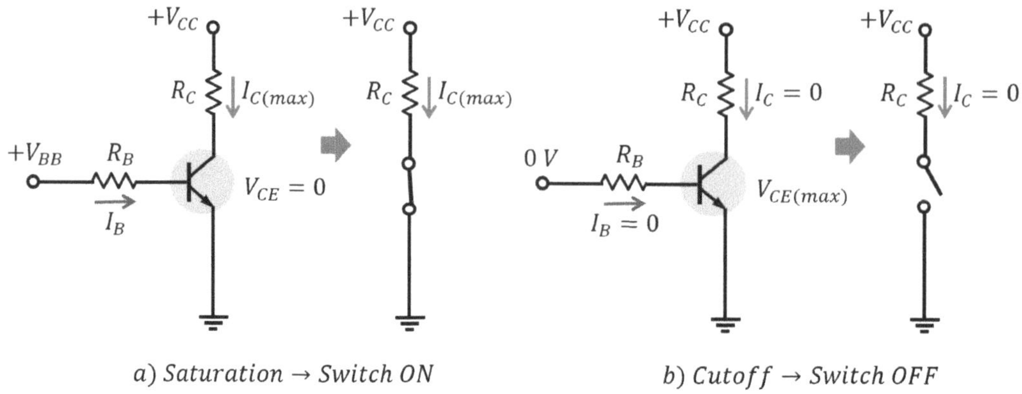

[그림 8-16] BJT의 스위치 기능

물론 다이오드도 훌륭한 스위치이지만, BJT 스위치는 베이스를 통해 전기적인 ON/OFF 제어(electrically controllable)가 가능하다는 점이 특징이다. [그림 8-17]은 BJT 스위치의 응용 예로서 LED를 구동하는 LED 드라이버용 스위치이다. LED 점등을 위한 제어신호는 CPU나 전자회로에서 만들어지고 베이스로 입력된다. 스위치 ON 상태로 되면 LED의 발광(發光)에 충분한 전류가 V_{CC} 전원으로부터 공급되는데, 이런 의미에서 LED 드라이버라는 이름이 붙는다.

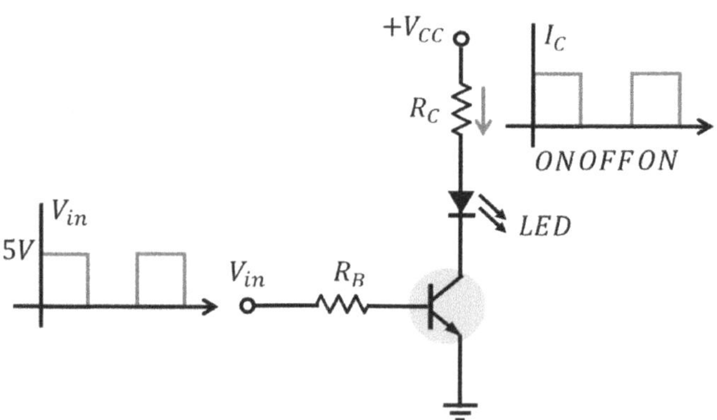

[그림 8-17] BJT 스위치를 사용한 LED 드라이버

트랜지스터의 스위치 작용은 0과 1만 사용하는 2진(binary) 디지털논리에 그대로 적용할 수 있다. [그림 8-18]은 콜렉터 전압을 출력으로 뽑은 스위치로서, 인버터(Inverter) 논리, 즉 NOT 게이트로의 응용을 보여주고 있다. 나아가 BJT 스위치의 조합으로 NOR, NAND 등의 논리게이트 설계도 가능하다. 이처럼 BJT 스위치는 초소형, 저전력, 그리고 고집적의 반도체

소자로서 대량제조가 가능하며 디지털논리회로와 메모리, 그리고 각종 센서의 재료로서 다양하게 쓰이고 있다.

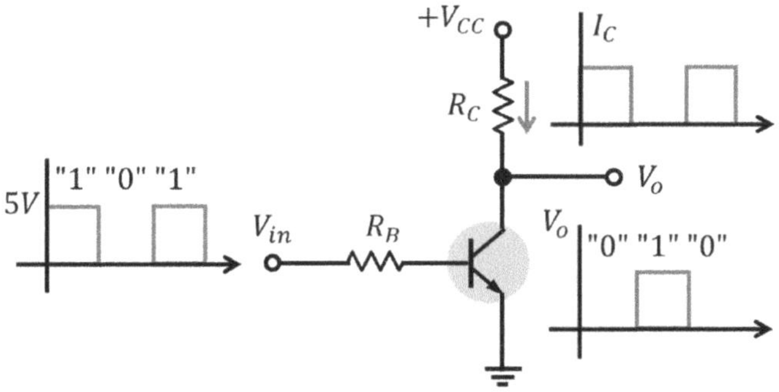

[그림 8-18] BJT 인버터 논리회로 (NOT gate)

■ 온도안정화

반도체의 가장 큰 약점은 변덕스러움이다. 즉 전자와 정공의 생성과 재결합에 의존하는 구조이다 보니 온도변화에 너무나 민감하다. [표 8-1]은 온도에 따른 문턱전압 V_T와 전류증폭율 β의 대략적인 변동폭을 보여주고 있다. 표로 나타낸 온도의 범위가 매우 극단적으로 보이지만, 계절과 기후 환경에 더하여 전자회로의 케이스 수납과 자체적인 발열까지 감안하면 BJT가 충분히 겪을 수 있는 상황이다. V_T도 그렇지만 β의 변동폭은 매우 격심하다. 온도변화로 β가 증가(감소)하면 I_B가 만들어내는 I_C도 증가(감소) 하면서 Q점은 부하선을 따라 위(아래)로 움직인다. 따라서 상온을 기준으로 정교하게 설정된 Q점은 약간의 온도변화에도 변덕스럽게 흔들릴 것이고, 출력되는 파형 또한 심각한 왜곡을 피하지 못할 것이다.

[표 8-1] 실리콘 BJT의 온도 특성

temperature	V_T	β
-50℃	0.8	20
25℃	0.7	50
100℃	0.5	80
150℃	0.4	100

온도에 따라 큰 폭의 특성 변화가 있더라도 Q점을 유지하려면 어떻게 해야 할까? 해답은 [그림 8-19]와 같이 에미터에 저항 R_E를 추가하는 것이다! 이 기발한 온도안정화 방법이 어

떻게 작동하는지 아래와 같이 단계별로 생각해보자. R_E의 추가로 (식 8-4)의 입력루프 KVL 은 (식 8-7)로 수정된다.

$$V_{BB} = R_B I_B + V_{BE} + V_E$$

$$I_B = \frac{V_{BB} - V_{BE} - V_E}{R_B} = \frac{V_{BB} - 0.7 - V_E}{R_B} \quad \text{(식 8-7)}$$

$$V_{CC} = R_C I_C + V_{CE} + V_E$$

1) 온도상승으로 인해 β가 증가하고 더 큰 I_C가 흐르면서 Q점을 위로 밀어 올린다.
2) 증가한 I_C로 인해 R_E에서의 전압강하가 더 커지고 그만큼 에미터전압 V_E가 올라간다.
3) V_E가 오른 만큼 R_B에 걸리는 전압은 내려가고 이에 따라 I_B도 감소한다.
4) I_B의 감소로 인해 I_C도 감소하면서 Q점은 다시 아래로 내려온다.
5) 온도하강으로 인해 β가 감소하는 경우, 정반대의 원리로 I_B가 증가하여 Q점의 변동을 방지한다.

이처럼 R_E는 출력루프에서의 전류변동을 전압의 형태로 입력루프에 반영(feedback)하여 I_B을 조정해주는 역할을 함으로써 온도변화로 인한 Q점의 움직임을 바로잡는다. 즉 R_E는 입력루프에서 출력루프의 상황을 감시하는 창문 역할을 함으로써 Q점의 흔들림을 제어한다. 이러한 온도보상 방식을 에미터 안정화 바이어스라고 하며, R_E를 에미터 안정화 저항이라고 한다.

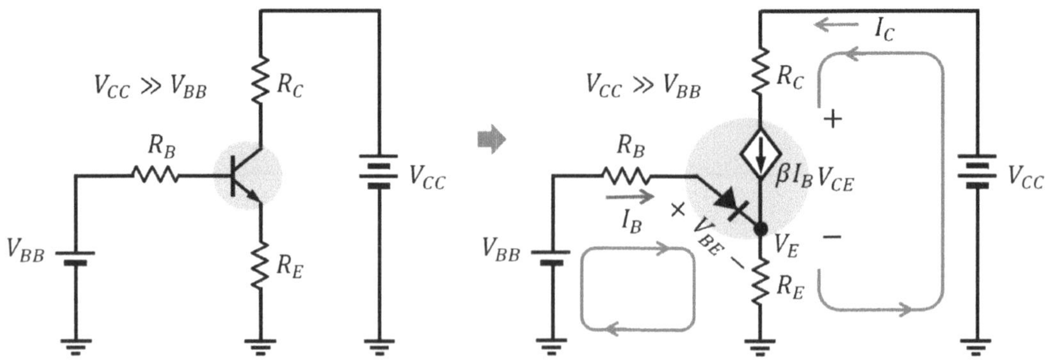

[그림 8-19] 에미터 안정화 바이어스

■ 단일전원바이어스

BJT의 기본적인 바이어스를 위해서는 [그림 8-10]과 같이 2개의 전원이 필요하다. 그렇지만 하나의 회로를 구동하기 위해 2개의 전원을 붙인다는 것은 여러모로 불편할 것이다. 등가적으로 BJT 바이어스 조건을 만족시키면서 하나의 전원만으로 이 일을 해치울 수는 없을까. 답은 심플하다. [그림 8-20]과 같이 V_{CC} 전원을 그냥 베이스와 콜렉터에 공통으로 물려주는 것으로서, **고정바이어스(Fixed Bias)**라고 부른다.

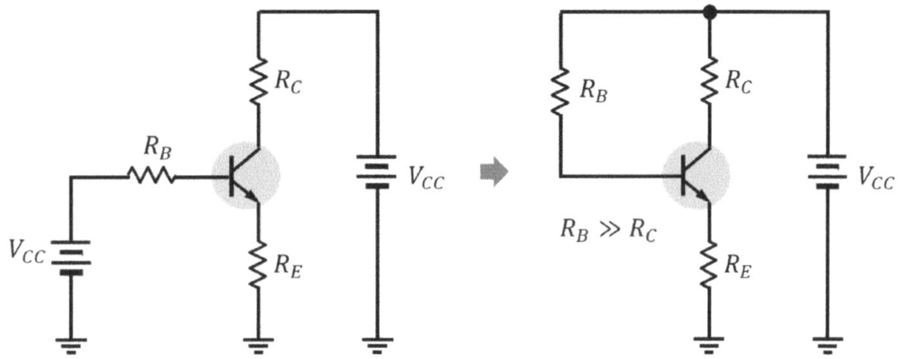

[그림 8-20] BJT의 고정바이어스

어쩐지 좀 과격해 보이는 이 방법은 역시 태생적인 문제점을 안고 있다. 즉 적절한 Q점의 설정을 위해서는 I_B를 매우 미세하게 잡아야 하는데, V_{CC}라는 큰 전압이 베이스에 물린 상황이라 R_C에 비해 대폭 큰 R_B를 사용해야 한다는 점이다. 이는 BJT 증폭의 안정성 등에 악영향을 주는 등 무리가 따르므로 고정바이어스는 비교적 간이한 회로에 제한적으로 사용된다.

고정바이어스의 고민을 해결하는 좋은 방법이 있다. 즉 베이스에 무리하게 V_{CC}를 가하는 대신 [그림 8-21]과 같이 저항 2개의 전압분배회로를 통해 적절하게 조절한 전압을 베이스에 걸어주는 방식이다. **전압분배바이어스(voltage divided bias)**로 불리는 이 단일전원 바이어스 방식은 가장 보편적인 BJT 바이어스로 널리 애용된다. [그림 8-21]의 전압분배바이어스 회로는 테브냉등가회로로 해석하면 [그림 8-10]과 등가적으로 완전히 동일하다. 즉 베이스에 걸리는 전압 V_{BB}는 R_2에 분배되는 전압으로, 베이스에서 쳐다보는 등가저항 R_B는 R_1과 R_2의 병렬연결로 구해진다(등가저항을 구할 때 전압원은 무시(단락)하므로 R_1의 한쪽 끝은 접지로 취급한다).

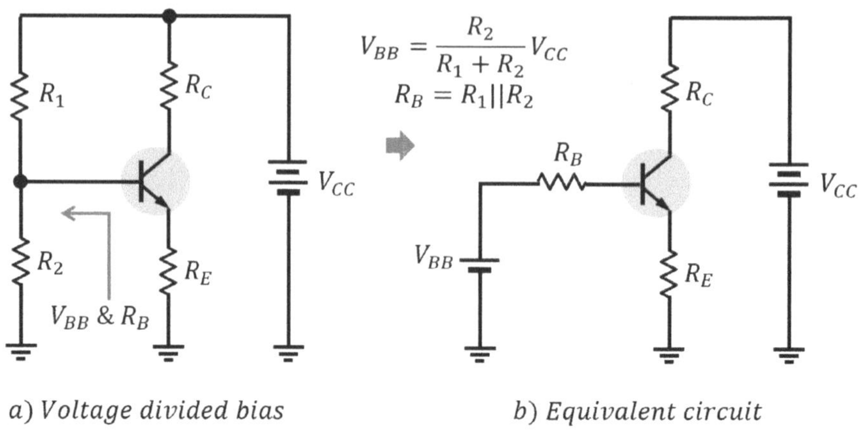

[그림 8-21] BJT의 전압분배바이어스

8-3 BJT 증폭기

■ BJT 증폭기의 분류

BJT의 단자는 3개이다. BJT로 증폭기 회로를 구성하려면 우선 3개의 단자 중 어느 단자를 접지하여 전압기준으로 삼느냐를 먼저 정해야 한다. [그림 8-22]는 접지되는 단자를 주인공으로 하여 분류되는 BJT 증폭기의 기본 유형 3가지를 보여주고 있다. 어느 유형이든 기본적으로 에미터-베이스 PN접합은 순방향으로, 베이스-콜렉터 PN접합은 역방향으로 바이어스된다. 따라서 3가지 유형 모두 콜렉터에 V_{CC}가 공급되는 점은 동일하다.

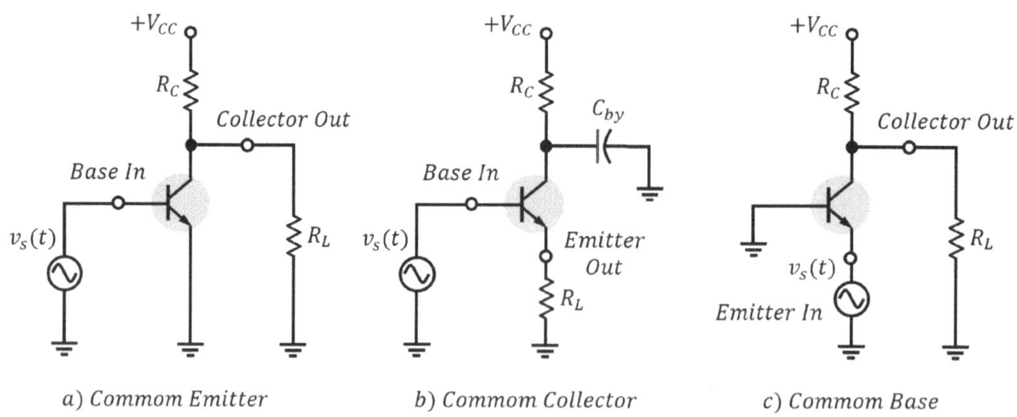

[그림 8-22] BJT 증폭기의 분류

도핑 농도의 차이는 있지만 동일 극성의 반도체인 에미터와 콜렉터, 그리고 그 사이에 낀 다른 극성의 베이스. 이들 중 누가 주인공이 되느냐에 따라 BJT 증폭기는 각자 독특한 개성을 발휘한다. 각각의 명칭과 기본적인 단자 배치를 아래에서 살펴보자.

1) 에미터-공통 (Common Emitter) 증폭기

에미터가 증폭기 입력과 출력의 공통 기준으로 쓰인다는 뜻으로서 [그림 8-10]에서 살펴본 에미터-접지와 동의어이다. 이하 줄여서 CE로 통칭한다. 증폭기 입력은 베이스로 넣고, 출력은 콜렉터로 받아내는 BJT의 동작 원리에 가장 어울리는 방식으로서 대부분의 BJT 증폭기에서 채택되는 가장 보편적인 방식이다.

2) 콜렉터-공통 (Common-Collector) 증폭기

콜렉터가 증폭기 입력과 출력의 공통 기준이다. 이하 줄여서 CC로 통칭한다. 콜렉터는 V_{CC}가 붙는 곳이기도 하므로 콜렉터를 그대로 접지해버리면 BJT로 갈 전류가 모두 접지로 새버리고 만다. 따라서 직류 바이어스 전류는 BJT로 공급하되, 교류 신호에 대해서만 접지되도록 바이패스 캐패시터 C_{by}를 달아준다(여기에 대해서는 아래에서 다시 자세히 다루기로 한다). BJT에서 에미터와 콜렉터는 베이스를 사이에 두고 대칭을 이루므로 콜렉터 대신 에미터에서 출력을 받아내어도 문제없다. 입력은 당연히 베이스.

3) 베이스-공통 (Common-Base) 증폭기

베이스가 증폭기 입력과 출력의 공통 기준이다. 이하 줄여서 CB로 통칭한다. [그림 8-7]에서 살펴본 대로 가장 원초적인 바이어스 방법이다. 베이스 전류는 모두 에미터로 흐르므로 입력은 베이스 대신 에미터로 넣는다. 출력은 당연히 콜렉터. CB란 사실상 CE에 입력을 뒤집어 넣는 것과 다를 바 없지만, 독특한 개성 차이를 만들어낸다.

■ BJT 증폭기의 해석

BJT 증폭기를 해석하기 위해서는 BJT의 구동과 관련된 두 가지 전기적 관점에서 접근할 필요가 있다. 하나는 직류의 관점인 바이어스 설정으로서 BJT가 동작할 수 있도록 에너지를 공급하고 동작점을 세우는 일이며, 또 하나는 교류의 관점으로서 신호의 입력과 출력에 관한 증폭(增幅, amplification)의 상황을 따지는 것이다. BJT 증폭기 해석에서는 전자를 **직류등가**(DC equivalent) 회로 해석, 후자를 **교류등가**(ac equivalent) 회로 해석이라고 부른다.

우선 BJT 자체에 대하여 직류 및 교류 등가회로를 그려보면 [그림 8-23]과 같다. 증폭기 회로에 관한 모든 알파벳 표기에 있어서, 직류는 알파벳 대문자로, 교류는 알파벳 소문자로 구분한다. BJT의 기본은 베이스 전류에 대한 종속전원이며, 증폭된 전류는 절대로 베이스로

흐르지 않으므로 입력과 출력은 독립된 루프로 그린다. 베이스-에미터 PN접합은 직류등가의 경우 깔끔하게 문턱전압에 해당하는 전원으로 취급한다. 한편 교류(신호)의 입장에서 부딪치는 베이스-에미터 PN접합은 순방향바이어스로 문턱전압을 넘었으므로 전류의 흐름에는 문제없지만, 실리콘 반도체 자체가 가지는 약간의 등가저항을 고려해야 한다. 이 저항은 주위 온도나 바이어스 등에 의해 오락가락 하므로 동저항(動, dynamic resistance)이라는 이름을 가지며, 상온에서 대략 수$k\Omega$ 이내의 값을 가진다.

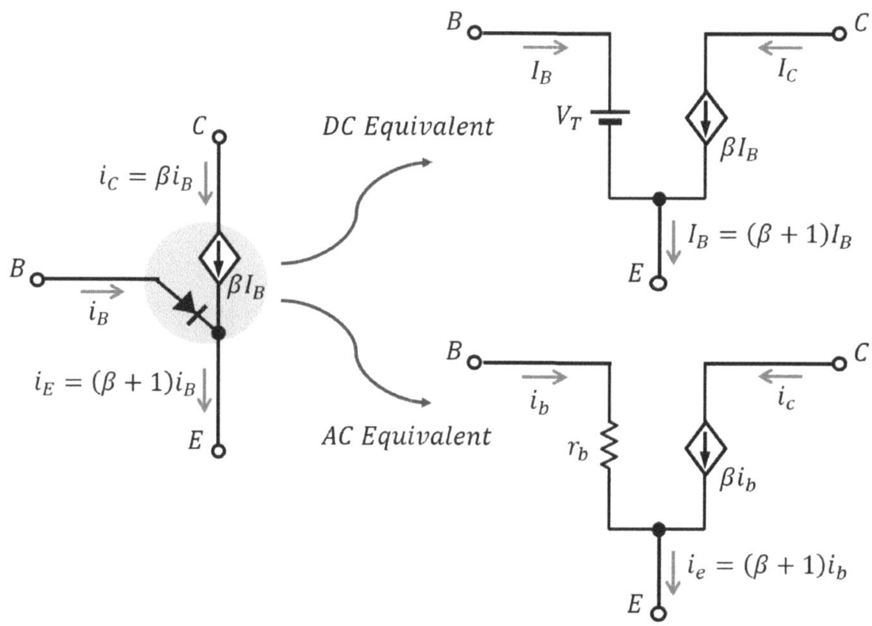

[그림 8-23] BJT의 직류등가 및 교류등가

직류 및 교류등가회로는 마치 부모와 자식의 관계에 비견된다. 부모는 자식이 온전하게 성장할 수 있도록 모든 역량을 다해 뒷바라지(바이어스) 하고, 자식은 부모의 도움으로 의식주 걱정 없이 학업에 열중하여 역량을 끌어올린다(증폭). 재미있는 점은 이런 밀접한 관계에도 불구하고 서로의 입장은 독립적이라는 것이다. 즉 부모는 자식의 학업을 대신할 수 없고, 자식은 부모의 방침을 거스를 수 없다. 직류 및 교류등가회로도 이와 마찬가지로 각자의 임무에 충실할 뿐, 서로에게 (전기적으로) 영향을 미치지 않는다. 이것은 증폭기 해석에 있어서 매우 편리한 점으로서 **중첩원리**(principle of superposition)라고 한다. 이를 이용하면 바이어스와 증폭의 문제를 완전히 별개로 해석할 수 있다.

[그림 8-13]의 기본적인 CE증폭기 회로에 대한 직류등가회로 및 교류등가회로를 구해보자. 중첩원리에 따라 직류(부모의 도리) 등가 해석에서는 교류(자식의 노력 여부) 관련 요소들이

완전히 무시되며, 교류등가 해석에서도 이와 마찬가지이다. [그림 8-13]의 직류등가회로는 [그림 8-24]로서 입력신호인 교류전원을 단락하고 그린 것이며, 교류등가회로는 [그림 8-25]로서 바이어스용 직류전원을 단락하고 그린 것이다. 교류등가회로에서 R_C는 한쪽 끝이 접지되며, R_C에 걸리는 전압이 출력전압으로 나타나는 점을 기억하자.

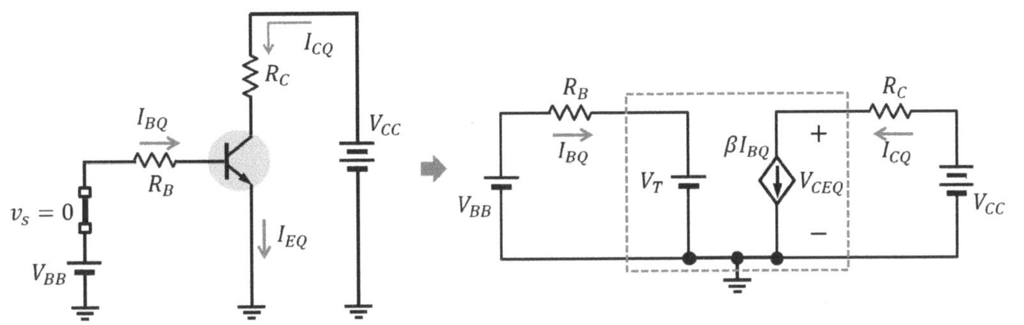

[그림 8-24] BJT 증폭기의 직류등가회로

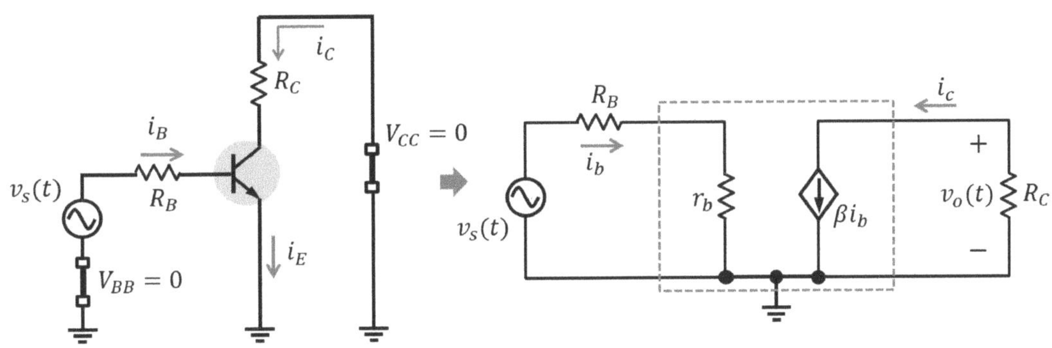

[그림 8-25] BJT 증폭기의 교류등가회로

■ 증폭기의 성능 척도

이제 바이어스로 만반의 준비가 잡힌 BJT 증폭기에 대하여 그 증폭 성능을 따져보자. 증폭기의 특성과 성능의 분석은 아래와 같이 4가지 지표를 따른다.

- 전류이득 (Current Gain) A_i
- 전압이득 (Voltage Gain) A_v
- 입력임피던스 (Input Impedance) Z_i
- 출력임피던스 (Output Impedance) Z_o

BJT는 기본적으로 전류증폭기이므로 전류이득을 따지는 것이 당연히 기본이다. 아울러 R_C에 걸리는 전압이 출력전압이므로 전압이득도 간단히 구해진다. 한편 증폭기는 입력회로와 부하의 중간에 위치하므로 앞뒤와의 전기적 정합성(matching)이 전체 시스템 설계의 매우 중요한 요소이다. 정합의 지표는 복소수 개념의 임피던스로서 교류신호의 진폭과 위상이 함께 다루어진다. 임피던스는 저항의 차원이므로 입력단자와 출력단자에서 관찰되는 전압과 전류의 비율로 계산한다. (문헌에 따라 임피던스 대신 입력저항 R_i 출력저항 R_o 로 표기하기도 한다.)

한편 BJT는 능동소자로서 내부적으로 전류를 뻥튀기해내므로 증폭기의 앞과 뒤에서 쳐다본 얼굴이 서로 다르다는 흥미로운 특성이 있다. 즉 입력단과 출력단에서 보여주는 임피던스는 서로 독립적이며 증폭기의 종류에 따라 현격한 차이를 가진다. 여기에 대해서는 아래의 CE, CC, CB 증폭기의 교류등가에서 자세히 따져보기로 한다.

BJT의 실제 특성과 관련한 중요한 지표의 하나인 내부저항을 살펴보고 가기로 하자. [그림 8-23]의 BJT 등가회로에서 출력단은 종속전류원으로 표시되는데, 실제 전원의 표기에서 꼭 따라다니는 내부저항이 빠져있다. 즉 BJT도 자체적으로 소모되는 전력이 당연히 있을 터이며, 이는 종속전류원에 병렬로 연결되는 내부저항으로 나타내야 한다. BJT의 내부저항을 찾는 일이 좀 막연해 보이지만, [그림 8-15]의 실제 콜렉터특성곡선을 보면 눈에 띄는 단서가 있다. 이상적이라면 I_C와 V_{CE}는 무관해야 하지만 실제로는 V_{CE}의 증가에 따라 I_C도 약간씩 증가한다. 따라서 (식 8-8)과 같이 이 전압과 전류의 비율을 구하면 바로 내부저항이 계산된다.

$$r_o = \frac{\Delta v_{CE}}{\Delta i_C} \qquad \text{(식 8-8)}$$

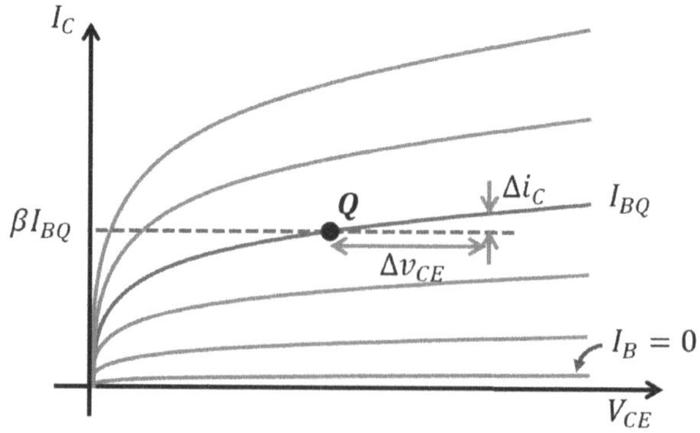

[그림 8-26] BJT의 내부저항

BJT의 내부에서 전압과 전류가 비례하는 것은 어찌 보면 자연스러운 일이기도 하다. 다만 이 특성곡선이 되도록 휘지 않고 직선에 가까울수록 이상적인 증폭기로 동작한다는 점을 기억하자. 따라서 기울기로 계산되는 상용 BJT의 내부저항 r_o는 수십$k\Omega$에 이르는 큰 값으로 계산되어 나온다. 내부저항을 포함하는 BJT 교류등가회로는 [그림 8-27]과 같으며, 전류원에 병렬로 연결되는 상당히 큰 값이다 보니 등가회로에서 종종 무시되기도 한다.

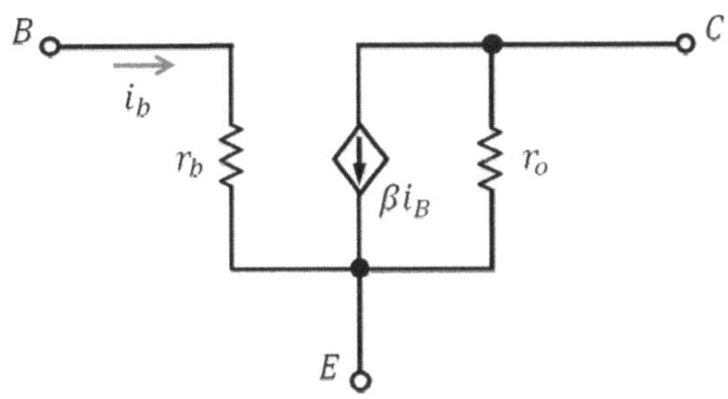

[그림 8-27] 내부저항을 포함하는 BJT 등가회로

■ 에미터-공통 증폭기 (CE)

CE 증폭기의 일반적인 구성은 [그림 8-28]과 같다. 전형적인 전압분배바이어스에 대해서는 [그림 8-21]의 직류등가회로 해석을 따르며, (식 8-7)에 따라 동작점을 결정한다. CE 증폭기의 주요 특징과 증폭과 관련된 성능 척도들을 교류등가의 관점에서 살펴보면 아래와 같으며, 이를 바탕으로 CE 증폭기의 교류등가회로를 그리면 [그림 8-29]와 같다.

1) 입력단과 출력단에 삽입된 2개의 캐패시터는 직류 바이어스 전압이 인접회로로 새어 나가지 않도록 차단(DC cutting)하여 R_1과 R_2의 전압분배로 설정된 동작점을 지키는 역할을 한다(캐패시터는 직류에서 개방과 등가). 더불어 교류입력과 교류출력은 통과(ac coupling)시키는 1인2역을 해낸다(캐패시터는 교류에서 단락과 등가).
2) 에미터 저항 R_E는 바이어스의 온도안정화에 요긴하게 쓰인다. 하지만 이대로 두면 교류출력이 입력루프로 피드백되어 입력과 출력이 뒤섞이게 된다. 따라서 병렬로 캐패시터를 달아주어 교류는 R_E를 거치지 않고 바이패스 되도록 한다.
3) 교류등가에서 V_{CC}는 단락으로 취급되므로 등가적으로 접지된다. 이에 따라 R_1과 R_C의 한쪽 끝은 접지로 취급된다.
4) 증폭기에 부하저항이 연결되면, 콜렉터 전류는 R_C와 R_L을 동시에 흐른다. 즉 두 저항은 병렬결합되어 출력전압을 받아내는 역할을 한다.

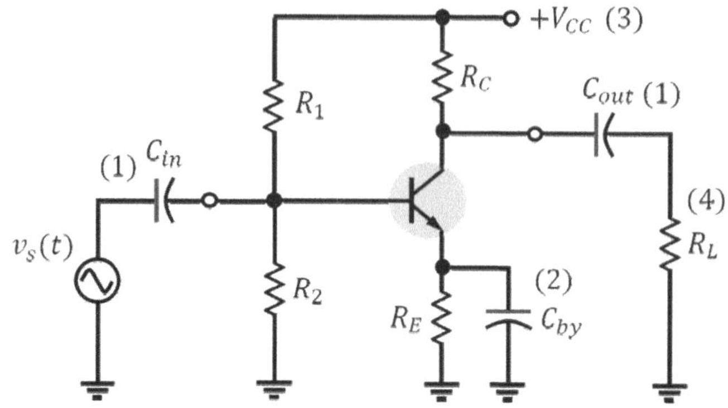

[그림 8-28] CE 증폭기의 일반적인 구성

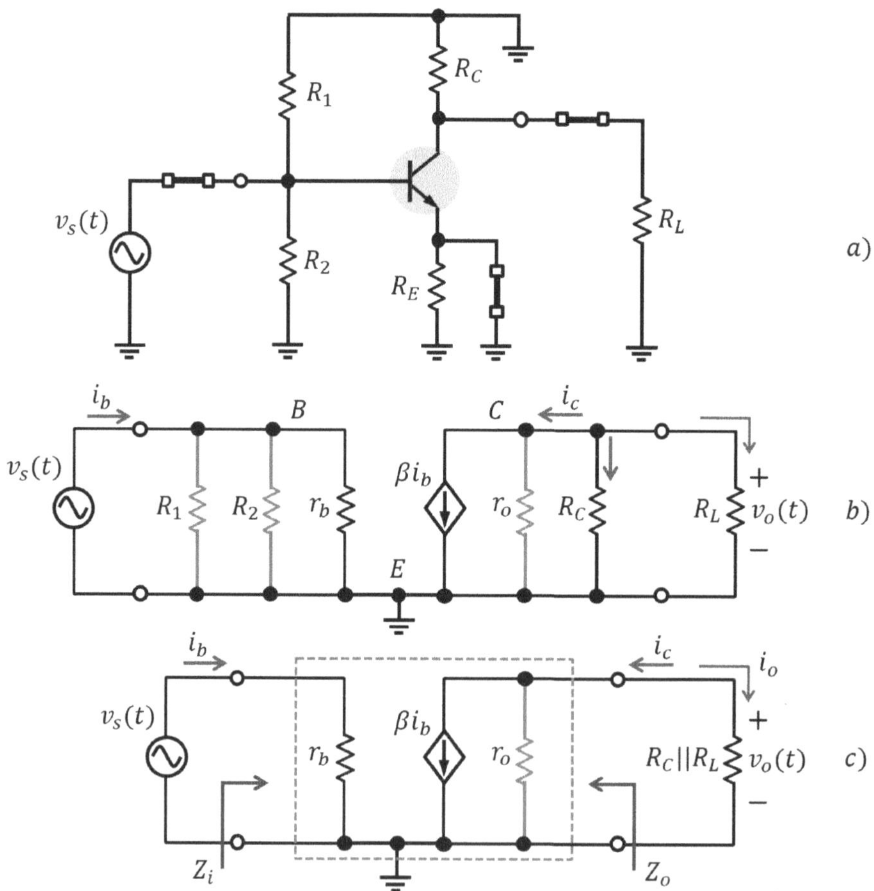

[그림 8-29] CE 증폭기의 교류등가회로

캐패시터를 단락시키고 전원을 접지한 [그림 8-29] a)는 [그림 8-29] b)와 같이 등가회로로 그릴 수 있다. 입력단에서 r_b는 R_1과 R_2에 비해 매우 작은 값이므로 입력전류 i_b는 R_1과 R_2를 거치지 않고 대부분 r_b로만 흐른다. 따라서 입력루프에서 R_1과 R_2를 무시해도 무방하므로 입력단은 [그림 8-29] c)와 같이 단순화된다. 입력전류 i_b는 (식 8-9)로 간단히 구해지며, 입력단에서 들여다 본 입력임피던스 Z_i는 (식 8-10)와 같이 동저항 r_b만이 유일하게 남는다.

$$i_b = \frac{v_s}{r_b} \quad \text{(식 8-9)}$$

$$Z_i = r_b \quad \text{(식 8-10)}$$

이어서 출력단을 살펴보자. BJT의 출력저항 r_o는 그대로 (식 8-11)과 같이 출력단에서 들여다본 출력임피던스 Z_o에 해당한다. 또한 r_o는 R_C와 R_L에 비해 매우 큰 값이므로 출력전류 i_c는 대부분 R_C와 R_L로만 흐른다. r_o를 무시하고 R_C와 R_L을 병렬결합하면 출력단은 최종적으로 [그림 8-29] c)와 같이 단순화된다.

$$Z_o = r_0 \quad \text{(식 8-11)}$$

출력전압 v_o와 전류 i_o의 부호 표시와 실제 콜렉터전류 i_c의 방향이 서로 반대이므로 입력과 출력 파형은 180도로 반전(反轉)된다. 즉 CE는 **반전증폭기**로 동작한다. 등가회로로부터 전류이득, 전압이득을 계산하면 (식 8-12) 및 (식 8-13)과 같다. 전체적으로 CE 증폭기는 높은 전류 및 전압이득, 그리고 BJT 자체의 r_b와 r_o가 거의 그대로 입력 및 출력임피던스로 나타난다.

$$A_i = \frac{i_o}{i_b} = \frac{-i_c}{i_b} = -\frac{\beta i_b}{i_b} = -\beta \quad \text{(식 8-12)}$$

$$v_o = -\beta i_b (R_C || R_L) = -\beta \frac{v_s}{r_b}(R_C || R_L)$$

$$A_v = \frac{v_o}{v_s} = -\beta \frac{(R_C || R_L)}{r_b} \quad \text{(식 8-13)}$$

■ 콜렉터-공통 증폭기 (CC)

CC 증폭기의 일반적인 구성은 [그림 8-30]과 같다. 전형적인 전압분배바이어스에 대해서는 [그림 8-21]의 직류등가회로 해석을 따르며, (식 8-7)에 따라 동작점을 결정한다. CC 증폭기의 주요 특징과 증폭과 관련된 성능 척도들을 교류등가의 관점에서 살펴보면 아래와 같으며, 이를 바탕으로 CC 증폭기의 교류등가회로를 그리면 [그림 8-31]과 같다.

1) 콜렉터 접지의 의미는 교류(신호)에만 해당한다. 직류의 관점에서 보면 콜렉터는 V_{CC}에 연결되어 바이어스 작업을 해야 한다. 따라서 콜렉터는 직류차단(DC cutting) & 교류통과(ac coupling)용 캐패시터를 경유하여 접지된다.
2) 입력단과 출력단 역시 CE와 마찬가지로 직류차단(DC cutting) & 교류통과(ac coupling)용 캐패시터를 경유하여 신호를 주고 받는다.
3) 온도안정화용 에미터 저항 R_E를 사용하지만, 에미터가 출력단자로 쓰이므로 바이패스 캐패시터를 달 수는 없다.
4) 교류등가에서 V_{CC}는 단락으로 취급되므로 등가적으로 접지된다. 이에 따라 R_1과 R_C 역시 접지되는데, R_C는 양쪽이 모두 접지되어 통째로 무시된다.
5) 증폭기에 부하저항이 연결되면 에미터 전류는 R_E와 R_L을 동시에 흐른다. 즉 두 저항은 병렬결합되어 출력전압을 받아내는 역할을 한다.

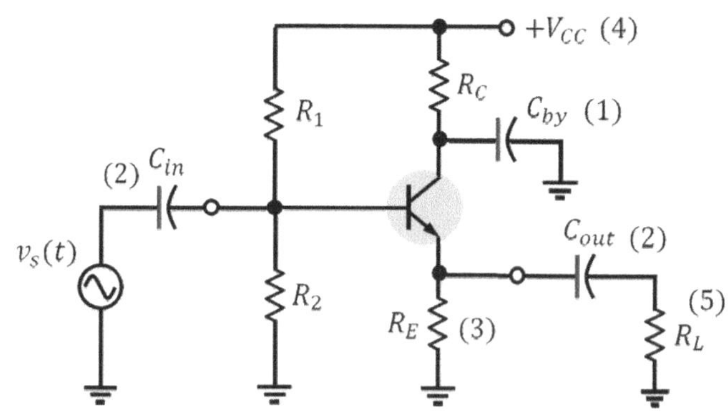

[그림 8-30] CC 증폭기의 일반적인 구성

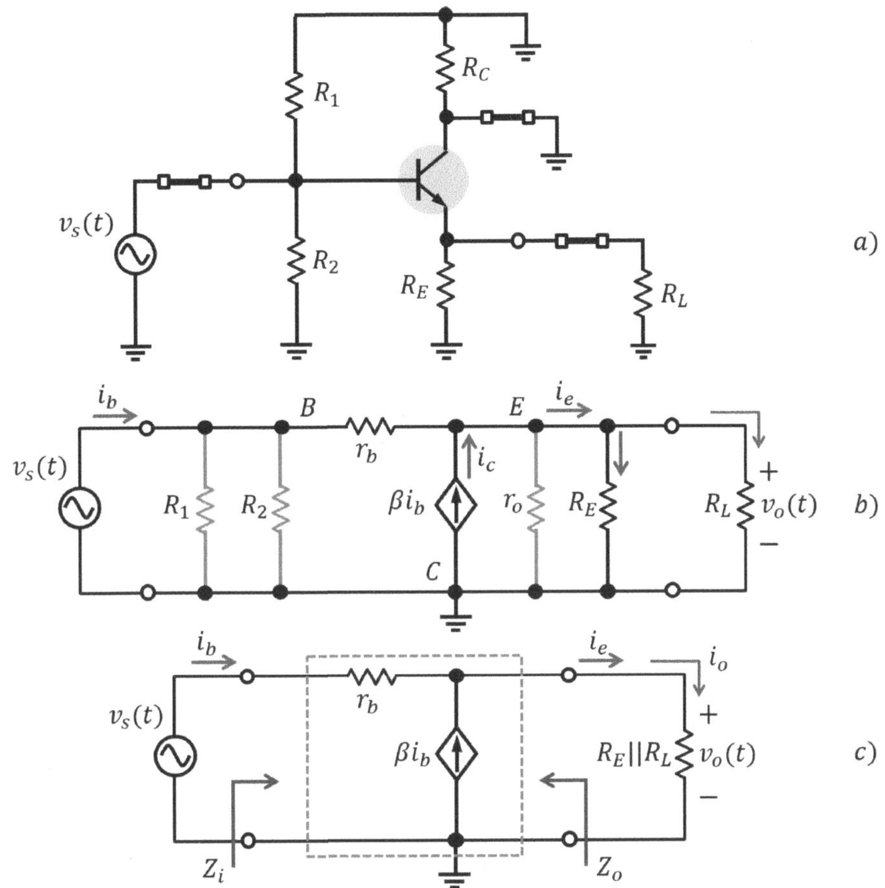

[그림 8-31] CC 증폭기의 교류등가회로

CC증폭기의 가장 큰 특징은 에미터와 베이스가 동저항 r_b 하나를 사이에 두고 붙어 있다 보니 베이스 입력전압과 에미터 출력전압이 거의 비슷하다는 점이다(사실 출력전압이 살짝 낮다. 더불어 **입력과 출력 파형은 동상(同相)**이다). 즉 전압이득이 채 1이 되지 못한다는 뜻인데, 증폭이 안되는 증폭기를 도대체 어디다 쓴다는 말인가? 그렇지만 여기에는 깊은 사연이 있다. CC 증폭기의 놀라운 개인기를 아래에서 하나씩 알아보자.

캐패시터를 단락시키고 전원을 접지한 [그림 8-31] a)는 [그림 8-31] b)와 같은 등가회로로 그릴 수 있다. 콜렉터가 접지이므로 BJT 종속전류원의 방향이 위를 향한다. 입력루프에서 R_1과 R_2는 CE에서와 마찬가지로 무시할 수 있고, 출력루프에서 r_o 역시 너무 커서 전류가 거의 흐르지 않으므로 무시한다. 출력전류가 흐르는 R_E와 R_L을 병렬결합하면 등가회로는 최종적으로 [그림 8-31] c)와 같이 단순화된다.

$v_s(t)$부터 $v_o(t)$까지를 포괄하는 큰 루프에 대하여 KVL을 적용하고 BJT의 기본식인 (식

8-1)을 가져오면 (식 8-14)와 같이 i_b를 구할 수 있다. 이 i_b를 이용하여 출력전압 $v_o(t)$를 정리하면 (식 8-15)와 같이 전압이득을 구할 수 있다. 전압이득이 1에 가깝다는 것은 출력전압이 입력전압을 거의 그대로 따라간다는 뜻인데, 이런 의미에서 CC증폭기는 Emitter-Follower라는 별명을 얻는다. 한편 전류이득은 (식 8-16)과 같이 입력전류와 출력전류의 비율로 간단히 구해지는데, CE 수준의 높은 이득이 나온다.

$$i_e = i_b + i_c = i_b + \beta i_b = (\beta+1)i_b$$
$$v_s = i_b r_b + i_e(R_E||R_L) = i_b[r_b + (\beta+1)(R_E||R_L)] \quad \text{(식 8-14)}$$

$$i_b = \frac{v_s}{r_b + (\beta+1)(R_E||R_L)}$$
$$v_o = i_e(R_E||R_L) = i_b(\beta+1)(R_E||R_L) = \frac{(\beta+1)(R_E||R_L)v_s}{r_b + (\beta+1)(R_E||R_L)}$$
$$A_v = \frac{v_o}{v_s} = \frac{(\beta+1)(R_E||R_L)}{r_b + (\beta+1)(R_E||R_L)} < 1 \quad \text{(식 8-15)}$$

$$A_i = \frac{i_o}{i_b} = \frac{i_e}{i_b} = \beta + 1 \gg 1 \quad \text{(식 8-16)}$$

CC증폭기 최대의 불가사의는 입력임피던스와 출력임피던스이다. 입력임피던스는 [그림 8-31] c)의 베이스 단자에서 들여다본 저항들인데, 직렬로 늘어선 r_b와 $R_E||R_L$정도로서 그다지 커 보이지는 않는다. 그러나 종속전류원이 끼어들면 이야기가 완전히 달라진다. 입력임피던스의 엄밀할 해법은 (식 8-14)에서 구한 $v_s(t)$와 i_b의 비율로 계산하는 것인데, 놀랍게도 (식 8-17)과 같이 전류증폭율 β가 곱해진 매우 큰 값으로 유도된다. 이는 입력단자에서 쳐다본 부하저항이 마치 β라는 볼록렌즈를 통과한 것처럼 뻥튀기됨을 뜻한다.

$$i_b = \frac{v_s}{r_b + (\beta+1)(R_E||R_L)}$$
$$Z_i = \frac{v_s}{i_b} = r_b + (\beta+1)(R_E||R_L) \cong \beta(R_E||R_L) \quad \text{(식 8-17)}$$

한편 출력임피던스는 [그림 8-31] c)의 에미터 단자에서 들여다본 저항들인데, 별로 크지 않은 r_b가 보인다. 그러나 종속전류원이 끼어들면 이야기가 완전히 달라진다. 출력임피던스의 엄밀할 해법은 출력단자에 등가회로에 가상의 전압원을 연결하고 그 전압 v_x와 전류 i_x의 비율로 계산하는 것이다. 이를 위하여 등가회로를 다시 그려보면 [그림 8-32]와 같다. 입력신호 $v_s(t)$는 이 일과는 상관없으므로 단락한다.

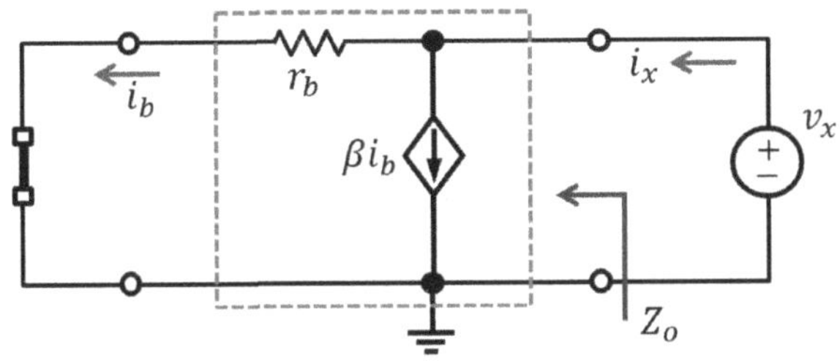

[그림 8–32] CC 증폭기의 출력임피던스 구하기

그림에서 r_b에는 가상전압 v_x가 걸리므로 (식 8-18)과 같이 i_b를 찾아내면 출력임피던스가 유도되는데, 놀랍게도 전류증폭율 β로 나누어진 매우 작은 값으로 유도된다. 이는 출력단자에서 쳐다본 동저항 r_b가 마치 β라는 오목렌즈를 통과한 것처럼 쪼그라짐을 뜻한다.

$$
\begin{aligned}
i_b &= \frac{v_x}{r_b} \\
i_x &= (\beta+1)i_b = (\beta+1)\frac{v_x}{r_b} \qquad \text{(식 8-18)} \\
Z_o &= \frac{v_x}{i_x} = \frac{r_b}{(\beta+1)}
\end{aligned}
$$

CC 증폭기는 전압이득이 전혀 없다 보니 증폭기로서는 그다지 쓸만해 보이지 않는다. 하지만 무지 큰 입력임피던스와 무지 작은 출력임피던스는 훌륭하게 쓸 곳이 있다. 바로 **임피던스 정합**(整合, impedance matching)으로서 출력임피던스가 매우 큰 회로와 입력임피던스가 매우 작은 회로를 정합시켜주는 중매쟁이로서 CC증폭기는 매우 요긴하게 쓰인다. 이처럼 증폭과 무관하게 임피던스정합의 목적으로 쓰이는 CC 증폭기를 **버퍼**(buffer)라고 칭한다. CC 증폭기 전체를 일종의 전원으로 간주하고 보면, 출력임피던스(내부저항)가 매우 낮다는 것은 CC 증폭기가 이상적인 전압원에 가깝다는 뜻이며, 이런 의미에서 CC 증폭기를 특별히 **전압버퍼**라고 하기도 한다.

단순한 CC buffer로는 임피던스 차이를 감당하기 힘들 경우, [그림 8-33]과 같이 CC증폭기 2개를 연속으로 배치함으로써 CC의 임피던스정합 기능을 따블로 강화할 수도 있다. 이 회로를 달링턴접속 혹은 달링턴쌍(Darlington pair)이라고 하며, 전류이득과 입력임피던스가 대략 제곱으로 증가한다. 달링턴접속은 스피커처럼 극단적으로 저항값이 작은(8Ω) 부하를 오디오 앰프와 정합시킬 때 적격인데, [그림 8-34]에 그 예를 보인다. 물론 강력한 전류증폭도 덤으로 주어진다.

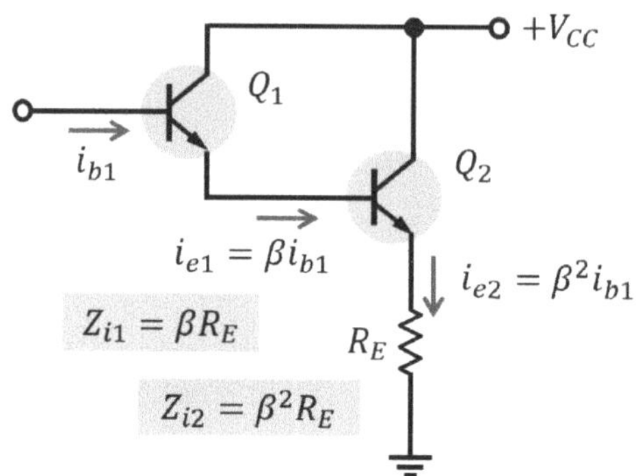

[그림 8-33] CC증폭기의 달링턴접속 회로

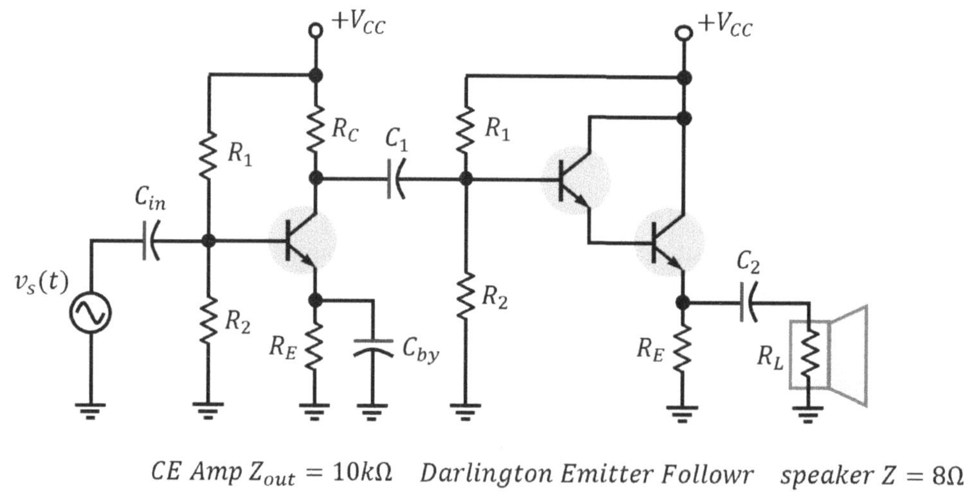

[그림 8-34] 달링턴접속을 이용한 오디오앰프와 스피커의 접속

■ 베이스-공통 증폭기 (CB)

CB 증폭기의 일반적인 구성은 [그림 8-35]과 같다. 전형적인 전압분배바이어스에 대해서는 [그림 8-21]의 직류등가회로 해석을 따르며, (식 8-7)에 따라 동작점을 결정한다. BJT의 에미터 전류와 콜렉터 전류는 거의 비슷하다. 따라서 CB증폭기의 에미터 입력전류와 콜렉터 출력

전류 역시 거의 비슷하다(더불어 입력과 출력 파형은 동상(同相)이다). 즉 CB증폭기의 전류이득이 채 1이 되지 못한다는 뜻이며, 이는 CC 증폭기의 전압이득과 묘한 대비를 이룬다. 어쩐지 CB와 CC는 서로 상반되는 특징을 가질 듯하다. CB 증폭기의 주요 특징과 증폭과 관련된 성능 척도들을 교류등가의 관점에서 살펴보면 아래와 같으며, 이를 바탕으로 CB 증폭기의 교류등가회로를 그리면 [그림 8-36]과 같다.

1) 베이스 접지의 의미는 교류(신호)에만 해당한다. 직류의 관점에서 보면 베이스는 바이어스 전압을 유지해야 한다. 따라서 베이스는 직류차단(DC cutting) & 교류통과(ac coupling)용 캐패시터를 경유하여 접지된다. 교류등가에서 R_2은 양쪽이 모두 접지되어 통째로 무시된다.
2) 입력단과 출력단 역시 CE와 마찬가지로 직류차단(DC cutting) & 교류통과(ac coupling)용 캐패시터를 경유하여 신호를 주고 받는다.
3) 온도안정화용 에미터 저항 R_E는 입력단 캐패시터에 의해 교류적으로 바이패스 되어 입력전원과 연결되므로 교류등가회로에서 무시된다.
4) 교류등가에서 V_{CC}는 단락으로 취급되므로 등가적으로 접지된다. 이에 따라 R_1과 R_C 역시 접지되는데, R_1은 양쪽이 모두 접지되어 통째로 무시된다.
5) 증폭기에 부하저항이 연결되면 콜렉터 전류는 R_C와 R_L을 동시에 흐른다. 즉 두 저항은 병렬결합되어 출력전압을 받아내는 역할을 한다.

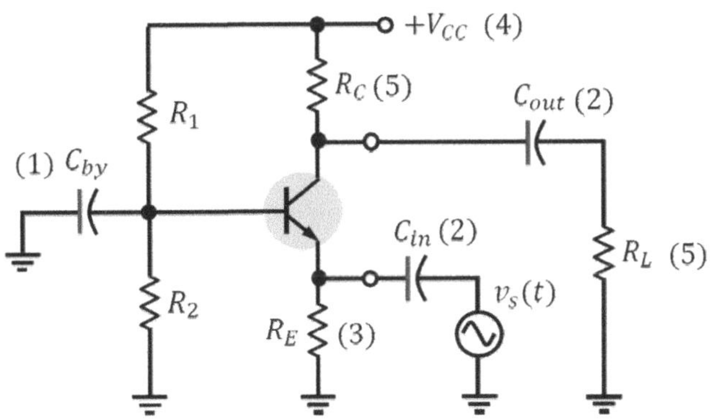

[그림 8-35] CB 증폭기의 일반적인 구성

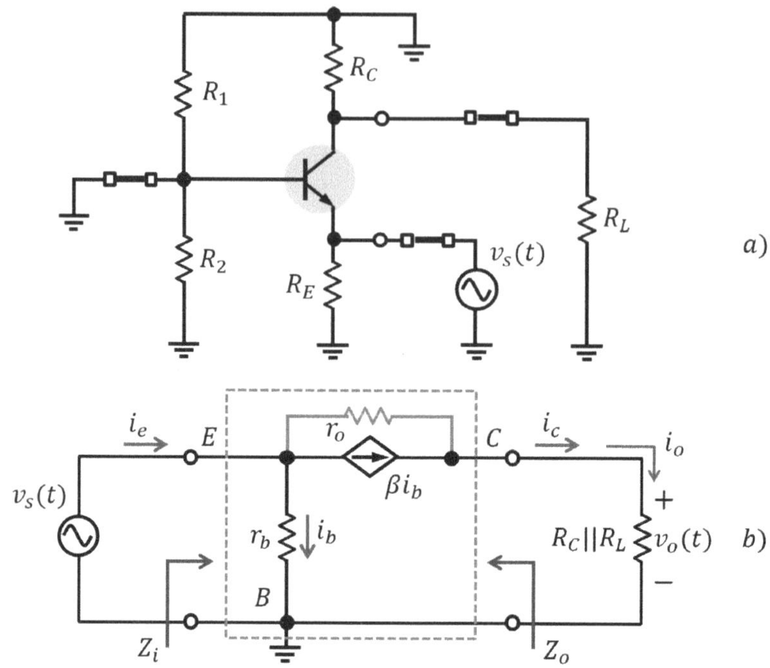

[그림 8-36] CB 증폭기의 교류등가회로

캐패시터를 단락시키고 전원을 접지하면, $R_1 R_2 R_E$가 모두 무시되므로 등가회로는 무척 심플 해진다. 베이스 접지, 에미터 입력, 베이스 출력이므로 BJT 종속전류원의 방향은 좌에서 우로 향한다. 종속전류원과 병렬로 출력저항 r_o가 위치하지만 매우 큰 저항이므로 그쪽으로는 전류가 거의 흐르지 않는다(무시). 출력전류가 흐르는 R_C와 R_L을 병렬결합하면 등가회로는 최종적으로 [그림 8-36] b)와 같이 단순화된다. 등가회로에서 (식 8-19)와 같이 i_b와 v_o가 쉽게 얻어지므로 상당한 크기의 전압이득을 확인할 수 있다. (식 8-20)에서 i_e와 i_c의 비율로 구해지는 전류이득은 역시 예상대로 1보다 작다.

$$
\begin{aligned}
i_b &= \frac{v_s}{r_b} \\
v_o &= i_c(R_E||R_L) = \beta i_b(R_E||R_L) = \frac{\beta(R_E||R_L)v_s}{r_b} \\
A_v &= \frac{v_o}{v_s} = \frac{\beta(R_E||R_L)}{r_b}
\end{aligned}
\qquad \text{(식 8-19)}
$$

$$
A_i = \frac{i_c}{i_e} = \frac{\beta i_b}{(\beta+1)i_b} = \frac{\beta}{(\beta+1)} < 1 \qquad \text{(식 8-20)}
$$

한편 입력임피던스는 v_s와 i_e의 비율로 계산하면 나오는데, (식 8-21)과 같이 $\beta+1$로 나누어진 매우 작은 값으로 유도된다. 또한 출력임피던스는 (식 8-22)와 같이 전류증폭율 $\beta+1$이 곱해진 매우 큰 값으로 유도된다(수식 생략). 이는 CC 증폭기와 정반대의 특징으로서 출력임피던스가 매우 작은 회로와 입력임피던스가 매우 큰 회로를 정합시켜주는 중매쟁이로 쓰기에는 그만이다. CB 증폭기 전체를 일종의 전원으로 간주하고 보면, 출력임피던스(내부저항)가 매우 높다는 것은 CB 증폭기가 이상적인 전류원에 가깝다는 뜻이며, 이런 의미에서 CB 증폭기를 특별히 **전류버퍼**라고 하기도 한다.

$$Z_i = \frac{v_s}{i_e} = \frac{v_s}{(\beta+1)i_b} = \frac{r_b}{(\beta+1)} \qquad \text{(식 8-21)}$$

$$Z_o = (\beta+1)r_o \qquad \text{(식 8-22)}$$

■ BJT 증폭기 정리

만사형통. 어떤 환경에서든 무난하게 작동하는 증폭기가 존재할 수 있을까? 일반적으로 증폭기가 직면하는 두 가지 난관은 인접회로와의 입력과 출력에서 만나는 전기적 인터페이스이다. 이것을 인간관계를 빗대어 생각해보면 상통하는 바가 매우 크다. 사람은 누구나 자신만의 타고난 개성이 있으며, 말귀가 어두울 수도 있고 언변이 떨어질 수도 있다. 세상사는 이런 개성들의 절묘한 조화로 살아가는 재미를 더 하는 것은 아닐까. BJT 증폭기도 마찬가지로 이러한 개성들을 가지는데 이를 정리하면 [표 8-2]와 같다.

[표 8-2] BJT 증폭기의 특성 비교

	전압이득	전류이득	입력임피던스	출력임피던스
CE(모범생)	매우 큼	매우 큼	보통(동저항)	큼
CC(떠벌이)	거의 1	매우 큼	매우 큼	매우 작음
CB(팔랑귀)	매우 큼	거의 1	매우 작음	매우 큼

사람들이 능력을 합쳐서 무언가를 해내려면 우선 말귀와 언변이라는 의사소통이 필요하듯이 증폭기도 입력/출력임피던스의 정합이 필요하다. 이런 의미에서 CE, CC, 그리고 CB의 조합은 비단 증폭기뿐만 아니라 일반적인 전기회로 정합의 해결사로도 활약한다. [그림 8-37]은 인터폰 구동회로로서 CB와 CC를 교묘하게 연결하여 증폭과 정합을 해결한 2단증폭기의 예이다. 그 작동원리를 아래에서 살펴보자.

1) 8Ω 스피커가 마이크 입력으로 사용하고 있다. 다이나믹스피커는 다이나믹마이크와 그 구조가 완전히 같으므로 마이크로 겸용할 수 있다.
2) Q_1은 CB로 바이어스되고 전압증폭을 담당한다. CB의 낮은 입력임피던스와 8Ω 스피커가 정합을 이루어 입력단을 구동한다.
3) Q_2은 CC로 바이어스되고 전류증폭을 담당한다. CC의 높은 입력임피던스와 CB의 높은 출력임피던스가 정합을 이루어 Q_1과 Q_2가 2단 증폭기로 구동된다.
4) CC의 낮은 출력임피던스와 8Ω 스피커가 정합을 이루어 출력단을 구동한다. Q_1의 전압증폭과 Q_2의 전류증폭이 합쳐진 전력이 스피커로 전달된다.

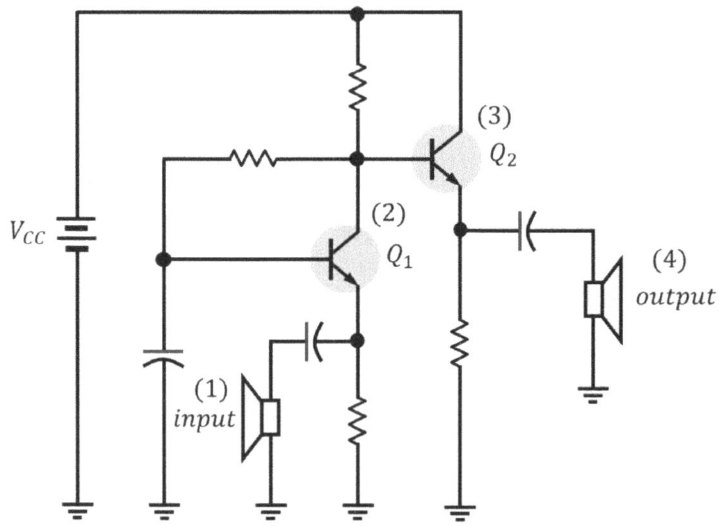

[그림 8-37] CB-CC 2단증폭기의 예

08 연습문제

1. triode tube에서 열전자의 흐름을 제어하는 전극은?

2. BJT에서 캐리어의 농도가 가장 높은 부분은 베이스이다. (O X)

3. BJT의 활성화란 베이스와 에미터 사이에 순방향바이어스를 가하는 것이다. (O X)

4. BJT는 전압제어-전류증폭 소자이다. (O X)

5. BJT에서 콜렉터전류는 오로지 베이스전류에만 비례한다. (O X)

6. BJT에서 콜렉터전류가 최대로 되는 지점을 (　　)이라고 한다.

7. BJT의 바이어스를 해석하기 위해서는 직류등가회로를 사용한다. (O X)

8. BJT에서 순방향 PN접합의 저항을 (　　)이라고 한다.

9. BJT 교류등가회로는 직류전원을 모두 (　　)한다.

10. BJT의 온도안정화란 Q점의 안정화를 의미한다. (O X)

11. 고정바이어스에서 베이스저항은 되도록 작아야 한다. (O X)

12. 콜렉터 특성곡선의 영역분류가 아닌 것은?
    1) 포화영역　2) 활성영역　3) 항복영역　4) 차단영역　5) 저항영역

13. CE 폭기에서 에미터저항에는 반드시 (　　) 캐패시터를 달아주어야 한다.

14. CE증폭기는 반전증폭기이다. (O X)

15. CC증폭기 구성에서 콜렉터에는 교류접지용 캐패시터가 반드시 필요하다. (O X)

16. CB증폭기의 다른 이름은 Emitter Follower 이다. (O X)

17. CC증폭기는 impedance matching용으로 사용된다는 의미에서 ( )라고 부른다.

18. CC Amp 2개를 접속하여 매우 큰 입력저항과 매우 작은 출력저항의 buffer로 구성한 회로의 이름은?

19. CB증폭기의 교류등가회로에서 에미터저항은 무시할 수 있다. (O X)

20. CE증폭기에 부하가 결합되면 콜렉터저항과 부하저항은 병렬로 결합된다. (O X)

21. “BJT”라는 명칭이 만들어진 배경으로서 가장 올바른 것은?
   1) 순방향, 역방향바이어스가 모두 쓰이므로
   2) 증폭작용에 전자와 정공이 모두 쓰이므로
   3) 바이어스를 위해 전지의 양극과 음극이 접속되므로
   4) 다이오드 2개를 접합해 놓은 모양이므로
   5) 3극진공관과 그 원리가 동일하므로

| 해답 |

1. grid 2. X 3. O 4. X 5. O 6. 포화점 7. O 8. 동저항 9. 단락 10. O 11. X 12. 5 13. 바이패스 14. O 15. O 16. X 17. buffer 18. 달링턴접속 19. O 20. O 21. 2

09장 트랜지스터 2 : FET

알기쉬운 전기및전자회로개론

■ 개요

FET는 field effect transistor의 약자로서 **전계효과트랜지스터**(電界效果)로 번역된다. FET는 사실 BJT보다 먼저 고안된 원조 트랜지스터로서 원리적으로 이해하기는 BJT보다도 심플하다. 다만 제조기술의 미비, 전기적인 취약성과 불안정한 성능 등으로 실용화는 조금 늦어졌지만 나름의 장점을 바탕으로 BJT와 함께 트랜지스터의 쌍벽을 이룬다. 특히 MOSFET, CMOS, TFT 등의 등장과 함께 트랜지스터는 저전력(低電力) 디지털 논리소자와 고집적(高集積) 메모리, 그리고 디스플레이와 화상처리 등의 기본 소자로서 한없는 진화를 거듭하고 있다. 미운 오리새끼에서 백조로 변신한 FET, 그 이야기를 자세히 알아보자.

9-1 FET 1: JFET

■ FET란

FET가 BJT와 구분되는 근본적인 차이는 전류증폭에 있어서 전자와 정공의 재결합이라는 메커니즘이 불필요하다는 점이다. 즉 FET의 경우에는 캐리어가 통과할 수 없는 공핍층(전계)의 두께를 (전압으로) 조절하여 채널을 관통하는 전류를 제어하는데, 이는 마치 물이 흐르는 고무호스를 손가락으로 눌러 뿜어나오는 수량을 조절하는 것과 유사하다(물론 원자 레벨의 양자역학이라는 불가사의한 물리학적 현상에 근거하므로 이런 일상적 경험과의 비교에 무리가 있음을 주의하자). 이러한 FET와 BJT의 미묘한 차이들은 각자의 독특한 개성을 만들어내는데, 주요 특성들을 비교하면 [표 9-1]과 같다.

[표 9-1] FET와 BJT의 특성 비교

특성	FET	BJT
증폭의 원리	PN접합의 공핍층이 전자 또는 정공의 흐름을 제어→ 다수캐리어 하나만이 사용됨 →Unipolar	PN접합에서의 전자와 정공의 재결합→다수캐리어와 소수캐리어가 모두 활약함→Bipolar
증폭의 제어	(공핍층에 걸리는) 전압으로 제어	(에미터-베이스 순방향) 전류로 제어
증폭도	비교적 낮음	높음
입력임피던스	매우 큼(수십 MΩ이상)	보통(1~2kΩ)
자체 잡음	적음	큼
열적 안정도	우수	FET보다 불안정
정전기	정전기 방전에 취약	비교적 강인함
동작속도	느림	빠름

[그림 8-4]에서 대략적으로 다루었듯이 FET도 BJT와 마찬가지로 PN접합 구조를 가진다. 이런 형태의 FET를 특별히 JFET(Junction FET, 접합FET)라는 명칭을 가지는데, 이는 게이트를 완전히 절연하는 형태인 MOSFET와 구분하기 위해서이다. 편의상 전자를 다수캐리어로 하는 n-채널 JFET 위주로 설명하며, 정공이 다수캐리어인 p-채널 JFET는 n-채널과 정반대로 보면 문제없다.

■ JFET의 활성화

JFET의 동작 원리에 대하여 알아보자. [그림 9-1]은 가장 보편적인 소스-공통 증폭기 구성으로서 BJT의 에미터-공통 증폭기에 해당한다. FET에서 게이트의 목적은 채널을 에워싸는 공핍층의 두께를 조절하여 채널을 통과하는 전류의 양을 제어하는 것이며, 게이트를 통한 전류의 출입은 용납되지 않는다. 따라서 JFET의 게이트와 소스 사이의 PN접합은 반드시 역방향으로 바이어스되도록 V_{GG}를 걸어주어야 한다(BJT와는 정반대의 개념). 이에 따라 공핍층 사이의 틈새인 채널(channel)은 게이트 전압이 커질수록 좁아지게 된다. 그리고 드레인에 양의 전압 V_{DD}를 가하여 소스로부터 전자를 빨아올리는데, 캐리어의 소스(Source, 공급)와 드레인(Drain, 배출)이라는 역할과 단자의 이름이 무척 어울린다.

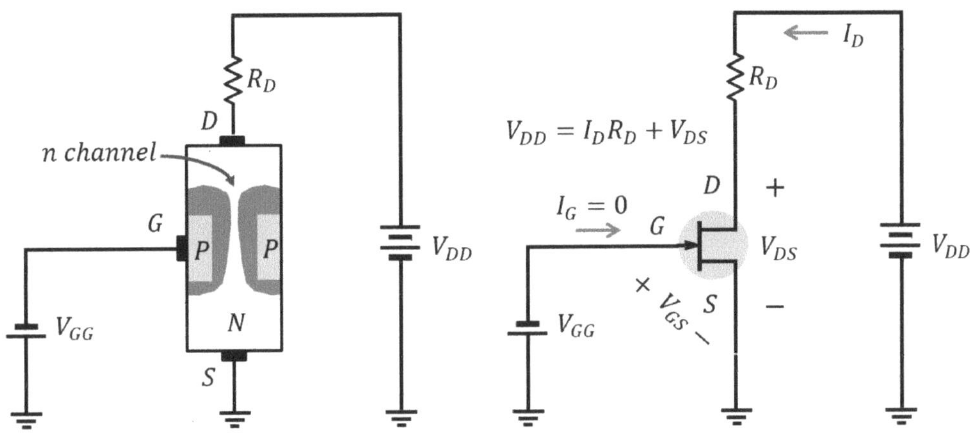

[그림 9-1] n-채널 JFET의 바이어스

게이트의 역방향바이어스가 클수록 공핍층이 두꺼워지는데, 플러스 전압이 걸리는 드레인 쪽이 접지되는 소스 쪽보다 좀 더 두꺼워진다. 드레인 단자에는 과전류가 흐르지 않도록 적절한 값의 저항 R_D를 연결하여 출력루프를 형성한다. 출력루프에 KVL을 적용하면 (식 9-1)의 관계식을 얻을 수 있는데, 여기서 드레인전류 I_D와 JFET 자체에 걸리는 전압 V_{DS}가 서로 반비례 관계의 변수인 점에 주목하자. 한편 게이트는 역방향바이어스로 인해 게이트전류 $I_G = 0$이므로 전류 제한 목적의 저항을 굳이 붙일 필요는 없다.

$$V_{DD} = I_D R_D + V_{DS} \qquad \text{(식 9-1)}$$

기본적으로 바이어스 전압 V_{GS}의 절대치가 커질수록 채널은 좁아지므로 드레인 전류 I_D는 줄어든다. 언뜻 보기에 입력전압 V_{GS}로 출력전류 I_D를 제어하는 증폭기의 기본원리가 확인된 듯하겠지만, 반드시 짚고 넘어가야 할 핵심 사항이 하나 남아있다. 그것은 바로 JFET 자체에 걸리는 전압 V_{DS}에 관한 것으로서, "V_{DS}의 증감(增減)이 I_D에 절대로 영향을 미치지 말아야 한다."는 사실이다. 이는 BJT에서 "출력전류 I_C는 BJT 자체에 걸리는 전압 V_{CE}와는 무관하게 오로지 입력전류 I_B에 의해서만 결정"되는 것과 유사한 개념이다. 결론부터 미리 말하자면 JFET의 출력 특성 역시 [그림 8-15]의 BJT 콜렉터특성곡선과 마찬가지로 평평한 직선 구간을 가지고 있다. 아래에서 상세하게 살펴보자.

■ JFET의 전달특성

이제 JFET의 입력-출력 특성을 살펴보자. 포인트는 I_D가 V_{DS}와 무관한 구간의 존재를 확인하는 것이다. [그림 9-2]는 [그림 9-1]과 같이 바이어스된 JFET에서 V_{GS} I_D V_{DS}의 상호관계를 보여주는 **드레인특성곡선**(Drain Characteristic Curve)이다. 그림은 바이어스 전압 V_{GS}를 일정한 값으로 고정한 상태에서 V_{DD}를 점점 늘리면서 I_D를 관찰한 것이다. 각 영역별로 전압-전류의 변화를 보면 아래와 같다.

(1 영역) V_{DS}의 증가와 함께 게이트에 가해지는 역방향바이어스는 더욱 강해지고 공핍층의 두께도 두꺼워진다. 하지만 그렇더라도 공핍층으로 둘러싸인 채널이 완전히 막히지는 않으므로 채널을 통한 캐리어의 흐름은 유지된다. 이에 따라 V_{DS}와 I_D는 비례하고 JFET는 단순한 저항 역할을 할 뿐이므로 이 구간을 **저항영역**(ohminc area)이라고 한다.

(핀치오프) 저항영역의 정점에서 드디어 채널이 공핍층으로 완전히 막히는 사태가 오는데, 이를 **핀치오프**(pinch-off)라고 한다. 그런데 핀치오프 상태라도 경이로운 양자역학적 현상에 의해 최소한의 전류 통로(채널)는 여전히 존재한다. 이를 **터널효과**라고 하며 핀치오프 직전의 전류를 계속 유지한다. 핀치오프가 개시되는 V_{DS}를 V_p로 표시한다. 한편 V_{GS}의 절대값이 클수록 공핍층은 더 두꺼운 상태이므로 핀치오프가 더 빨리 발생한다. 따라서 V_p는 V_{GS}에 비례하여 유동적으로 변한다는 점을 기억하자.

(2 영역) V_{DS}가 V_p를 초과하여 증가하면 들어오는 캐리어 양이 늘어나는 한편 터널은 좁아진다. 캐리어와 터널 사이의 미묘한 균형이 이루어지면서 I_D는 핀치오프 개시

지점의 값을 V_{DS}의 증가와 무관하게 유지하는데, 이 구간을 **일정전류영역**(constant current area)이라고 한다. 한편 FET의 증폭도는 (식 9-2)와 같이 입력 전압의 변동에 대한 출력전류 변동의 비율이므로 저항의 역수인 콘덕턴스의 차원으로 계산된다. 이를 전달콘덕턴스(transconductance)라고 부르며 g_m으로 표시한다.

$$g_m = \frac{\Delta\, i_D}{\Delta\, v_{GS}} \;\rightarrow\; I_D = g_m V_{GS} \qquad \text{(식 9-2)}$$

(3 영역) 게이트와 드레인 사이의 역방향바이어스가 드디어 한계점에 도달하면 공핍층이 무너지는 **항복영역**(break down)에 이른다. 항복에 이른 JFET는 도체로 변해버리므로 I_D는 V_{DS}에 비례하여 증가한다. 따라서 V_{DD}는 이 한계 이내에서 설정되어야 한다.

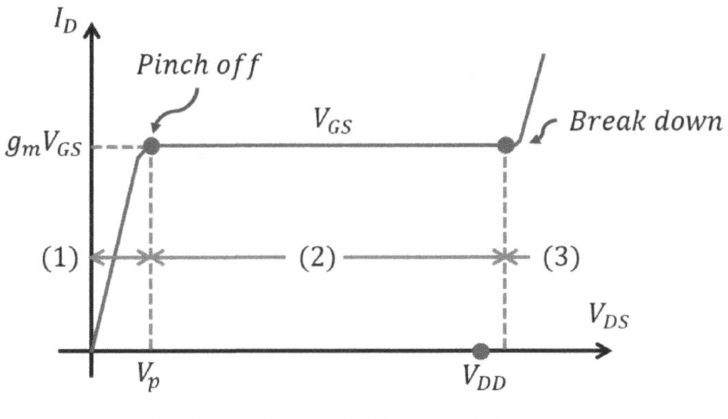

[그림 9-2] JFET의 드레인특성곡선

[그림 9-2]를 바탕으로 다양한 V_{GS}에 대하여 드레인특성곡선을 그려보자. 기본적으로 JFET의 게이트에는 역방향바이어스를 걸어야 하므로 V_{GS}의 상한선은 0V이다. 즉 게이트를 접지하더라도 V_{DD}에 의해 역방향바이어스가 잡힌다. 그렇다면 V_{GS}의 하한선, 즉 게이트 역방향바이어스의 한계는 어디일까? 게이트에 걸리는 역방향바이어스가 충분히 커서 V_{DD}가 영이라도 핀치오프에 도달한다면 $I_D = 0$의 극단에 도달할 것이다. 이렇게 JFET를 완전히 개방(OFF)상태로 만들어주는 V_{GS}를 $V_{GS(off)}$로 표시한다. [그림 9-3]은 좌측 좌표축에 V_{GS}를 추가하고, V_{GS}의 전체 범위에 걸쳐 몇 가지 대푯값에 대하여 드레인특성곡선을 그린 것이다.

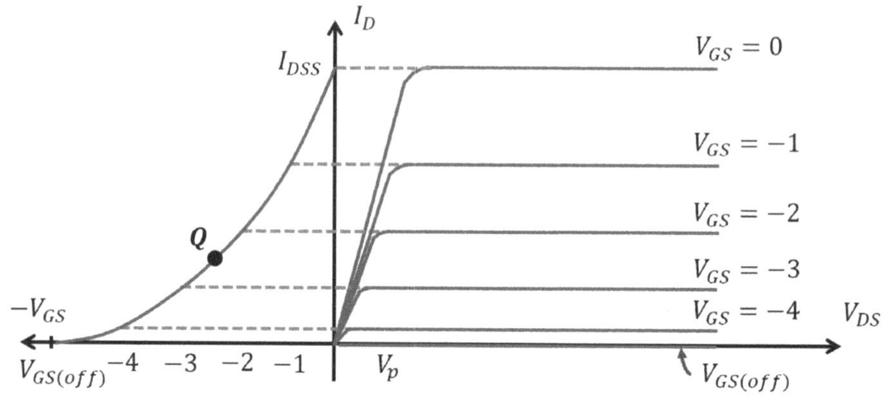

[그림 9-3] JFET의 드레인특성곡선과 전달특성곡선

JFET의 드레인특성곡선은 BJT의 콜렉터특성곡선과 완벽하게 일치하며, "출력전류 I_D는 JFET 자체에 걸리는 전압 V_{DS}와는 무관하게 오로지 입력전압 V_{GS}에 의해서만 결정"되는 전압제어-전류증폭기의 특성을 입증해주고 있다. [그림 9-3]에는 매우 편리한 점이 하나 있는데, 그것은 드레인특성곡선 그래프의 가로축이 플러스 전압이므로 마이너스 전압인 V_{GS}를 좌측 가로축에 그릴 수 있다는 것이다. 즉 그래프의 좌측에 JFET 입력 V_{GS}와 출력 I_D의 관계를 드레인특성곡선과 연계하여 나타낼 수 있는데, 이를 **전달특성곡선**(Transfer Characteristic Curve)이라고 한다. 따라서 FET의 동작점 Q는 이 전달특성곡선 위에 산뜻하게 찍힐 수 있다.

전달특성곡선에서 주목할 점은 2차곡선으로 근사되는 비선형특성인데, 이로부터 FET 증폭의 선형성 확보를 위해서는 증폭기의 활용영역이 상당히 제한될 수밖에 없음을 알 수 있다. 한편 [그림 9-3]의 드레인특성곡선은 이상적인 출력 특성으로서 실제로는 V_{DS}의 증가에 따라 I_D도 약간씩 증가하므로 곡선이 위쪽으로 살짝 휘어진다. 따라서 BJT와 마찬가지로 FET에서도 (식 9-3)과 같이 내부저항 r_o를 정의할 수 있다. 다만 그 값이 수십 $k\Omega$에 이르는 큰 값이므로 무시되는 경우가 많다.

$$r_o = \frac{\Delta v_{DS}}{\Delta i_D} \qquad \text{(식 9-3)}$$

■ JFET의 단일전원 바이어스

바이어스 전원으로 게이트용과 드레인용을 별도로 마련하기는 역시 불편하다. 하나의 전원으로 JFET의 바이어스를 해치우는 방법을 궁리해보자. n-채널 JFET 바이어스의 본질은 게이트에 어떻게든 마이너스 전압을 걸어주는 것이다. 그렇다면 게이트를 접지하고 소스에 플러스 전압을 걸어주어도 마찬가지가 아닐까? 이렇게 한다면 게이트 전원은 필요 없으니 드레인 전원만 붙여주면 된다. 그런데 소스를 플러스 전압으로 띄워주는 방법은? 간단하다. [그림 9-4]와 같이 소스에 저항 R_S를 달아주면 해결된다. 드레인전류 I_D가 R_S로 흐르면서 생기는 전압강하가 소스에 걸리면서 접지된 게이트와의 사이에 역방향바이어스로 작용한다. 게이트에 외부전원을 걸지 않고도 스스로 바이어스를 잡는다는 의미에서 이 방식은 **자기바이어스**(Self bias)라는 이름을 가진다. 이러한 사실은 (식 9-4)로 간단히 입증된다.

$$V_S = I_D R_S$$
$$V_{GS} = V_G - V_S = 0 - I_D R_S < 0 \qquad \text{(식 9-4)}$$

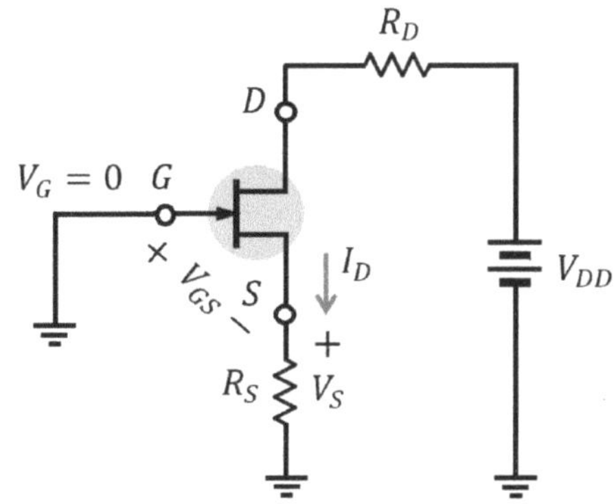

[그림 9-4] JFET의 바이어스 1: 자기바이어스

한편 JFET의 또 다른 바이어스 방법으로 [그림 9-5]와 같이 깔끔한 **전압분배바이어스**를 사용할 수도 있다. 이 방법은 [그림 8-21]의 BJT 전압분배바이어스와 완전히 동일한 회로 구성이며, 테브냉등가회로 해석을 이용하면 (식 9-5)와 같이 바이어스 전압 V_{GG}를 결정할 수 있다. 다만 FET에서 게이트는 개방으로 취급하므로 게이트에 연결되는 저항은 고려할 필요가 없으므로 생략한다. 그런데 전압분배로 만든 게이트전압 V_{GG}가 마이너스가 아니라 플러스라는 점에 유의하자. 따라서 소스전압 V_S가 V_{GG}보다 높아야 게이트-소스 사이를 역방향바이어스로 만들 수 있다. 이같이 JFET 전압분배바이어스 회로에서 R_S는 V_S를 만들어 주기 위해 필수적으로 포함되어야 하는데, 이는 온도안정화가 목적인 BJT의 R_E와는 판이하게 다른 역할이다.

$$V_S = I_D R_S \quad V_{GG} = \left(\frac{R_2}{R_1 + R_2}\right) V_{DD}$$

(식 9-5)

$$V_{GS} = V_{GG} - V_S = \left(\frac{R_2}{R_1 + R_2}\right) V_{DD} - I_D R_S < 0$$

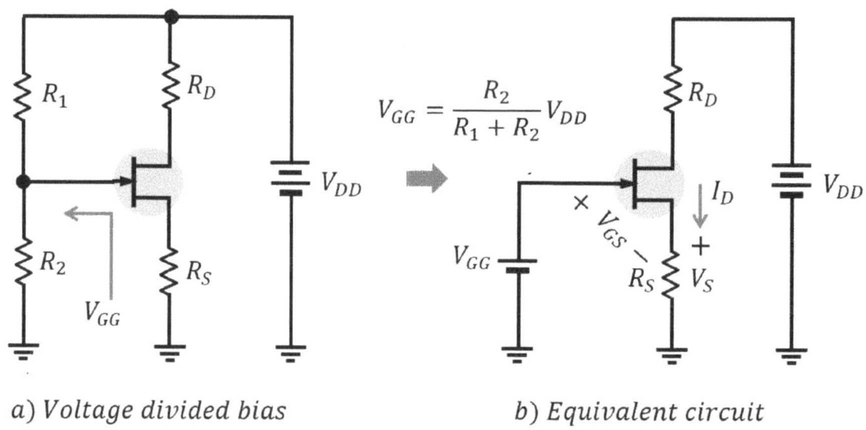

[그림 9–5] JFET의 바이어스 2: 전압분배바이어스

그런데 이렇게 해놓고 보니 한 가지 의문이 든다. 자기바이어스로도 아무 하자 없이 바이어스가 잡히는데 굳이 저항 2개를 더 써가면서 번거롭게 전압분배를 할 필요가 있느냐이다. 여기에 대한 해답은 온도안정도의 대폭적인 향상으로서, 온도변화에 민감한 증폭회로에서는 자기바이어스보다 전압분배바이어스가 훨씬 안정적으로 동작점을 유지하기 때문이다. 여기에 대해서는 두 방식의 부하방정식(입력과 출력의 관계식)과 동작점을 비교하여 봄으로써 알 수 있다. 자기바이어스와 전압분배바이어스의 부하방정식은 (식 9-6) 및 (식 9-7)로서 (식 9-4) 및 (식 9-5)로부터 각각 유도된다. [그림 9-6]과 같이 1차함수인 부하방정식을 전달특성곡선 위에 겹쳐 그리면 부하선이 나오는데 두 선의 교점이 바로 동작점이다.

$$V_{GS} = I_D R_S \quad \rightarrow \quad I_D = \frac{V_{GS}}{R_S} \qquad \text{(식 9-6)}$$

$$V_{GS} = V_{GG} - I_D R_S \quad \rightarrow \quad I_D = \frac{V_{GG} - V_{GS}}{R_S}$$

(식 9-7)

$$V_{GG} = \left(\frac{R_2}{R_1 + R_2}\right) V_{DD}$$

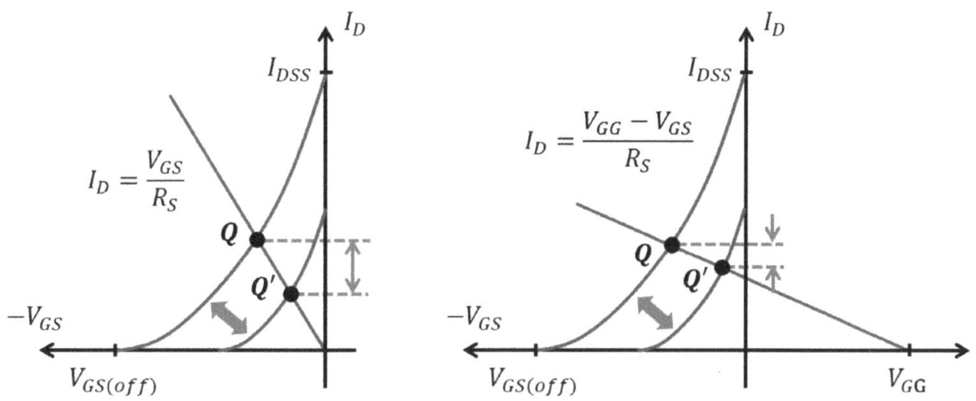

a) Self bias　　*b) Voltage divided bias*

[그림 9-6] JFET의 온도변화와 동작점의 이동

트랜지스터의 증폭율은 온도변화에 매우 민감하므로 전달특성곡선은 그림과 같이 온도에 따라 매우 큰 폭으로 요동치며 동작점도 함께 이동한다. 그런데 전압분배바이어스의 경우 부하선의 기울기가 자기바이어스보다 작으므로 동작점의 변화폭이 자기바이어스보다 훨씬 좁다. 즉 동일한 온도변화에서도 전압분배바이어스가 훨씬 더 안정적으로 바이어스를 유지함을 확인할 수 있다.

9-2 FET 2: MOSFET

■ MOSFET란

FET의 가장 큰 특징이자 장점은 입력임피던스가 매우 크다는 점이다. 이에 따라 게이트 입력단은 전류가 거의 흐르지 않는 개방상태이므로 미세한 입력신호를 전압으로 잡아내기에 매우 유리하다. 그런데 JFET의 게이트와 소스 사이는 역방향바이어스 된 PN접합으로서, 실제로는 약간의 누설전류가 존재하는 등 완전한 개방상태로 보기는 어렵다. 즉 JFET로는 실질적으로 높은 수준의 입력임피던스를 달성하기에는 한계가 있다. JFET는 진공관과 유사한 전압제어 전류증폭의 특성에 따라 고성능 고출력 오디오 등의 전자제품에 즐겨 사용되는 나름의 강점도 있지만, 집적회로(IC)에 사용하기에는 누설전류 문제가 너무 심각하다.

누설전류 문제를 근본적으로 해결하려면 게이트를 아예 절연함으로써 전류를 원천적으로 차단하면 되지 않을까? 이런 기발한 구조의 FET에 대한 아이디어는 사실 BJT보다도 먼저 나왔으나, 게이트를 산화물로 절연하는 공정상의 어려움으로 상용화에서 뒤처진다. 이후 실리콘 기판 자체를 산화(酸化)시켜 SiO2(Silicon dioxide)라는 절연산화막을 형성하는 방법으로 돌파구를 열어낸다. 금속(metal) 전극과 산화물(oxide), 그리고 반도체(semiconductor)가 층을 이룬다는 뜻에서 MOSFET(metal oxide semiconductor field effect transistor)라는 기다란 이름을 얻은 이 소자는 본격적인 VLSI 대량생산 시대를 이끄는 활약을 펼치게 된다.

[그림 9-7]은 n-채널 MOSFET의 기본 구조로서, P형반도체 기판(substrate) 양 끝을 N형으로 도핑하여 소스와 드레인으로 만들고, 중간 부분을 산화시켜 절연한 후 게이트 단자를 부착한 것이다. p-채널 MOSFET는 정반대로 N형반도체 기판에 P형을 도핑하여 만든다. 기본 구조상 MOSFET와 JFET 사이에 재미있는 차이점이 있다. 즉 n-채널 JFET는 N형반도체를 기본으로 하여 P형으로 도핑하고 그 위에 게이트를 부착하는 반면, n-채널 MOSFET는 P형반도체를 기본으로 하여 N형으로 도핑하고 그 위에 소스와 드레인을 부착한다.

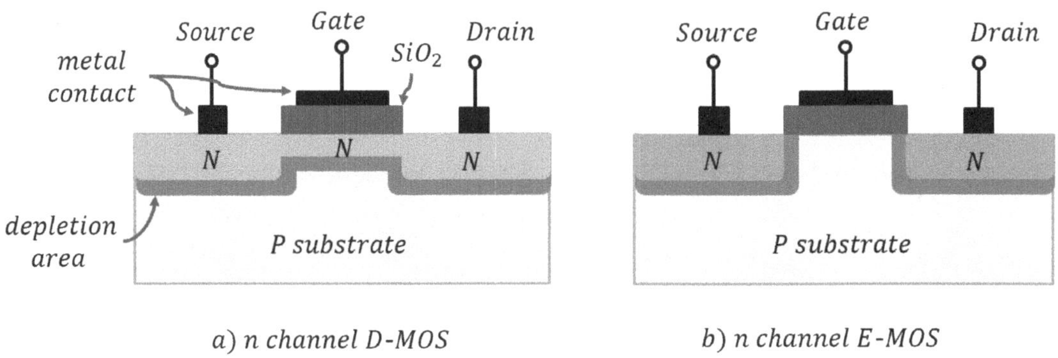

[그림 9-7] n-채널 MOSFET의 기본 구조

그림에서 보였듯이 MOSFET는 그 구조에 따라 2가지 종류가 있다. 하나는 "공핍형(depletion) MOSFET" 로서 통상 D-MOS로 약칭하며, 두꺼운 N형 도핑으로 인해 게이트의 아랫부분까지 도핑의 영향이 미치므로 채널이 기본적으로 존재하는 형태이다. 그리고 또 하나는 "증가형(enhancement) MOSFET" 로서 통상 E-MOS로 약칭하며, 게이트의 아랫부분까지는 도핑이 미치지 못하므로 채널이 존재하지 않는 형태이다. [그림 9-8]은 D-MOS와 E-MOS의 회로 심볼로서, 절연된 게이트와 기본 채널의 존재 여부를 상징적으로 나타내고 있다.

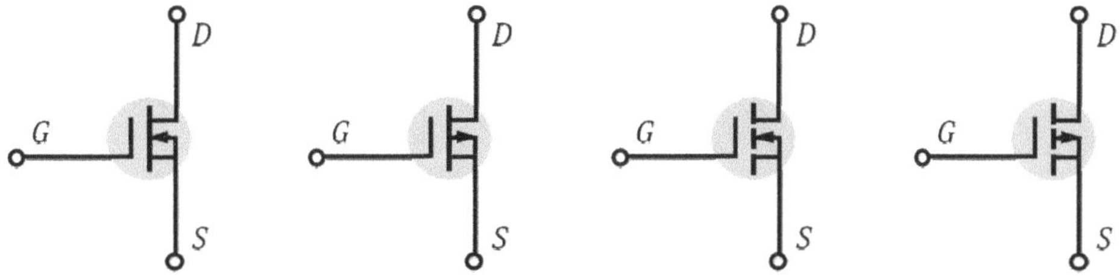

a) n channel D-MOS　*b) p channel D-MOS*　*c) n channel E-MOS*　*d) p channel E-MOS*

[그림 9-8] MOSFET의 심볼 표시

■ D-MOS

D-MOS는 기본적으로 채널이 존재하므로 게이트 전압 바이어스가 영이라도 소스와 드레인 사이로 전류를 흘릴 수 있다. 따라서 바이어스는 플러스로도 마이너스로도 구사할 수 있는데, 이에 따라 D-MOS는 아래와 같이 2가지 모드로 동작시킬 수 있다.

1) 공핍모드(depletion mode)

- 게이트를 마이너스 전압으로 바이어스한다. 마이너스 전계효과는 절연층을 뛰어넘어 채널까지 퍼져나간다.
- 마이너스 전계는 n-채널의 다수캐리어인 전자를 밀어내는 역할을 하므로 채널이 더욱 좁아지고, 드레인 전류의 흐름은 감소한다.

2) 증가모드(enhancement mode)

- 게이트를 플러스 전압으로 바이어스한다. 플러스 전계효과는 절연층을 뛰어넘어 채널까지 퍼져나간다.
- 플러스 전계는 n-채널의 다수캐리어인 전자를 끌어모으는 역할을 하므로 채널이 더욱 넓어지고, 드레인 전류의 흐름은 증가한다.

이러한 D-MOS의 특성은 [그림 9-9] a)와 같은 전달특성으로 표시할 수 있다. 그리고 이처럼 2가지 모드로 작동하는 D-MOS에 있어서 그 바이어스 회로는 너무나 간단하다. 한마디로 따로 바이어스를 할 필요가 없다! D-MOS는 [그림 9-9] b)와 같이 그대로 입출력을 그대로 붙일 수 있으며, 아무 짓도 하지 않는다는 의미에서 이를 **제로바이어스**(Zero bias)라고 부른다.

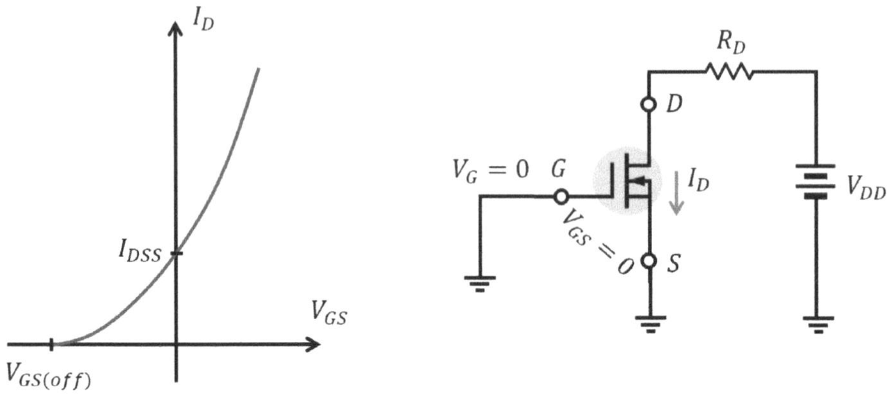

$a)\ Transfer\ characteristic\ of\ D-MOS$ $b)\ Zero\ bias\ of\ D-MOS$

[그림 9-9] D-MOS의 전달특성과 제로바이어스

■ E-MOS

한편 E-MOS는 애초에 채널이 존재하지 않으므로 E-MOS를 활성화하려면 무조건 게이트에 플러스로 바이어스 걸어주어야 한다. E-MOS의 게이트에 플러스 전압이 걸리면 플러스의 전계효과가 게이트 절연층 아래로 전자를 끌어모은다. 이에 따라 P형반도체 영역에 N형의 채널이 생성되는데 이를 유도채널(induced channel)이라고 한다. 이러한 E-MOS의 특성은 [그림 9-10] a)와 같은 전달특성으로 표시할 수 있다. 그리고 바이어스 회로는 적절한 플러스 전압을 만들어야 하므로 [그림 9-9] b)와 같이 전압분배가 쓰일 수밖에 없으며, 소스에 R_S를 굳이 달 필요는 없다.

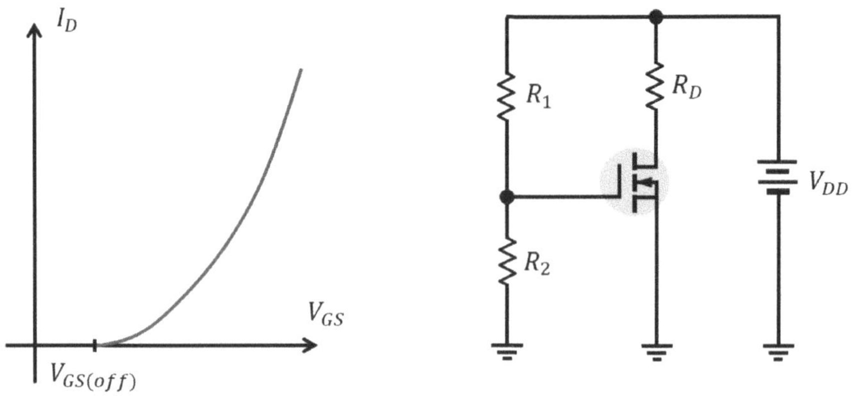

$a)\ Transfer\ characteristic\ of\ E-MOS$ $b)\ Zero\ bias\ of\ E-MOS$

[그림 9-10] E-MOS의 전달특성과 전압분배바이어스

JFET, D-MOS, 그리고 E-MOS는 모두 FET의 패밀리로서 공통의 전기적 특성을 가지지만, 한편으로 이처럼 독특한 개성 차이를 보이기도 한다. [그림 9-11]은 이들의 전달특성을 비교한 것이다.

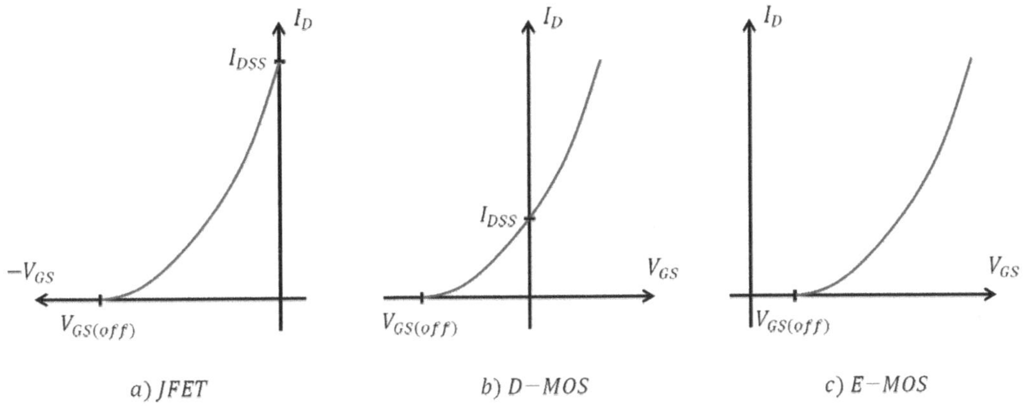

[그림 9-11] JFET, D-MOS, E-MOS의 전달특성 비교

MOSFET의 격리된 게이트 구조는 매우 높은 입력임피던스를 달성하기는 했지만, 한편으로는 상당한 정전용량을 가진 캐패시터로도 작용한다. 따라서 게이트에는 의도하지 않은 정전기의 축적이 수반되는데, 이는 언제든 방전으로 인한 소자 파괴의 위험성을 내포하게 된다(산화물 박막이 방전을 견딜 수 있겠는가). 이처럼 MOSFET는 취급에 각별한 주의가 필요하며, 보관 및 운반 시 전도성 스폰지의 사용, 작업대 및 신체의 접지 등 정전기 대비책들을 꼭 준수해야 한다.

MOSFET도 동작점을 포화시키거나 차단시키는 스위치로의 응용이 가능하다. 특별히 MOSFET 스위치는 BJT 스위치와 달리 순수한 전압으로만 제어되므로 전류 누설이 없으며, 동작 속도가 빠르고 자체 전력손실이 거의 없다. MOSFET 스위치는 이러한 장점으로 인해 CPU, 메모리 등 디지털회로의 주역으로 널리 쓰이고 있다. 또한 MOSFET 스위치는 [그림 9-12]와 같이 상당한 레벨(심지어 상용전원급)의 전압/전류의 아날로그 신호를 손상 없이 고스란히 전달하는 이상적인 스위치 특성도 가지는데, **아날로그스위치**라는 이름으로 제품화되어 복잡한 기계식 릴레이(relay)를 대체하여 쓰이고 있다.

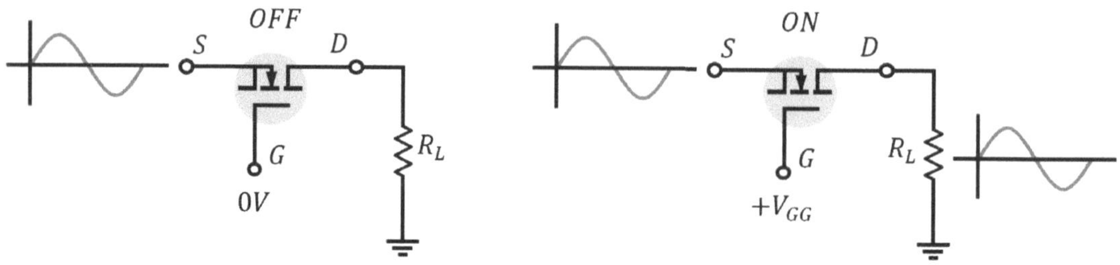

[그림 9-12] n-채널 MOSFET 아날로그 스위치

9-3 FET 증폭기

■ FET 교류등가회로

FET 교류등가회로는 [그림 9-13]과 같다. 이상적인 FET의 게이트는 개방회로이므로 전압만 걸리고 전류 흐름은 없다. 즉 입력임피던스가 무한대이므로 FET의 교류등가의 입력단은 개방으로 표시한다. 한편 증폭되는 전류는 종속전류원으로 표기하는데, (식 9-2)에서 유도한 전달콘덕턴스(transconductance) g_m을 이용하여 증폭도를 나타낸다.

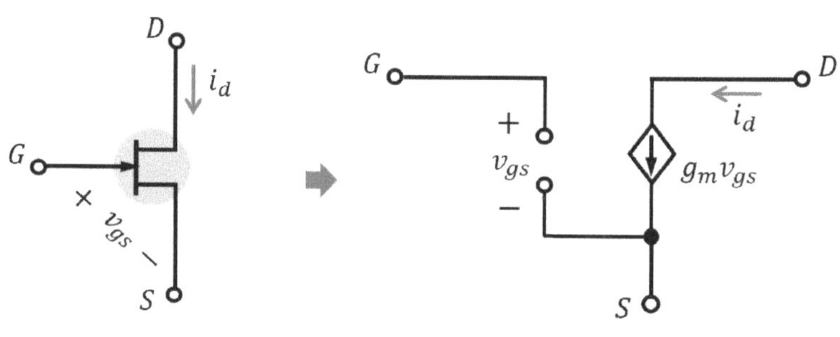

[그림 9-13] FET의 교류등가회로

■ 소스-공통 증폭기 (CS)

FET CS 증폭기는 회로 구성이 BJT CE 증폭기와 동일하므로 교류등가회로 해석과 성능척도가 BJT CE와 유사하며, 입력과 출력의 파형이 180도로 반전(反轉)되는 **반전증폭기**로 동작한다. 다만 FET 종류에 따라 바이어스 방식에 있어서 고유의 차이가 있음을 주의하자. [그림 9-14]는 JFET CS 증폭기의 예이며 주요 특징은 아래와 같다.

1) 입력단과 출력단에 삽입된 2개의 캐패시터는 직류 바이어스 전압이 인접회로로 새어 나

가지 않도록 차단(DC cutting)하여 동작점을 지키는 역할을 하는 한편, 교류입력과 교류 출력은 통과(ac coupling)시키는 1인2역을 해낸다.

2) FET의 게이트는 개방이므로 입력전류가 흘러들어가지 못한다. 게이트와 접지 사이에 달린 큰 저항 R_G는 입력전류가 접지로 빠져나가는 통로 역할을 한다.

3) R_S는 JFET용 자기바이어스 저항이다. 교류등가에서 소스는 단락이어야 하므로 병렬로 C_{by}를 달아주어 교류는 R_S를 거치지 않고 바이패스 되도록 한다.

4) 교류등가에서 V_{DD}는 단락으로 취급되므로 등가적으로 접지된다. 이에 따라 R_D 역시 접지로 취급된다.

5) 증폭기에 부하저항이 연결되면 드레인 전류는 R_D와 R_L을 동시에 흐른다. 즉 두 저항은 병렬결합되어 출력전압을 받아내는 역할을 한다.

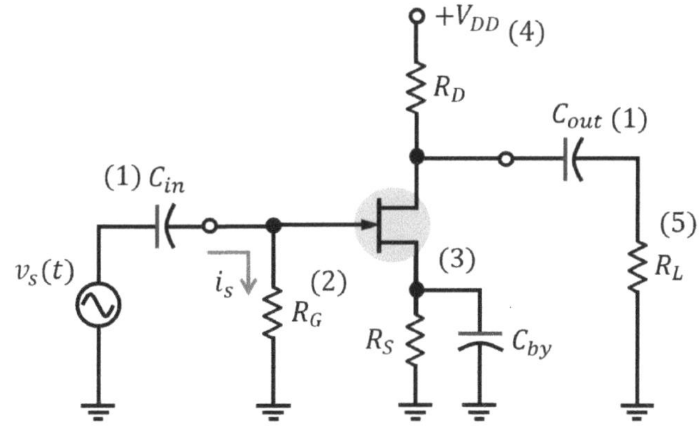

[그림 9-14] JFET CS 증폭기

[그림 9-15]는 D-MOS CS 증폭기의 예이다. D-MOS 특유의 제로바이어스 덕분에 R_S와 C_{by}가 필요 없다.

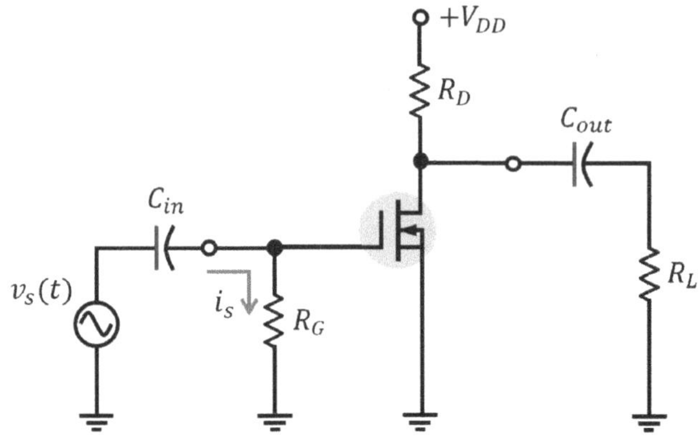

[그림 9-15] D-MOS CS 증폭기

[그림 9-16]은 E-MOS CS 증폭기의 예이다. E-MOS는 반드시 전압분배바이어스 하여야 하며, 덕분에 R_G는 필요 없다. JFET와 마찬가지로 R_S와 C_{by}가 붙는다.

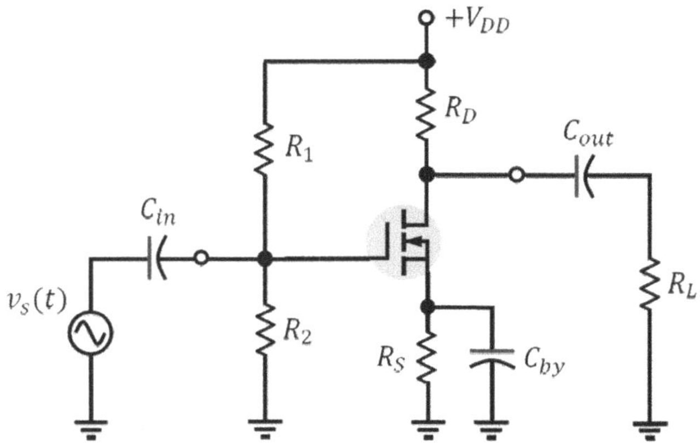

[그림 9-16] E-MOS CS 증폭기

■ 드레인-공통 증폭기 (CD)

FET CD 증폭기는 회로 구성이 BJT CC 증폭기와 동일하므로 교류등가회로 해석과 성능 척도가 BJT CC 증폭기와 유사하다(물론 입력과 출력 파형도 동상(同相)이다). 전압이득 없이 입력전압 거의 그대로 출력되므로 Source Follower라는 별명을 가진다. FET CD 증폭기는 BJT CC 증폭기와 마찬가지로 매우 높은 입력임피던스와 매우 낮은 출력임피던스를 보인다. [그림 9-17]은 JFET CD 증폭기의 예이다.

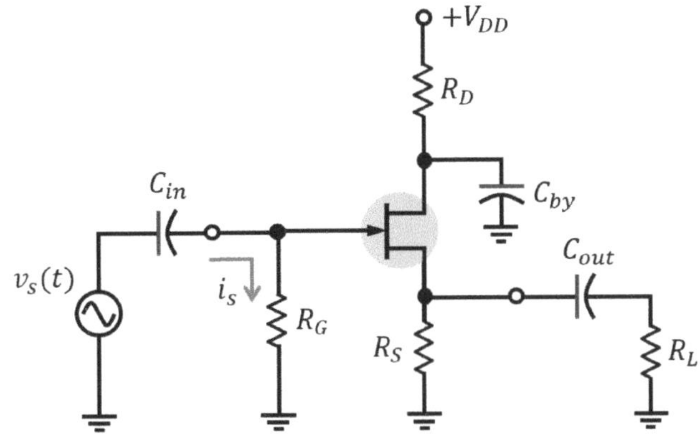

[그림 9-17] JFET CD 증폭기

■ 게이트-공통 증폭기 (CG)

FET CG 증폭기는 회로 구성이 BJT CB 증폭기와 동일하므로 교류등가회로 해석과 성능 척도가 BJT CB 증폭기와 유사하다(물론 입력과 출력 파형도 동상(同相)이다). FET CG 증폭기는 BJT CB 증폭기와 마찬가지로 매우 낮은 입력임피던스와 매우 높은 출력임피던스를 보인다. [그림 9-18]은 JFET CG 증폭기의 예이다.

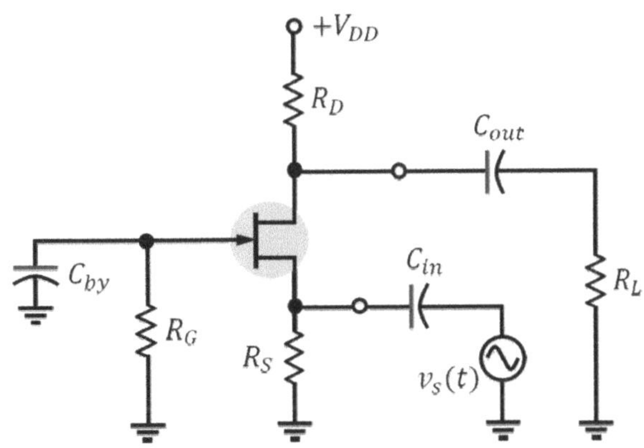

[그림 9-18] JFET CG 증폭기

09

연습문제

1. FET는 전자만을 캐리어로 사용하는 소자이다. (O X)

2. MOSFET 게이트에는 누설전류가 존재한다. (O X)

3. p채널 JFET의 바이어스는 게이트에 플러스 전압을 걸어주는 것이다.(O X)

4. FET의 저항영역에서 일정전류영역으로 넘어가는 분기점이 (　　) 전압이다.

5. FET의 전달특성곡선은 square law의 특성을 가진다. (O X)

6. FET의 transconductance란 게이트 입력(　　)과 드레인 출력(　　)의 비율을 의미한다.

7. FET의 교류등가회로에서 게이트와 소스의 사이는 (　　)으로 간주한다.

8. JFET는 소스에 저항을 달아주는 것만으로도 바이어스가 된다. 그 명칭은?

9. JFET의 전압분배바이어스는 온도변화에 따른 동작점의 안정화에 큰 의미가 있다. (O X)

10. JFET의 전압분배바이어스에서는 게이트와 소스 사이의 전압이 반드시 플러스가 되도록 설정되어야 한다. (O X)

11. MOSFET full spelling은?

12. MOSFET을 포장할 때는 반드시 (　　) 비닐로 하여야 한다.

13. D-MOS는 반드시 N-MOS로 만들어야 한다. (O X)

14. E-MOS는 enhancement mode로만 동작한다. (O X)

15. D-MOS는 반드시 전압분배바이어스를 하여야 한다. (O X)

16. JFET CS 앰프에서 게이트 저항은 셀프바이어스용이다. (O X)

17. FET의 교류등가회로는 voltage-controlled dependent current source로 표현된다. (O X)

18. JFET CS 앰프의 입력저항은 게이트저항과 소스저항의 병렬결합이다. (O X)

19. D-MOSFET CS 앰프의 Q점의 전압은 영이다. (O X)

20. BJT가 FET보다 Hi-Fi용으로 더 적격이다. (O X)

21. p-channel JFET에서 majority carrier는 electron 이다. (O X)

| 해답 |

1. X 2. X 3. O 4. 핀치오프 5. O 6. 전압, 전류 7. 개방 8. 자기바이어스 9. O 10. X
11. Metal Oxide Semiconductor Field Effect Transistor 12. 전도성 13. X 14. O 15. X 16. X 17. O
18. X 19. O 20. X 21. X

10장 전력증폭과 연산증폭기

알기쉬운 전기및전자회로개론

■ 개요

사람은 누구나 그 성격에 따라 특유의 업무 스타일을 보이듯, 트랜지스터 증폭기 역시 직류 바이어스 방식에 따라 여러 가지 모드로 동작한다. 그리고 이는 증폭기의 응용목적에 따라 적절한 방식을 골라 쓸 수 있는 다양한 선택지를 제공한다. 각각의 방식이 최대의 성능을 발휘할 수 있도록 회로를 튜닝하고, 약점을 보완하는 보상회로(compensation circuit)를 궁리하는 것은 가히 예술에 가까운 아날로그 기술의 정점이라 할 수 있으리라. 한편 트랜지스터가 기본적인 증폭작용을 해내는 소자인 것은 분명하지만, 트랜지스터 하나로 무리 없이 쓸만한 증폭기를 제작한다는 것은 사실 무척 어려운 일이다. 증폭의 대상이 되는 신호가 가지는 다양하기 이를 데 없는 진폭, 주파수, 위상 특성들을 고려해야 하며, 증폭기와 연결되는 부하와의 임피던스정합 또한 만만한 일이 아니기 때문이다. 이러한 요구조건들을 최대한 만족시키면서 기운차게 전압과 전류를 키워내는 전력증폭기와, 여러 개의 트랜지스터를 집적(集積, integration)하고 각종 소자들을 절묘하게 조합하는 범용 증폭기 패캐지에 대하여 알아보자.

10-1 전력증폭기

■ 전력증폭이란

증폭은 통상 여러 단(stage)에 걸쳐 필요한 레벨로 올려주는 다단증폭(multi-stage amplification)으로 이루어진다. **전력증폭기**(Power Amp.)란 다단증폭 시스템의 최종단계로서, 상당히 큰 입력신호를 받아서 출력을 뽑아내야 하므로 증폭기 활성영역의 대부분이 풀로 사용된다. 따라서 증폭기의 전력 효율과 선형성이 무엇보다도 중시된다. 한편 최종 전력증폭 이전 단계의 증폭은 아직 작은 신호들을 다루므로 전력증폭과 대비되는 개념으로 **소신호증폭**(Small signal Amplification)이라고 부른다. 소신호증폭은 통상 입력신호의 크기가 바이어스의 1/10 이하인 경우를 말한다.

증폭기의 임무란 플러스 입력에 대해서는 더 큰 플러스 값으로, 마이너스 입력에 대해서는 더 큰 마이어스 값으로 키워냄으로써 입력되는 파형 전체의 진폭을 뻥튀기하는 것이다. 전력증폭의 의미를 직장에서의 일과 비유하여 생각해보면 아래와 같다. 비유에서 플러스 입력은 주간업무, 마이너스 입력은 야간업무에 해당한다.

1) A급 증폭기 (Class A Amp.)

- 일거리가 있든 없든 만반의 준비를 하고 24시간 대기하는 모범생
- 어떤 일이든 완벽하게 대처할 수 있으나,
- 주야간 연속 근무체제 유지를 위한 비용지출 과다

2) B급 증폭기 (Class B Amp.)

- 주간근무조와 야간근무조 맞교대 시스템으로 운영하는 합리형
- 업무 효율화로 비용을 절감할 수 있으나, 2배 규모의 인력 필요
- 주야간 연속업무의 연결에 있어서 하자 발생의 우려

3) AB급 증폭기 (Class AB Amp.)

- 주간근무조와 야간근무조의 교대 시간을 살짝 겹쳐서 업무 공백을 막는 두뇌형
- 주야간 업무 연결의 유연성 제고를 위한 추가 비용 증가

4) C급 증폭기 (Class C Amp.)

- 대부분의 시간을 쉬면서 일거리를 모아놓다가 잠깐 출근하여 후다닥 해치우고 다시 쉬러 가는 농땡이
- 비용지출을 최소한으로 억제할 수 있으나,
- 졸속작업으로 인한 누락과 오류 등으로 인한 품질 저하 심각

실제 회로에서 A급, B급, AB급, 그리고 C급이라는 전력증폭기의 구분은 [그림 10-1]과 같이 동작점(Q)의 위치에 따라 정해진다(편의상 BJT 증폭기의 콜렉터특성곡선과 부하선으로 설명하며, FET 증폭기도 BJT와 동일한 개념으로 설명된다). [그림 10-2]는 각 전력증폭기의 출력파형의 예로서, 아래와 같이 그 특성을 표현할 수 있다.

- A급증폭기는 동작점이 부하선의 중앙부에 위치하므로 어떤 입력이든(플러스든 마이너스든) 차별 없이 입력 파형 전체를 균일하게 증폭해낸다.
- B급증폭기는 동작점이 부하선의 차단점에 위치하므로 플러스 입력이 들어올 때만 BJT가 활성화되며, 마이너스 입력에 대해서는 차단된다.
- AB급증폭기는 마이너스 입력이라도 차단점을 넘지 않는 범위에서 일정부분 증폭해낸다.
- C급증폭기의 동작점은 부하선의 연장선을 따라 한참 내려간 지점에 설정된다. 즉 증폭기의 바이어스가 역으로(마이너스로) 걸리게 되므로 상당한 크기의 플러스 입력에 대해서만 BJT가 활성영역으로 진입하고 증폭이 이루어진다.

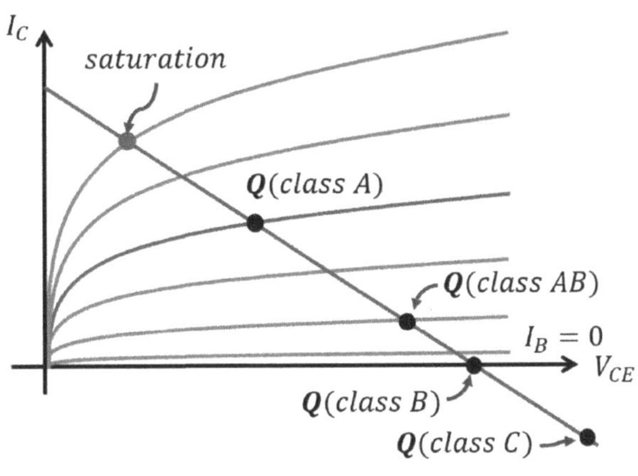

[그림 10-1] 동작점의 위치에 따른 전력증폭기의 구분

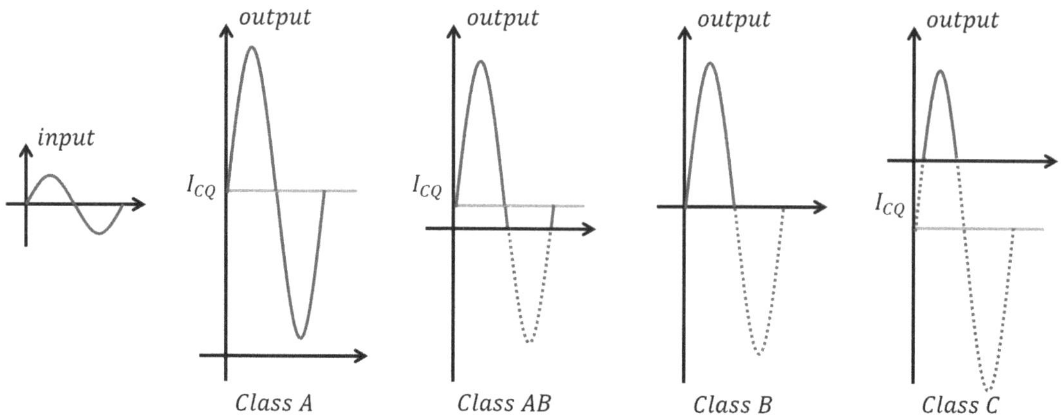

[그림 10-2] 전력증폭기의 종류별 출력 파형 비교

■ A급 증폭기

A급 증폭기는 플러스 입력이든 마이너스 입력이든 차별 없이 입력 파형 전체를 공평하게 증폭해내야 한다. 이를 위해서는 [그림 10-1]과 같이 동작점이 부하선의 정중앙에 위치하도록 바이어스를 잡아주어야 한다. 그런데 이런 상태라면 바이어스를 위한 직류전원이 상시 가동되어야 하므로 증폭과 무관하게 상당한 전력을 소모하게 된다. 따라서 A급 증폭기에서 실제로 신호의 증폭에 사용되는 전력과 바이어스에 사용되는 전력의 비율인 전력효율은 최대 25%, 통상 10% 내외로서 매우 나쁘다. 아울러 허비되는 전력은 대부분 열로 소모되므로 부품과 기기의 보호를 위한 고내열성(高耐熱性) 소재 및 방열장치(cooling fin, heat sink) 등이 필수적이다. A급증폭과 관련되는 여러 가지 지표를 아래의 예제를 통해 알아보자.

예제 10-1

아래의 전력증폭기에 대하여 바이어스전력 P_{DC}, 신호전력 P_{out}, 그리고 전력효율을 구하시오. 증폭기는 BJT의 활성영역에서 이상적인 최대출력으로 동작하고 있다고 가정한다.

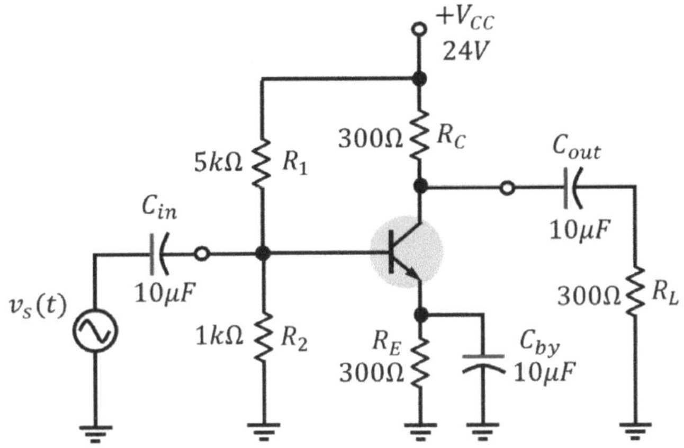

해설

직류바이어스 동작점에서의 콜렉터전류와 V_{CC}의 곱이 P_{DC}이다. 한편 신호 출력은 동작점을 중심으로 하는 교류 파형이므로 실효치(rms) 전력을 구하면 된다.

$$V_B = \left(\frac{R_2}{R_1 + R_2}\right) V_{CC} = \left(\frac{1k\Omega}{5k\Omega + 1k\Omega}\right)(24V) = 4V$$

$$V_E = V_B - 0.7 = 4 - 0.7 = 3.3V$$

$$I_E = \frac{V_E}{R_E} = \frac{3.3V}{100\Omega} = 33mA \rightarrow I_{CQ} \cong 33mA$$

$$P_{DC} = V_{CC} I_{CQ} = (24V)(33mA) = 792mW$$

(예제 10-1 식)

$$R_{ac} = R_C || R_L = 300||300 = 150$$

$$P_{out} = \left(\frac{R_{ac} I_{CQ}}{\sqrt{2}}\right)\left(\frac{I_{CQ}}{\sqrt{2}}\right) = \frac{R_{ac} {I_{CQ}}^2}{2} = \frac{(150)\,(33mA)^2}{2} = 81.675mW$$

$$power\ efficiency = \frac{P_{out}}{P_{DC}} = \frac{81.675}{792} = 10.3125\%$$

■ B급 증폭기

B급증폭기는 동작점이 차단점에 위치하므로 입력이 없으면 바이어스에 의한 전력소모도 없다. 따라서 전력 효율은 약 80% 정도로 대폭 향상되지만, [그림 10-2]에서와 같이 입력되는 파형의 절반만을 충실히 증폭하는 반쪽 증폭기라는 한계가 있다. 그렇다면 나머지 반쪽은? 당연히 이 반쪽을 담당하는 또 하나의 B급증폭기가 있어야 한다. 즉 플러스 담당과 마이너스 담당이라는 2개의 증폭기를 병렬로 연결하여 밀고(push) 당기는(pull) 맞벌이 구성을 해야만 하는데, 이를 **푸시풀증폭기**(Push-Pull Amplifier)라고 한다.

이처럼 B급 푸시풀증폭기의 구성에는 완전히 상반되는 극성의 증폭기 쌍이 필요한데, 절묘하게도 안성맞춤의 후보가 있다. 즉 자유전자를 다수캐리어로 사용하는 NPN BJT와 정공을 다수캐리어로 사용하는 PNP BJT로 콤비플레이를 하는 것이다. 이 둘은 마치 거울 대칭처럼 정반대의 극성을 가지므로 플러스와 마이너스 입력을 반반씩 담당할 수 있는데, 이런 상호 보완적인 특성으로부터 **상보대칭형** B급 푸시풀증폭기(相補對稱, complementary transistor method)라는 이름을 얻는다.

푸시풀증폭기 구성에서 두 증폭기의 출력단자는 하나의 공통 출력으로 묶어야 하는데, 베이스 단자는 입력으로, 콜렉터 단자는 플러스와 마이너스 직류전원 공급으로 쓰여야 하므로 에미터 단자가 출력단자로 묶이는 수밖에 없다. 따라서 푸시풀증폭기는 [그림 10-3]과 같이 CC 증폭기 2개를 묶어 구성한다. NPN BJT와 PNP BJT에 각각 $+V_{CC}$ 및 $-V_{CC}$ 전원이 붙고, 베이스로 공통의 입력이 공급되고, 에미터에 공통의 부하가 붙는다. 그러고 보니 동작점이 영전압이므로 바이어스회로를 붙일 필요도 없이 전체적으로 심플하고 예쁜 대칭구조를 이룬다.

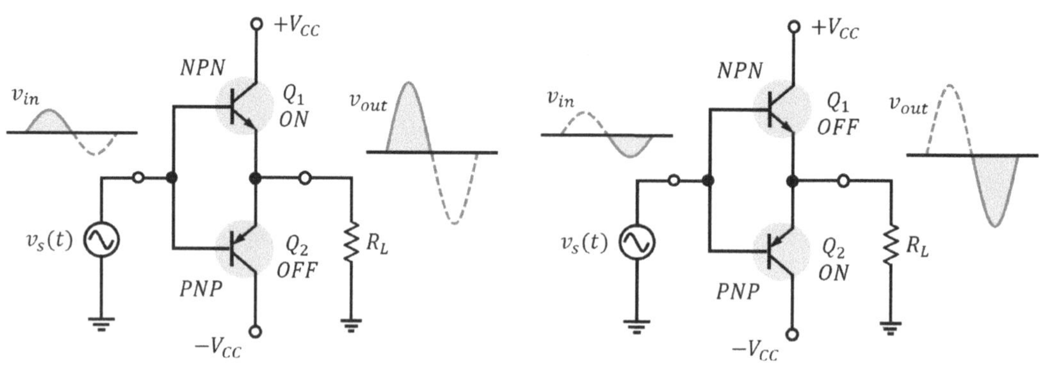

[그림 10-3] 상보대칭형 BJT B급 푸시풀증폭기

한편 동일한 원리로 N채널 FET와 P채널 FET의 CD증폭기 2개를 연결하는 상보대칭형 푸시풀증폭기도 가능하다. [그림 10-4]는 JFET와 E-MOS 푸시풀증폭기를 보여주고 있는데, N채널 FET와 P채널 FET에 각각 $+V_{DD}$ 및 $-V_{DD}$ 전원이 붙고, 게이트로 공통의 입력이 공급되고, 에미터에 공통의 부하가 붙는 대칭구조를 이룬다. 그런데 D-MOS로는 푸시풀증폭기를 만들 수 없다. 왜냐하면 D-MOS는 제로바이어스를 사용하며, 플러스와 마이너스의 모든 입력에 대하여 활성화되므로 그 자체가 다름 아닌 푸시풀증폭기이기 때문이다.

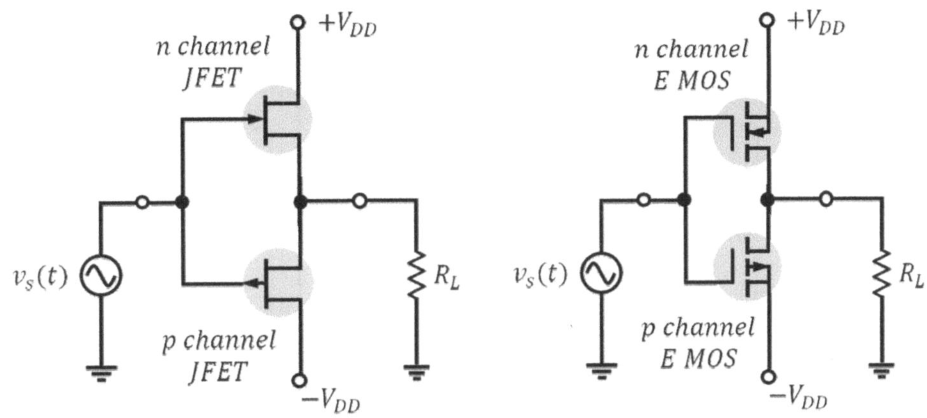

[그림 10-4] 상보대칭형 FET B급 푸시풀증폭기

그런데 상보대칭형 구성에서, 전력증폭을 전압이득이 없는 CC나 CD의 조합으로 해낸다는 점이 좀 걸리기도 하거니와, 독립된 전원 2개가 필요하다는 불편함도 있다. NPN BJT의 CE증폭기로만 B급 푸시풀증폭을 할 수는 없을까. 방법은 있다. 좀 거추장스럽지만 [그림 10-5]와 같이 중간탭 변압기로 입력과 출력을 결합하면 단일전원에 NPN BJT 2개만을 사용하는 멋진 푸시풀증폭기를 구성할 수 있다. **변압기결합 B급 푸시풀증폭기**로 불리는 이 구성의 작동원리를 단계별로 살펴보면 아래와 같다.

1) 입력단 변압기의 중간탭은 접지되어 전압의 기준으로 설정된다.
   중간탭 접지에서 쳐다보았을 때, 변압기 위쪽으로 유도되는 파형의 위상은 입력 파형과 꼭 같은 동상(同相)이다(입력과 출력의 접지가 둘 다 발바닥에 있음). 이에 반해 변압기 아래쪽으로 유도되는 파형의 위상은 입력 파형이 뒤집혀 나오는 역상(逆相)이다(입력의 접지는 발바닥인데, 출력의 접지는 머리끝에 있음).
2) 출력단 역시 중간탭 변압기가 쓰이는데, 이 때 중간탭은 Q_1과 Q_2의 V_{CC} 전원공급 단자로 쓰인다. 코일은 직류에 대해서는 단락에 불과하므로 전원 접속에 아무런 문제 없

다.

3) Q_1과 Q_2의 에미터는 함께 접지되어 CE 증폭기로 작동한다. 별도의 바이어스가 없는 상태이므로 Q_1과 Q_2는 베이스 입력이 플러스일 때만 활성화된다. 따라서 Q_1은 플러스 입력에서, Q_2는 마이너스 입력에서 활성화되면서 푸시풀증폭기로 동작한다.

4) CE는 반전증폭기이므로 Q_1과 Q_2의 출력 파형은 뒤집혀 나온다. 두 파형은 출력단 변압기를 통해 하나로 합쳐져 출력된다.

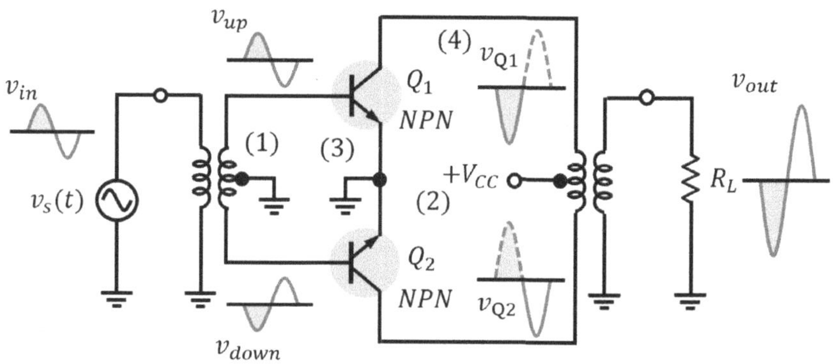

[그림 10-5] 변압기결합형 B급 푸시풀증폭기

이쯤에서 우리는 BJT에 관한 중요한 특성 하나를 빠뜨렸음을 눈치챘을 것이다. 그것은 바로 문턱전압으로서, [그림 10-3]과 [그림 10-5]에서 입력이 0.7V라는 문턱을 넘기 전까지 BJT는 켜지지 않는다. 즉 −0.7~+0.7V 범위의 입력에 대해서는 푸시풀증폭기가 작동하지 않으므로 [그림 10-6]과 같이 출력에서 이 부분이 사라지는 치명적인 왜곡이 발생한다! 이를 교차왜곡(Crossover distortion)이라고 하는데, 이로 인해 BJT B급 푸시풀증폭기는 상보대칭형이든 변압기결합형이든 곧이곧대로 사용할 물건이 못되며, AB급 푸시풀증폭기라는 현실적인 대안이 필요하다. 다만 [그림 9-22]의 FET B급 푸시풀증폭기는 문턱전압과 상관없으므로 문제없이 그대로 사용할 수 있다.

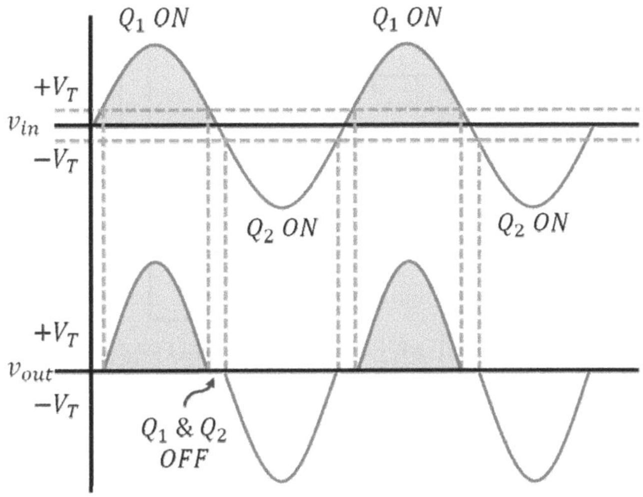

[그림 10-6] BJT B급 푸시풀증폭기의 교차왜곡

■ AB급 증폭기

교차왜곡의 해결책은 간단하다. [그림 10-1]에서 보인 대로 BJT의 동작점을 차단점에 놓지 않고 활성영역 쪽으로 문턱전압만큼 살짝 당겨놓음으로써 두 증폭기의 시동을 조금 일찍 걸어주는 것이다. 바이어스가 A급과 B급 사이에 주어진다는 의미에서 이 방식을 AB급 증폭기라고 부른다. AB급의 바이어스라면 A급처럼 전압분배회로로 간단히 해치울 수 있겠지만, 여기에는 만만치 않은 문제가 하나 있다. 즉 엄밀히 말해서 문턱전압이라는 것이 0.7V로 딱 고정된 값이 아니라, 온도 등 주위 환경에 따라 유동적으로 변하는 값이라는 점이다. 따라서 AB급 증폭기의 동작점은 BJT의 온도특성과 연동되어야 한다는 난제(難題)에 부딪치는데, 여기에는 절묘한 대책이 있다.

[그림 10-7]은 동작점을 PN접합의 문턱전압만큼 끌어올리는 수단으로 PN접합 그 자체, 즉 다이오드를 사용하는 기법을 보여주고 있다. 다이오드는 문턱전압을 넘어야 도통(ON) 되므로 마치 문턱전압만큼의 전압원처럼 쓰일 수도 있거니와, 온도에 따른 특성 변화가 BJT와 일치하므로 문턱전압의 연동이 가능하기 때문이다. 그림에서 다이오드는 저항을 통해 전원과 연결되어 전압분배회로를 형성하며, P측에 순방향 문턱전압만큼의 전압을 항상 유지한다. 입력단 변압기의 중간탭에 연결된 이 다이오드는 Q_1에 대해서는 +0.7V를, Q_2에 대해서는 −0.7V를 띄워주는 역할을 한다.

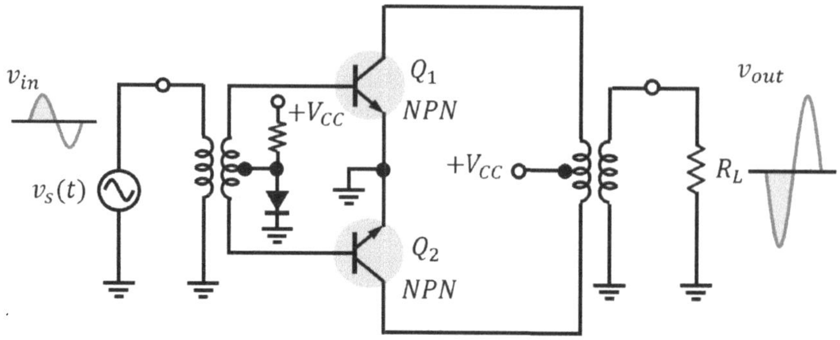

[그림 10-7] 변압기결합형 AB급 푸시풀증폭기

물론 상보대칭형에 대해서도 [그림 10-8]과 같이 이 기법을 사용할 수 있다. 그림에서 2개의 다이오드는 전압분배회로를 통해 전원과 연결되어 문턱전압만큼의 바이어스 전압을 만들어낸다. 다이오드 D_1은 입력신호를 +0.7V만큼 올려서 Q_1에 공급하며, 다이오드 D_2는 입력신호를 -0.7V만큼 내려서 Q_2에 공급한다. 바이어스가 완벽하게 잡히면 A점의 전압은 항상 영을 유지한다.

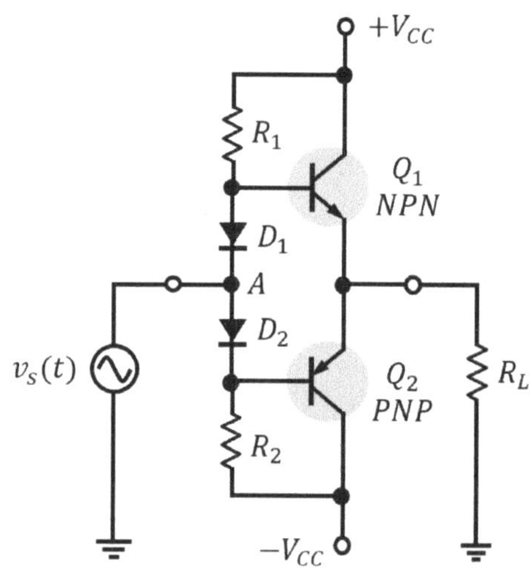

[그림 10-8] 상보대칭형 BJT AB급 푸시풀증폭기

바이어스용 전압분배회로를 쓴 김에 이를 약간 응용하면 [그림 10-9]와 같이 단일전원을 사용하는 AB급 푸시풀증폭기를 구성할 수 있다. 이 때 직류차단을 위한 캐패시터의 추가에 주의해야 한다. 한편 CC 증폭기를 사용한 김에 [그림 10-10]과 같이 달링턴접속 AB급 푸시풀증폭기로 구성할 수 있다. 물론 다이오드도 따블로 들어간다.

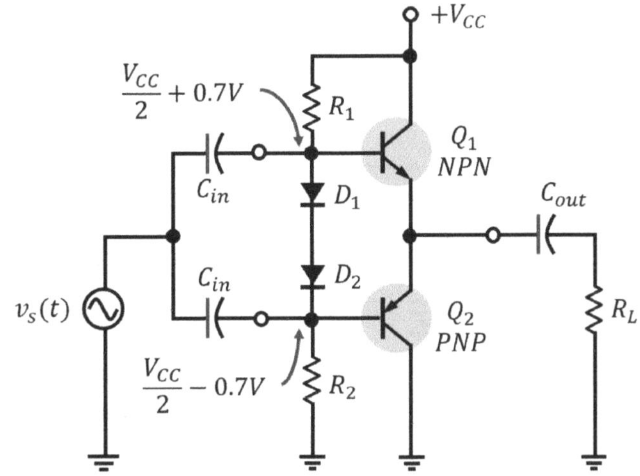

[그림 10-9] 단일전원 BJT AB급 푸시풀증폭기

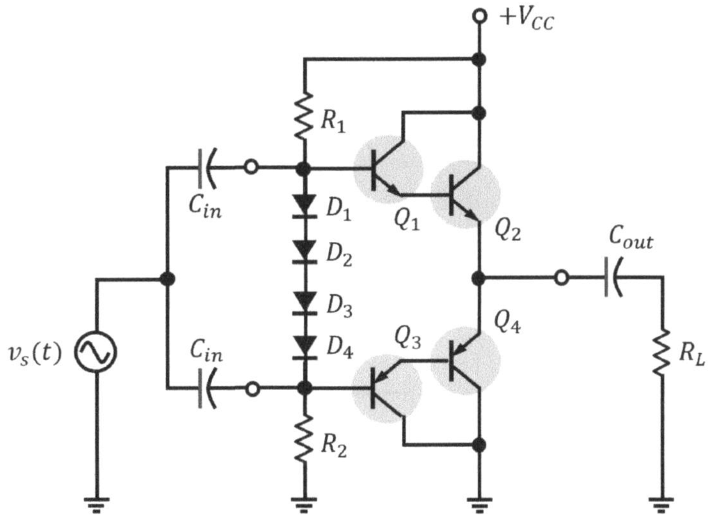

[그림 10-10] 달링턴접속 BJT AB급 푸시풀증폭기

■ C급 증폭기

C급 증폭기는 [그림 10-1]에서 보이듯 그 동작점이 차단영역 아래로 잡혀있으므로 입력신호의 레벨이 일정 크기의 플러스 값을 넘지 않으면 증폭기가 켜지지 않는다. [그림 10-11]은 C급 증폭기의 바이어스회로로서 극히 일부의 신호만 증폭될 뿐, 신호의 대부분은 증폭기에 아예 입력되지도 않는다. 일부만 증폭되는 증폭기를 어디다 쓴다는 말인가.

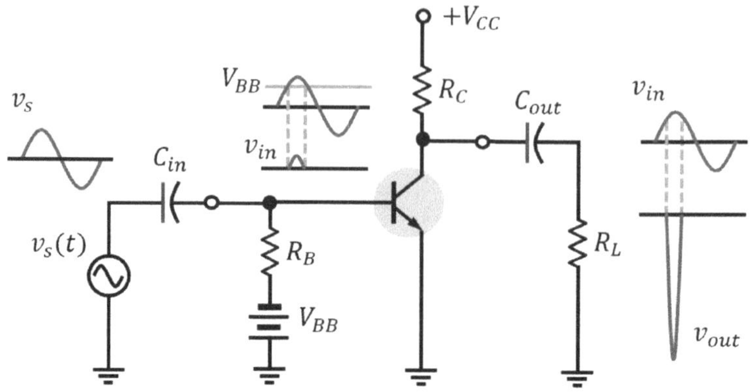

[그림 10-11] C급 증폭기의 바이어스와 입출력 특성

C급 증폭기의 비밀은 이 나머지 파형을 어떻게 처리하느냐에 숨어 있는데, 해답은 “대충 만들어 붙인다”이다. 좀 황당해 보이지만, 만일 입력신호가 단일정현파라면 주파수에 맞추어 나머지 파형을 이어붙이는 일이 그리 어렵지만은 않다. 바로 공진(6-1절 참조)현상을 이용하는 것인데, [그림 10-12]와 같이 출력단을 신호의 주파수에 동조(同調)된 LC회로에 연결하면 끊김 없는 파형으로 복구할 수 있다. LC회로는 공진주파수 인근의 신호를 만나면 이와 공진(동조)하여 스스로 완전한 파형의 정현파를 발진(發振)해내는 소위 탱크(tank) 회로의 역할을 한다. C급 증폭기는 이와 같이 공진회로와의 협업이 필수적인데, 이로부터 동조증폭기라는 별칭을 얻는다.

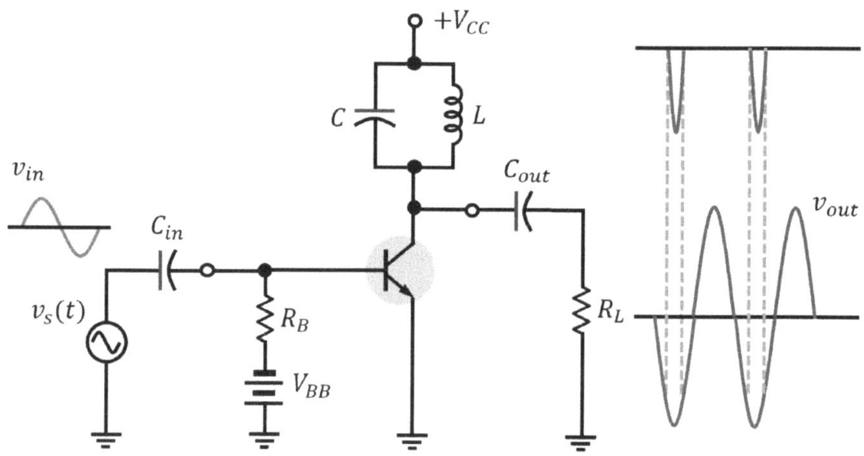

[그림 10-12] C급 동조증폭기

그런데 이렇게 매끄럽게 파형이 만들어지는 것은 단일주파수 정현파의 경우일 뿐이다. 일반적인 신호는 수없이 많은 주파수가 한꺼번에 합쳐져 복잡하기 이를 데 없는 파형을 이룬다. 특정한 중심주파수에 동조된 LC 탱크회로는 이런 입력에 대하여 주파수에 따라 차별적인 응답을 할 수밖에 없고, 결과적으로 C급 증폭기는 심각한 파형 왜곡을 수반하는 **비선형증폭기**(Nonlinear Amp.)라는 태생적 한계를 안게 된다. 그럼에도 불구하고, 대부분 꺼져있다가 띄엄띄엄 깨어나 일을 하는 게으른 성격으로 인해, C급 증폭기는 전원을 극적으로 절약할 수 있다는 기막힌 장점을 지닌다. 즉 전력효율 하나만큼은 타의 추종을 불허하여, 배터리라는 한정된 전원을 사용하는 소형 휴대단말기 등에는 없어서는 안 될 소중한 존재로서 애용되고 있다(물론 비선형증폭에 대처할 수 있는 시스템기술이 뒷받침되어야 한다). 또한 역으로 비선형성 자체를 이용하는 응용에서도 다양하게 쓰이고 있다.

10-2 연산증폭기

■ 이상적인 증폭기란

만사형통, 모든 면에서 완벽하게 우수한 증폭기가 존재할까. 이상적인 증폭기가 갖추어야 할 요구사항을 정리하면 아래와 같다.

1) 일단 이득이 무지 커야 → 무한대 이득
2) 어떤 주파수의 신호든 다 상대해야 → 무한대 대역폭
3) 아무리 미약한 신호라도 캐치해야 → 무한대 입력임피던스
   (미약한 신호란 내부저항이 매우 큰 전압원으로 간주할 수 있다.)
4) 아무리 미약한 부하라도 구동해야 → 제로 출력임피던스
   (매우 작은 부하저항과의 정합)
5) 출력 파형의 반전 여부 선택이 가능해야 → 비반전(非反轉)입력 & 반전입력

물론 이상적인 증폭기란 불가능하겠지만, 트랜지스터와 소자들을 조합하여 이러한 목표에 최대한 근접하는 증폭기를 집적회로(集積回路, integrated circuit, IC)로 제조한 것을 **연산증폭기**(演算, operational amplifier, **OP앰프**)라고 한다. 연산증폭기라는 아이디어는 미분방정식의 해를 구하기 위한 아날로그컴퓨터의 제작으로 거슬러 올라간다. 증폭기를 이용한 수학적 연산(사칙연산, 미적분 등) 기능의 구현이 원래의 목적이라 연산증폭기라는 이름이 탄생했지만, 이후 연산과는 상관없이 고성능의 범용 증폭기로도 입지를 굳히게 된다. [그림 10-13]은 연산증폭기의 표기와 등가회로이다.

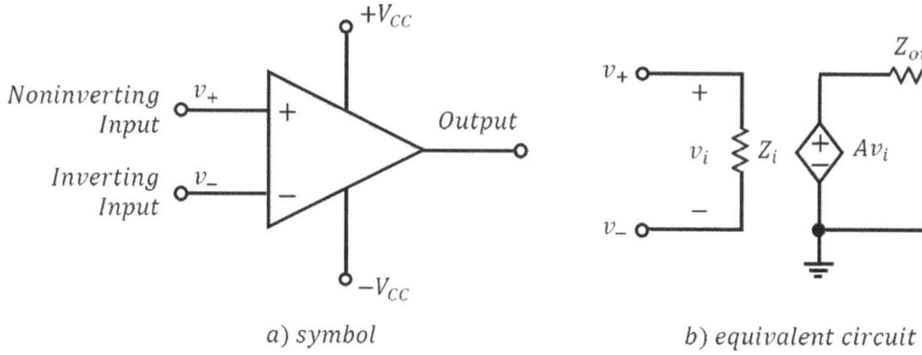

[그림 10-13] 연산증폭기의 표기와 등가회로

그림에서 비반전입력(非反轉, Noninverting input)은 출력이 입력과 동일한 위상으로 증폭되는 입력단자이며, 반전입력(反轉, Inverting input)은 입력의 위상이 180도 뒤집혀 증폭되는 입력단자이다. 만약 비반전 입력단자와 반전 입력단자로 동시에 입력이 들어온다면, 두 입력의 차이만큼이 증폭되어 출력되는데, 이를 차동증폭(差動, differential amplification)이라고 하며 이는 연산증폭기의 대표적인 특징이다. 연산증폭기의 실제 전압이득은 통상 100,000 정도이며, 입력임피던스는 수 $M\Omega$, 출력임피던스는 수십 Ω 수준이다.

■ 차동증폭기

연산증폭기의 기본구조를 이루는 차동증폭기(differential amplifier)에 대하여 알아보자. 두 입력단자의 전압의 차이를 증폭한다는 차동증폭은 어쩐지 수학적 연산의 냄새가 물씬 풍긴다. 차동증폭기는 [그림 10-14]와 같이 CE 증폭기 2개가 마주 보는 구조로서 콜렉터에 플러스 전원, 에미터에 마이너스 전원이 공급되므로 별도의 바이어스회로 없이도 플러스와 마이너스 입력을 모두 받아들이는 증폭기로 동작한다. 2개의 입력단자(베이스)와 2개의 출력단자(콜렉터)에 걸리는 입/출력 신호파형의 관계를 단계적으로 살펴보면 아래와 같다.

1) 단자 1의 입력전압이 증가하면 Q_1을 흐르는 전류도 증가한다.
2) R_{C1}에서의 전압강하가 증가하므로 단자 1'의 전압은 상대적으로 감소한다. 즉 단자 1'로 반전증폭 파형이 출력된다.
3) 한편 R_E에 걸리는 전압도 증가하므로 Q_2에 걸리는 바이어스전압도 상대적으로 감소한다. (사용하지 않는 단자 2는 반드시 접지하여야 한다.)
4) Q_2를 흐르는 전류가 감소하므로 R_{C2}에서의 전압강하가 감소한다.

5) 이에 따라 단자 2'의 전압이 상대적으로 증가한다. 즉 단자 2'로 비반전증폭 파형이 출력된다.

만일 단자 1을 접지하고 단자 2를 입력단자로 사용한다면 동일한 원리로 단자 2'에서 반전출력을, 단자 1'에서 비반전출력을 얻을 수 있다. 통상 단자 1'이 공통의 출력단자로 쓰이고, 단자 2'는 사용하지 않는다. 따라서 단자 1은 반전입력단자로, 단자 2는 비반전입력단자로 쓰이게 된다.

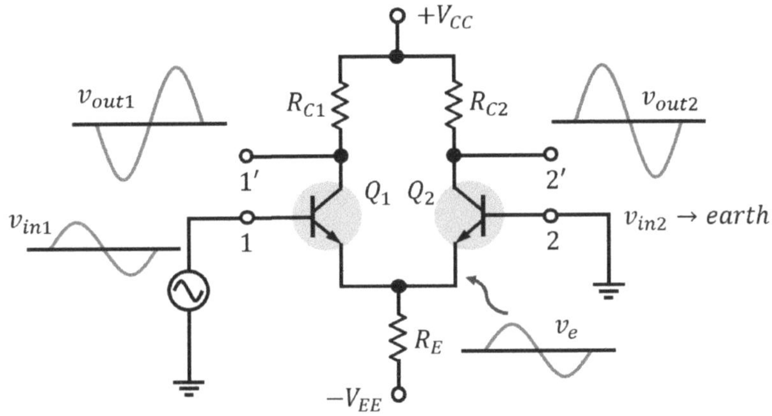

[그림 10-14] 차동증폭기의 동작 원리

연산증폭기는 충분한 이득을 얻기 위해 차동증폭기를 2단으로 연결하고, Emitter Follower 및 달링턴결합 등과 조합하여 출력임피던스를 낮추는 등의 기법을 통해 이상에 근접하는 증폭기 특성을 맞춘다. 차동증폭을 이용한 동상모드잡음제거(Common Mode Noise Rejection) 등 재미있는 응용에 관해서는 전문서적을 참조하기 바란다.

■ 비교기(Comparator)

비교기란 두 입력의 크기를 비교하여 그 결과를 절대값으로 출력하는 역할을 한다. 연산증폭기는 10만배 이상이라는 엄청난 이득을 얻어내지만, 물리적으로 $\pm V_{CC}$의 범위를 벗어나는 출력을 낼 수는 없다. 이를 포화(saturation)라고 하는데, 이를 역으로 이용하면 [그림 10-15]와 같이 간단히 비교기를 구성할 수 있다. 반전입력단자를 접지하고 비반전입력단자에 신호를 입력한다. 신호가 조금이라도 플러스 값을 가지면 엄청나게 증폭되어 $+V_{CC}$의 최대값으로, 조금이라도 마이너스 값을 가지면 반대로 증폭되어 $-V_{CC}$의 최대값으로 포화된 출력을 내놓는다. 비교기의 출력은 입력파형이 영(zero)을 통과할 때마다 반전되므로 **영전위검출기**(零電位檢出器, zero-level detector)로 부르기도 한다.

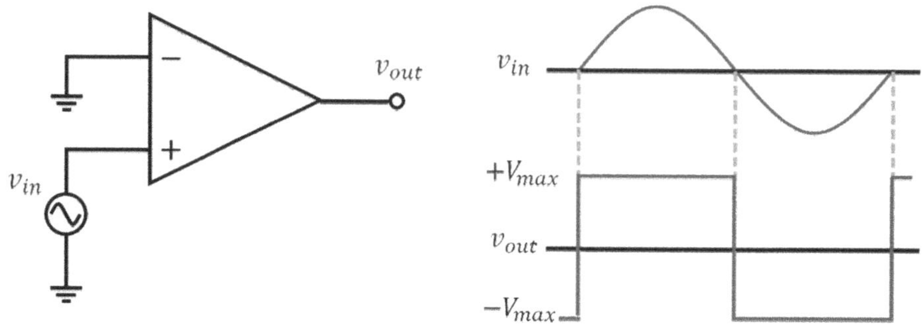

[그림 10-15] 연산증폭기 비교기

연산증폭기를 이용한 비교기는 매우 민감하여 여러 가지 센서로 즐겨 사용되는데, [그림 10-16]과 같이 과열탐지센서(Over-temperature Sensor)를 구동하는 화재경보기의 예를 살펴보자. 온도센서로 쓰이는 서미스터(Thermistor)는 온도가 오르면 저항이 감소하는 특성을 가지는데, 이를 [그림 2-11]의 휘트스톤브리지로 구성하여 변동하는 저항값의 차이를 전위차로 찾아낸다. 경보기가 작동하는 순서를 차례대로 살펴보면 아래와 같다.

1) 상온에서는 반전입력단자의 전위(A)가 비반전입력단자의 전위(B)보다 더 높도록 R_2값을 설정하여 비교기 출력이 마이너스가 되도록 한다. 트랜지스터 스위치 Q_1은 OFF 상태를 유지한다.
2) 화재로 인해 온도가 오르면 서미스터의 저항값이 줄어들기 시작하고 비반전입력단자의 전위도 오르기 시작한다.
3) 설정된 임계온도(threshold)를 초과하여 온도가 오르면, 브리지의 전위차가 역전되면서 비반전입력단자의 전위가 반전입력단자의 전위보다 더 높아진다.
4) 비교기 출력이 플러스로 바뀌면서 트랜지스터 스위치 Q_1은 ON 되고 전자석을 작동시켜 경보를 울린다.

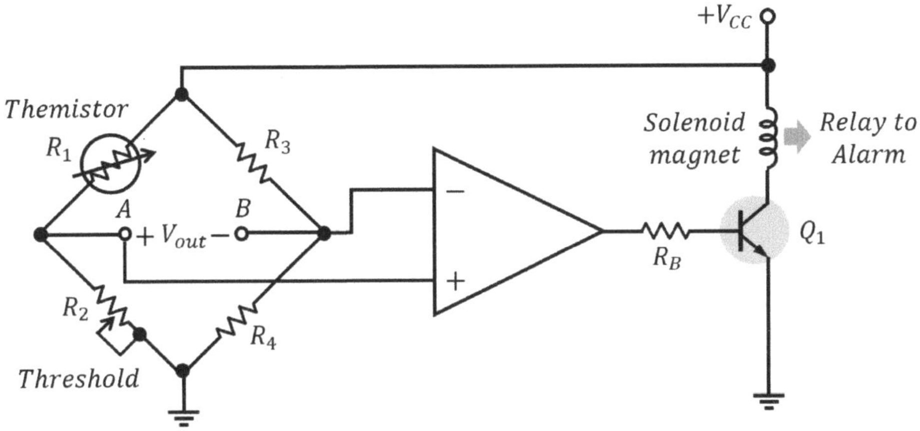

[그림 10-16] 연산증폭기 비교기를 이용한 화재경보기

비교기처럼 연산증폭기의 엄청난 이득을 그대로 사용하여 극단적인 포화출력을 내도록 구동하는 것을 **개루프모드**(Open loop mode)라고 한다. 그렇지만 증폭기의 이득이 아무리 크다 한들, 이토록 민감하게 포화에 이르고 극단적인 값만 내놓는다면 증폭기로서 무슨 쓸모가 있을까? 포화라는 한계에도 불구하고 연산증폭기의 이득을 이토록 크게 설계하는 것이 무슨 의미가 있을까? 연산증폭기가 포화에 이르지 않고 적절한 이득 범위 내에서 정상적인 증폭작용을 하기 위해서는 어떻게 해야 할까? 다음 절에서 자세히 살펴보자.

10-3 연산증폭기 회로

■ 가상단락

연산증폭기의 이득(증폭률)은 어마어마하지만, 최대출력은 $\pm V_{CC}$로 한정되어 있다. 이를 뒤집어서 생각해보면 $\pm V_{CC}$의 출력에 해당하는 입력신호는 무척이나 작아서 거의 제로에 가까울 것이다. [그림 10-17]의 예에서 이득이 100,000이고 최대출력전압이 10V라면 입력은 100μ V에 불과하다! 그림에서 입력은 비반전단자와 반전단자 사이의 전위차 v_i로 주어지는데, 이쯤 되면 $v_i \cong 0$으로 간주하더라도 별로 문제없을 것이다. 두 지점 사이의 전위차(전압)가 영이라는 이야기는 물리적인 의미로 보면 단락(短絡, short)에 해당한다. 즉 연산증폭기는 **"전압의 차원**에서 두 입력단자 사이를 단락으로 가정하고 해석하더라도 무방"하다는 뜻이며, 그리고 이를 **가상단락**(假像短絡, virtual short)이라는 용어로 표현한다.

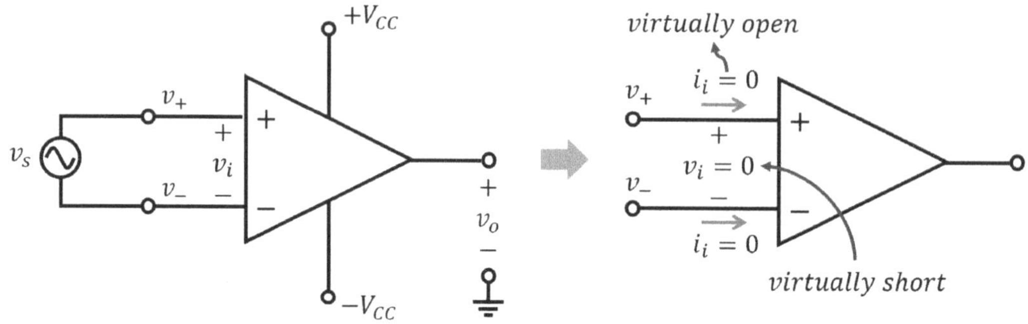

[그림 10-17] 연산증폭기 입력단의 특징: 가상단락

그런데 여기에는 또 다른 반전이 있다. 연산증폭기는 입력임피던스 또한 어마어마하게 크다는 특성이 있다. 따라서 입력단자를 따라서 전류가 흘러 들어가기는 매우 어려우므로 입력전류를 영으로 간주하더라도 별로 문제없다. 전류가 영이라는 이야기는 물리적인 의미로 보면 개방(開放, open)에 해당한다. 즉 연산증폭기는 "**전류의 차원**에서 두 입력단자 사이를 개방으로 가정하고 해석하더라도 무방"하다는 뜻이며, 이를 **가상단락의 개방성**이라는 용어로 표현한다. 가상단락은 이처럼 단락과 개방의 특성을 동시에 가지는 요상한 개념이지만, 연산증폭기 회로의 해석에는 더할 나위 없이 소중한 도구로 쓰인다.

■ 버퍼와 부궤환

[그림 10-18]은 연산증폭기를 이용한 **버퍼(Buffer)** 회로이다. 버퍼란 전압이득이 1인 증폭기를 말하며 **Voltage follower**로 불리기도 한다. 이득 없는 증폭기가 무슨 소용이냐고 생각하겠지만, 버퍼는 어떤 부하에 대해서도 일정 전압을 유지하면서 충분한 전류를 공급하는 이상적인 전압원의 역할을 하는 소중한 존재이다. 또한 매우 높은 입력임피던스와 매우 낮은 출력임피던스를 이용하여 마치 CC 증폭기처럼 임피던스정합용으로도 사용된다. 연산증폭기 버퍼에서 가장 눈길을 끄는 특징은 출력이 반전입력단자로 되돌아간다는 점이다. 이런 구성이 어떤 의미인지 하나씩 알아보자.

1) 입력전압 v_s는 저항 R_s를 통해 비반전입력단자에 접속되지만, 가상단락의 개방성에 따라 전류는 흐르지 않는다. 따라서 저항에서의 전압강하는 없으므로 $v_+ = v_s$로 전달된다.
2) 두 입력단자는 가상단락으로 연결되므로 $v_- = v_+ = v_s$의 관계가 성립한다.
3) 출력전압이 반전입력단자에 걸리면서 $v_o = v_-$의 관계가 성립한다. 단 가상단락의 개방성에 따라 전류는 흐르지 않는다.

4) 최종적으로 $v_o = v_- = v_+ = v_s$의 관계가 성립한다. 즉 입력전압은 변함없이 그대로 출력된다.

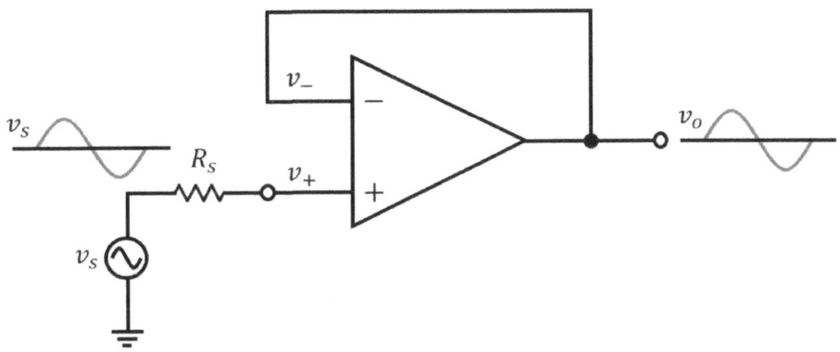

[그림 10-18] 연산증폭기 버퍼: Voltage Follower

버퍼는 막강한 전압이득의 연산증폭기로 만들어지지만, 증폭된 출력이 반전입력으로 되돌아와서 입력을 상쇄시키므로 사실상 증폭이 전혀 일어나지 않는다. 이처럼 출력을 입력으로 되돌리는 기법을 Feedback이라고 하는데, 되돌아와서 먹인다는 의미를 담은 궤환(饋還) 또는 귀환(歸還)으로 번역한다. 버퍼의 경우처럼 반전되는 궤환을 **부궤환**(負饋還, Negative Feedback)으로 부르며, 증폭기의 이득을 적정 수준으로 안정시키는 동시에 대역폭을 넓혀내는 놀라운 역할을 한다. 여기에 대해서는 10-4절에서 자세히 살펴보기로 한다.

■ 비반전증폭기

버퍼는 출력을 100% 부궤환 시킴으로써 전압이득을 1로 만든다. 그런데 출력의 일부만을 부궤환 시킨다면 전압이득을 키울 수 있지 않을까. [그림 10-19]는 버퍼의 피드백 회로에 전압분배회로를 추가하여 부궤환 되는 전압의 크기를 줄인 것으로서, **비반전증폭기**(Non-Inverting Amp.)라고 부른다. 전압분배와 전압이득이 어떤 관계를 가지는지 가상단락을 이용하여 분석해 보자.

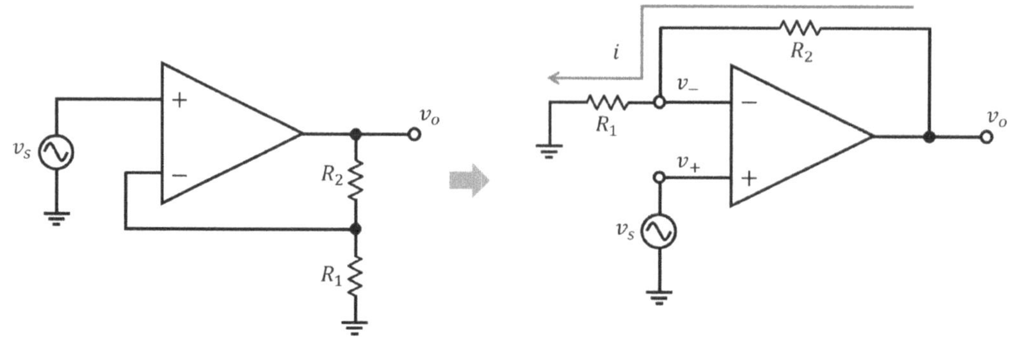

[그림 10-19] 연산증폭기를 이용한 비반전증폭기

출력전압은 R_1과 R_2에 의해 분배되어 반전입력단자에 걸린다. 다만 출력단에서 궤환되는 전류는 가상단락의 개방성에 따라 입력단자로는 들어가지 못하므로 R_1과 R_2를 통해 접지로 들어간다. 전압의 관점에서 가상단락의 단락성을 이용하면 (식 10-1)에 의해 궤환되는 전류의 크기를 구할 수 있다.

$$v_- = v_+ = v_S \quad \rightarrow \quad i = \frac{v_-}{R_1} = \frac{v_S}{R_1} \qquad \text{(식 10-1)}$$

한편 출력전압은 R_1과 R_2에 걸리는 전압의 합이므로 (식 10-2)를 얻을 수 있다. 이제 (식 10-1)과 (식 10-2)로부터 입력전압과 출력전압의 비를 유도하면 (식 10-3)과 같이 전압이득을 계산해 낼 수 있다. 이로써 R_1과 R_2의 비율을 조정함으로써 간편하게 임의의 전압이득을 얻을 수 있는 비반전증폭기가 구성된다.

$$v_o = v_- + R_2 i = v_S + \frac{R_2}{R_1} v_S \qquad \text{(식 10-2)}$$

$$A_v = \frac{v_o}{v_S} = \frac{R_1 + R_2}{R_1} = 1 + \frac{R_2}{R_1} \qquad \text{(식 10-3)}$$

■ **반전증폭기**

아날로그증폭에서 파형의 반전은 대부분 그다지 문제가 되지 않는다. 부궤환을 이용하여 반전증폭기(Inverting Amp.)를 구성할 수도 있는데 [그림 10-20]과 같다. 반전입력단자로 신호가 입력되고 비반전입력단자는 접지된다는 점을 제외하고는 비반전증폭기와 동일한 부궤환

구조이다. 가상단락의 개방성에 따라 전류는 증폭기 내부로 흐르지 않고 모두 R_1과 R_2를 통하여 출력단으로 향한다. 전류의 방향이 [그림 10-19]와 정반대인 점을 주목하자.

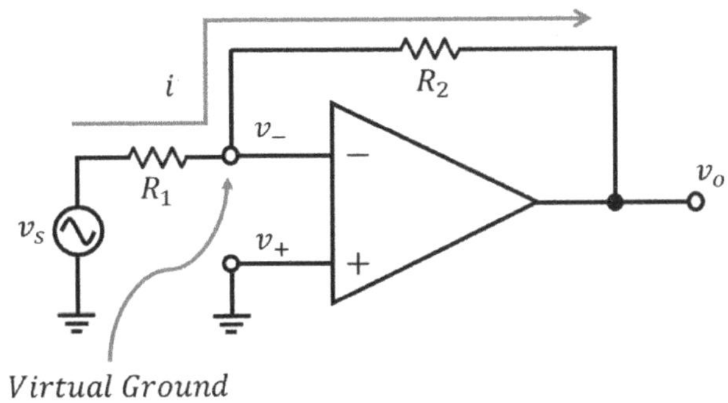

[그림 10-20] 연산증폭기를 이용한 반전증폭기

가상단락의 단락성에 따라 반전입력단자의 전압은 접지된 비반전입력단자와 동일하므로 사실상 접지로 간주할 수 있는데, 이를 가상접지(Virtual Ground)라고 한다. 이를 이용하면 궤환되는 전류는 (식 10-4)와 같이 간단히 구할 수 있으며, 출력전압은 (식 10-5)와 같이 나타낼 수 있다(출력단에서 쳐다볼 때 전류는 가상접지로 흘러나가는 것이 순리이므로 그림의 전류 방향은 반대로 보아야 한다). 두 식으로부터 전압이득을 유도하면 (식 10-6)과 같이 두 저항의 비로 나타나는 수식을 얻을 수 있는데, 이는 (식 10-3)에 비해 훨씬 산뜻해 보인다.

$$v_- = v_+ = 0 \quad \rightarrow \quad i = \frac{v_S - v_-}{R_1} = \frac{v_S}{R_1} \qquad \text{(식 10-4)}$$

$$v_o - v_- = -R_2 i = v_o \qquad \text{(식 10-5)}$$

$$A_v = \frac{v_o}{v_S} = \frac{-iR_2}{iR_1} = -\frac{R_2}{R_1} \qquad \text{(식 10-6)}$$

■ 가산기

반전증폭기는 연산에 응용될 수 있는데, 대표적인 것이 [그림 10-21]의 가산기(Adder)이다. 그림에서 덧셈의 대상이 되는 입력신호는 모두 반전단자에 공통으로 연결되는데, 가상접지를 이용하면 (식 10-7)과 같이 각각의 전류를 구할 수 있고, KCL에 따라 (식 10-8) 및 (식 10-9)와 같이 출력전압을 유도하면 이 회로가 가산기로 작동함을 확인할 수 있다. 재미있는 점은 (식 10-10)과 같이 사용되는 저항의 크기에 따라 가중치(weighting)를 부여한 덧셈 또는 평균을 구할 수도 있다는 것이다.

$$v_- = v_+ = 0 \quad \rightarrow \quad i_1 = \frac{v_1}{R_1} \quad i_2 = \frac{v_2}{R_2} \quad i_3 = \frac{v_3}{R_3} \tag{식 10-7}$$

$$i = i_1 + i_2 + i_3 \quad v_- = Ri + v_o = 0$$
$$\rightarrow \quad v_o = -Ri = -R(i_1 + i_2 + i_3) \tag{식 10-8}$$

$$v_o = -R\left(\frac{v_1}{R_1} + \frac{v_2}{R_2} + \frac{v_3}{R_3}\right) = k_1 v_1 + k_2 v_2 + k_3 v_3$$
$$\left(k_1 = -\frac{R}{R_1} \quad k_2 = -\frac{R}{R_2} \quad k_3 = -\frac{R}{R_3}\right) \tag{식 10-9}$$

$$if\ R_1 = R_2 = R_3 = R \quad \rightarrow \quad v_o = -(v_1 + v_2 + v_3)$$
$$if\ R_1 = R_2 = R_3 = \frac{R}{3} \quad \rightarrow \quad v_o = -\frac{(v_1 + v_2 + v_3)}{3} \tag{식 10-10}$$

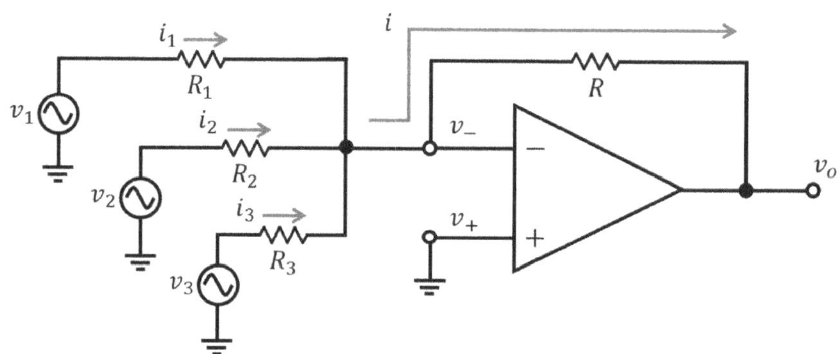

[그림 10-21] 연산증폭기를 이용한 가산기

■ 미분기

[그림 10-22]와 같이 반전증폭기의 입력저항 R_1을 캐패시터 C로 바꿔 달면 어떤 일이 벌어질까. 캐패시터는 개방회로로서 기본적으로 전류가 흐를 수 없지만, (식 4-7)에서 보이듯 시변전압에 대해서는 그 미분으로 정의되는 전류가 존재한다. 따라서 이를 이용하여 [그림

10-22]의 출력전압을 구해보면 (식 10-11)과 같이 입력전압의 미분으로 나타나는 특성방정식을 얻을 수 있다. 즉 연산증폭기를 사용하여 **미분기**(Differentiator)를 만들 수 있다는 것인데, 이는 미분방정식의 해를 구하기 위한 연산증폭기 본연의 목적을 확인해주기도 한다.

$$i = C\frac{dv_s}{dt} \quad v_o = -iR = -RC\frac{dv_s}{dt} \tag{식 10-11}$$

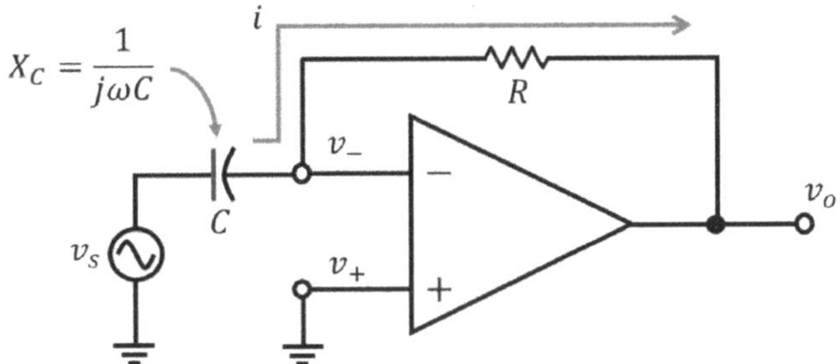

[그림 10-22] 연산증폭기를 이용한 미분기

한편 5-2절에서 살펴본 대로 대표적인 시변신호인 교류신호에 대하여 캐패시터는 그 주파수에 반비례하는 용량성리액턴스 X_C를 가진다. 따라서 [그림 10-22]의 미분기에서 입력신호 v_s의 변화율이 높을수록(주파수가 높을수록) X_C는 감소하므로, 입력신호가 잘 통과하고 결과적으로 크게 증폭된다. (식 10-6)의 반전증폭기의 전압이득 수식에서 R_1을 X_C로, R_2를 R로 바꾸어 정리하면 (식 10-12)와 같이 주파수에 비례하여 이득이 증가함을 확인할 수 있는데, 이는 다름 아닌 고역통과여파기(HPF)의 특성이 아닌가.

$$A_v = \frac{v_o}{v_s} = -\frac{R_2}{R_1} \quad \rightarrow \quad A_v = -\frac{R}{1/j\omega C} = -j\omega RC \tag{식 10-12}$$

이미 6-3절에서 살펴본 대로 미분기란 고역통과여파기(HPF)의 다른 이름이기도 하다. 그런데 [그림 6-16]으로 살펴 본 RC HPF는 단순한 전압분배회로로서 실제 사용에 제약이 많다. 이에 비해 [그림 10-22]의 미분기는 충분한 전류공급과 임피던스정합, 그리고 주파수 범위의 조정 능력 등을 갖추고 있으므로 **능동필터**(Active Filter)라는 이름을 얻으며, 미분 연산용보다는 오히려 본격적인 HPF로 실용화된다.

■ 적분기

[그림 10-23]과 같이 미분기에서 R과 C의 위치를 바꾸어 달면 미분과 정반대의 특성을 보이는 적분기(Integrator)를 구성할 수 있다. 비반전입력단자가 가상접지이므로 캐패시터에 걸리는 전압이 출력전압이다. 캐패시터의 전압과 전류에 관한 미분식을 변형하여 출력전압을 구하면 (식 10-13)과 같이 적분으로 나타나는 특성방정식을 확인할 수 있다. 한편 (식 10-6)의 반전증폭기의 전압이득 수식에서 R_1을 R로, R_2를 X_C로 바꾸어 정리하면 (식 10-14)와 같이 주파수에 비례하여 이득이 감소하는 저역통과여파기(LPF)의 특성도 확인할 수 있다.

$$i = C\frac{dv_C}{dt} \;\rightarrow\; v_C = \frac{1}{C}\int i\,dt$$

$$i = \frac{v_s}{R} \;\rightarrow\; v_o = -v_C = -\frac{1}{RC}\int v_s\,dt \qquad \text{(식 10-13)}$$

$$A_v = \frac{v_o}{v_s} = -\frac{R_2}{R_1} \;\rightarrow\; A_v = -\frac{1/j\omega C}{R} = -\frac{1}{j\omega RC} \qquad \text{(식 10-14)}$$

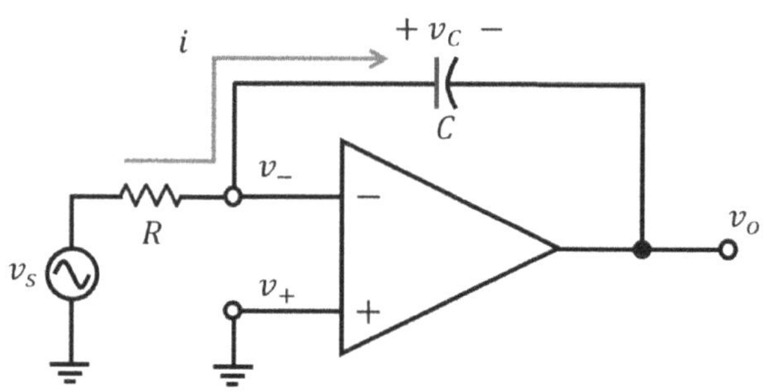

[그림 10-23] 연산증폭기를 이용한 적분기

이미 6-3절에서 살펴본 대로 적분기란 저역통과여파기(LPF)의 다른 이름이기도 하다. [그림 10-23]의 적분기 역시 능동필터(Active Filter)로서 실용적인 LPF로 애용되고 있다.

10-4 증폭기의 이득과 대역폭

■ 증폭기의 주파수응답

반도체 증폭기는 직류에서 무한대에 이르는 어떠한 주파수의 신호에 대해서도 공평한 증폭률을 제공할 수 있을까? 언뜻 생각하기에도 이건 무리일 듯하다. 왜냐하면 전기회로를 구성하는 모든 소자들은 숙명적으로 입력신호의 주파수에 대한 반응, 즉 주파수응답(frequency response)의 정도가 제각각으로 다르기 때문이다. 특별히 증폭기의 주파수응답에 대하여 결정적인 영향을 미치는 것이 정전용량(Capacitance)이다. [그림 10-24]의 일반적인 BJT 증폭기에 대하여 이를 살펴보자.

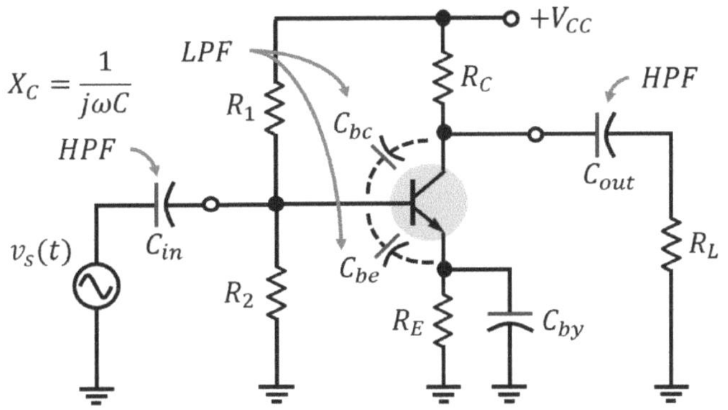

[그림 10-24] BJT 증폭기의 정전용량 분석

그림에서 우선 눈에 띄는 것은 입력단과 출력단의 캐패시터 C_{in}과 C_{out}이다. 이들의 임무는 직류차단으로서 캐패시터의 용량성리액턴스 X_C가 직류에 대해서는 무한대로 크다는 점을 이용하고 있다. 그런데 용량성리액턴스의 크기는 주파수에 반비례하므로 저주파의 신호의 경우 매우 큰 값을 가진다. 따라서 직류 근처의 저주파 신호들도 덩달아 증폭기로 거의 입력되지 못하는 사태가 발생한다. 즉 C_{in}과 C_{out}는 본의 아니게 고역통과필터(HPF)로 작용하여, 증폭기가 커버할 수 있는 주파수의 하한선을 결정해 버린다.

한편 그림에는 눈에 보이지 않는 캐패시터도 존재하는데 바로 BJT내부의 PN접합이다. PN접합의 공핍층은 훌륭한 캐패시터이기도 하므로 C_{be}와 C_{bc}로 나타내었다. 이같이 BJT에 자체적으로 존재하는 캐패시터 성분 C_{be}와 C_{bc}를 **부유용량**(浮游容量, floating capacitance) 또는 기생용량(寄生容量, parasitic capacitance)이라고 부른다. BJT의 증폭작용이란 베이스-에미터의 순방향바이어스, 베이스-콜렉터의 역방향바이어스를 기본으로 한 정공과 전자의 확산과 재결합이 그 기본이다. 그런데 고주파 신호의 경우 용량성리액턴스의 크기는 매우 작은 값을 가지므로 바이어스에 상관없이 캐리어들이 PN접합을 그냥 통과해버린다. 즉 고주파 신호들에 있어서 BJT는 증폭기가 아닌 단순한 도체로 작용하고 만다. 말하자면 BJT 내부의 캐패시턴스 C_{be}와 C_{bc}는 본의 아니게 저역통과필터(LPF)로 작용하여, 증폭기가 커버할 수 있는 주파수의 상한선을 결정해 버린다.

결론적으로 BJT 증폭기의 주파수응답은 그 상한선과 하한선이 존재하며, 저주파로 갈수록 그리고 고주파로 갈수록 감소한다. 따라서 증폭기의 이득은 [그림 10-25]와 같이 한정된 주파수대역폭(Frequency Bandwidth)을 가지는 주파수의 함수 $A(f)$로 표시된다. 대역폭을 결정하는 차단주파수 f_L과 f_H는 이득이 0.707(-3dB)로 떨어지는 지점으로 정의한다. 증폭기의 대역폭은 트랜지스터의 종류와 재료, 부속되는 회로소자의 특성, 그리고 바이어스의 종류(CE, CC, CB)에 따라 큰 차이가 나므로 실제 회로의 설계에서는 이들의 적절한 조합으로 최적의 대역폭을 얻는다.

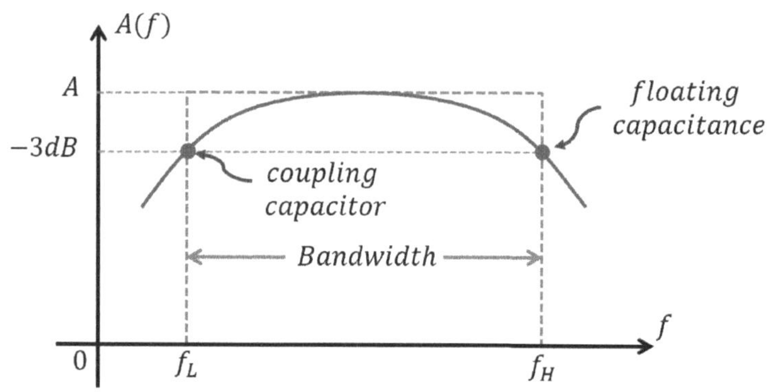

[그림 10-25] BJT 증폭기의 주파수응답과 대역폭

■ 부궤환과 폐루프이득

증폭기라면 당연히 이득이 높아야겠지만, 폭넓은 대역폭 또한 중요하다. 이득이 높으면서도 대역폭 또한 넓다면 얼마나 좋을까만, 세상만사 다 그렇듯 두 마리 토끼를 다 잡을 수는 없다. 증폭기의 이득과 대역폭은 자연의 이치에 따라 하나를 얻으려면 다른 하나를 내놓아야 하는 타협(trade-off)의 관계이기 때문이다. 그런데 전기회로에서 이러한 조절이 가능할까.

이득과 대역폭의 관계를 자유로이 조정하여 적절한 이득과 대역폭으로 다듬어 내는 조련사는 바로 [그림 10-18]의 연산증폭기 버퍼에서 다루었던 **부궤환**(negative feedback) 기법이다. [그림 10-26]은 부궤환이 걸린 증폭기에서 궤환 되는 출력의 비율 β와 증폭기 이득 변화의 상관관계를 보여주고 있다. 부궤환에 의해 줄어드는 이득은 **폐루프이득**(Closed Loop Gain)으로 불리며, (식 10-15)와 같이 A_f로 유도된다(궤환이 걸리지 않은 증폭기 고유의 이득 A는 개루프이득(Open Loop Gain)으로 부른다).

$$v_i = v_s - v_f = v_s - \beta v_o$$
$$v_o = Av_i = A(v_s - \beta v_o) \qquad \text{(식 10-15)}$$
$$Av_s = (1+\beta A)v_o \quad \rightarrow \quad \frac{v_o}{v_s} = A_f = \frac{A}{1+\beta A}$$

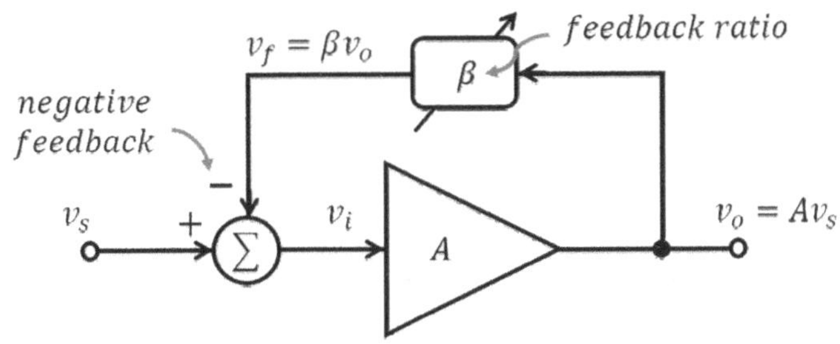

[그림 10-26] 부궤환 증폭기의 폐루프이득

예제 10-2

[그림 10-26]의 부궤환 회로에서 개루프이득 A는 100,000이고 β는 0.1이다. 폐루프이득 A_f를 구하시오.

$$A_f = \frac{A}{1+\beta A} = \frac{100000}{1+0.1\times 100000} \cong 10 \qquad \text{(예제 10-2 식)}$$

해설

약간의 부궤환으로도 엄청난 이득 감소가 초래됨을 주목하자. 궤환율이 1이면 폐루프이득 1인 버퍼가 된다.

■ 연산증폭기의 전달특성

연산증폭기의 기본구조는 0V로 바이어스되는 차동증폭기로서 입/출력단에서 직류차단을 하지 않는다. 즉 연산증폭기는 직류까지도 증폭하는 직류증폭기이므로 주파수응답의 하한선은 영이다. 그리고 내부적으로 많은 증폭회로가 다단결합 되므로 매우 높은 이득을 내기는 하지만 부유용량의 누적으로 그 대역폭은 매우 좁다. 그러다 보니 연산증폭기의 주파수특성은 [그림 6-15]의 LPF와 매우 유사하므로 [그림 10-27]과 같이 표시할 수 있다. 아울러 LPF의 전달함수 역시 그대로 사용할 수 있다. (식 6-24)의 RC LPF 전달함수에서 각주파수 ω를 주파수 f로 바꾸고, 차단주파수 f_c가 나타나는 수식으로 정리하면 (식 10-16)과 같이 연산증폭기의 개루프이득 $A(f)$가 주파수의 함수로 유도된다.

$$\boldsymbol{H}(j\omega)|_{LPF} = \frac{1}{1+j\omega RC} \quad \omega_c = \frac{1}{RC} \quad \left(f_c = \frac{1}{2\pi RC}\right)$$

$$\rightarrow \boldsymbol{H}(j\omega)|_{LPF} = \frac{1}{1+j2\pi fRC} = \frac{1}{1+jf/f_c} \qquad \text{(식 10-16)}$$

$$\rightarrow A(f)|_{OPAmp} = \frac{A}{1+jf/f_H}$$

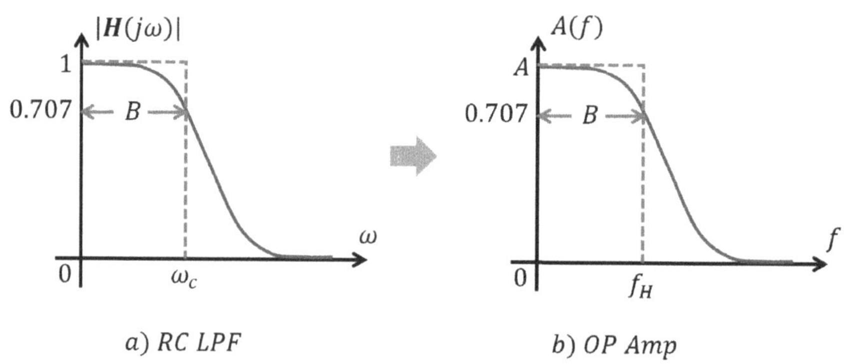

[그림 10-27] RC LPF회로와 연산증폭기의 전달특성

■ 이득-대역 곱 (GBW)

이제 부궤환이 걸리는 연산증폭기의 폐루프이득 $A_f(f)$를 구해보자. (식 10-15)에 (식 10-16)을 대입하여 정리하면 (식 10-17)을 얻을 수 있는데, 이 식은 놀라운 사실을 알려준다.

즉 이득과 차단주파수는 정확히 반비례 관계로서, [그림 10-28]로 나타내었듯이 부궤환으로 이득을 줄이면(늘리면) 그만큼 대역폭을 늘릴(줄일) 수 있다는 것이다! 그리고 이러한 관계로 인해 (식 10-18)과 같이 이득–대역폭 곱(Gain-Bandwidth, GBW)은 개루프든 폐루프든 항상 일정한 값으로 계산된다.

$$A_f(f) = \frac{A(f)}{1+\beta A(f)} = \frac{\dfrac{A}{1+jf/f_H}}{1+\dfrac{\beta A}{1+jf/f_H}} = \frac{\dfrac{A}{1+jf/f_H}}{\dfrac{1+jf/f_H+\beta A}{1+jf/f_H}}$$

$$= \frac{A}{1+\beta A+jf/f_H} = \frac{\dfrac{A}{1+\beta A}}{1+\dfrac{jf/f_H}{1+\beta A}} = \frac{\dfrac{A}{1+\beta A}}{1+jf/f_H(1+\beta A)} \qquad \text{(식 10-17)}$$

$$\rightarrow \quad A_f(f) = \frac{A_f}{1+jf/f_{Hf}} \quad \begin{cases} A_f = \dfrac{A}{1+\beta A} \\ f_{Hf} = f_H(1+\beta A) \end{cases}$$

$$GBW_f = A_f \cdot f_{Hf} = \frac{A}{1+\beta A} \cdot f_H(1+\beta A) = Af_H = GBW \qquad \text{(식 10-18)}$$

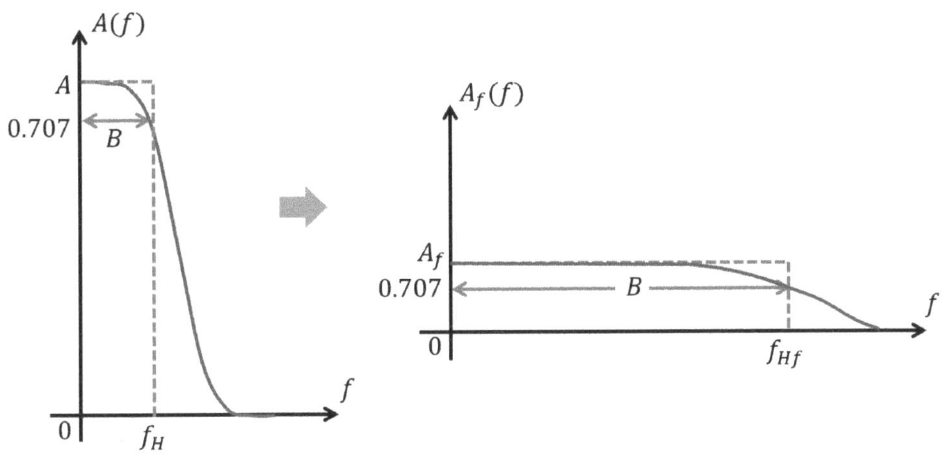

a) GBW of open loop　　b) GBW of closed loop

[그림 10–28] 부궤환에 의한 연산증폭기의 이득과 대역폭 관계

예제 10-3

[그림 10-19]의 비반전증폭기에서 $R_1 = 1k\Omega$, $R_2 = 99k\Omega$, 개루프이득 $A = 100,000$, 차단주파수 $f_H = 1kHz$ 이다. 폐루프이득과 대역폭을 구하시오.

$$\beta = \frac{R_1}{R_1 + R_2} = \frac{1}{1+99} = 0.01$$

$$1 + \beta A = 1 + 0.01 \times 100,000 \cong 1,000$$

$$A_f = \frac{A}{1+\beta A} = \frac{100000}{1000} = 100$$

(예제 10-3 식)

$$f_{Hf} = f_H(1+\beta A) = 1000 \times 1000 = 1MHz$$

해설

궤환되는 전압의 크기는 두 저항에 의한 전압분배로 결정된다. 폐루프이득은 (식 10-3)에 의해 계산되는 비반전증폭기 이득과 일치한다.

부궤환은 이처럼 연산증폭기의 엄청난 이득을 현실적인 값으로 적절하게 줄여주는 한편, 그만큼을 대역폭 확장으로 돌려주는 소중한 기술이다. 부궤환을 우리 인생살이에 비유하자면, 끊임없이 자신의 언행을 되돌아보면서 반성하고 자중하여 몸가짐과 인격을 다듬는 행위와 다를 바 없다. 과학과 공학의 세계에서도 우리의 생(生)에 대하여 배울 것이 많다는 것은 얼마나 의미심장한 일인가!

10

연습문제

1. A급 증폭기의 전력효율은 10% 내외의 수준이다. (O X)

2. push-pull amp는 Q점이 포화점에 위치한다. (O X)

3. B급 증폭기는 트랜지스터의 문턱전압 특성으로 인해 (　) distortion이라는 문제점을 가진다.

4. 상보대칭형 AB급 푸시풀증폭기는 전압분배바이어스을 응용하여 단일전원 구동으로 만들 수도 있다. (O X)

5. D-MOS로는 상보대칭형 AB급 푸시풀증폭기를 구성할 수 없다. (O X)

6. C급 증폭기의 출력단은 동조증폭기로 구성된다. (O X)

7. 차동증폭 회로는 2개의 입력단자와 2개의 출력단자를 가진다. (O X)

8. 연산증폭기를 comparator로 사용할 때는 open loop mode로 동작시킨다. (O X)

9. 연산증폭기의 두 입력단은 전압의 측면에서 단락으로 간주할 수 있다. (O X)

10. 연산증폭기 버퍼는 출력을 비반전입력으로 궤환시켜 구성한다. (O X)

11. 연산증폭기 버퍼는 일명 (　)로 불리기도 한다.

13. 가산기는 비반전증폭기를 사용하여 구성한다. (O X)

14. 오피앰프를 이용한 differentiator 회로는 active HPF 회로이다. (O X)

15. 트랜지스터 증폭기 주파수응답의 상한선을 결정하는 것은 트랜지스터 내부의 (　)이다.

16. GBW의 full spelling은?

17. complementary transistor push-pull Amplifier에서 BJT는 Common Collector 형태로 사용된다. (O X)

18. negative feedback이란 closed-loop gain이 open-loop gain보다 커지는 것을 말한다. (O X)

| 해답 |

1. O 2. X 3. cross-over 4. O 5. O 6. O 7. O 8. O 9. O 10. X 11. Voltage follower 12. X 13. X 14. O 15. 부유용량 16. Gain Bandwidth 17. O 18. X

찾아보기

[D]

[E]

[F]

[G]

[Q]

[R]

[S]

[T]

[V]

[W]

[Z]

■ **사사**

이 저서는 2019~2020년도 창원대학교 자율연구과제 연구비 지원으로 수행된 연구결과임

■ **저자소개**

한양대학교 전자통신공학과 학사, 석사
일본 동북대학 전기및통신공학연구과 박사
금성전기(LG) 기술연구소 연구원
한국전자통신연구원(ETRI) 연구원
국립창원대학교 정보통신공학과 교수

알기쉬운 **전기 및 전자회로개론**

인　쇄 : 2020년 12월 15일
발　행 : 2020년 12월 20일
저　자 : 어 윤
발행처 : 도서출판 한산
서울시 서대문구 수색로6길 43번지 105-602호
TEL : (02)304-3504 FAX : (02)304-3505
발행인 : 김 기 영
등록번호 : 제 10-1745 호
ISBN : 979-11-87555-32-2 93560

정가. 23,000원